北京国知专利预警咨询有限公司
Beijing Guozhi Patent Warning Consulting Co. Ltd

专利预审服务
运用指引

尹 杰 苏 敏 李学毅 祁文洁 曹赞华◎编著

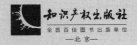

知识产权出版社
全国百佳图书出版单位
—北京—

图书在版编目（CIP）数据

专利预审服务运用指引/尹杰等编著. —北京：知识产权出版社，2024.8.

ISBN 978 - 7 - 5130 - 9478 - 8

Ⅰ. G306.3

中国国家版本馆 CIP 数据核字第 2024JA1916 号

责任编辑：程足芬　　　　　　　　　责任校对：王　岩

封面设计：杨杨工作室·张冀　　　　责任印制：刘译文

专利预审服务运用指引

尹　杰　苏　敏　李学毅　祁文洁　曹赞华　编著

出版发行：知识产权出版社有限责任公司		网　　址：http://www.ipph.cn	
社　　址：北京市海淀区气象路 50 号院		邮　　编：100081	
责编电话：010 - 82000860 转 8390		责编邮箱：chengzufen@qq.com	
发行电话：010 - 82000860 转 8101/8102		发行传真：010 - 82000893/82005070/82000270	
印　　刷：三河市国英印务有限公司		经　　销：新华书店、各大网上书店及相关专业书店	
开　　本：720mm×1000mm　1/16		印　　张：21.25	
版　　次：2024 年 8 月第 1 版		印　　次：2024 年 8 月第 1 次印刷	
字　　数：344 千字		定　　价：118.00 元	

ISBN 978 - 7 - 5130 - 9478 - 8

前　言

在创新驱动发展战略的引领下，知识产权已成为国家发展战略性资源和提升国际竞争力的核心要素之一。近年来，我国知识产权制度不断完善，专利预审制度的建立更是为加速高价值专利的创造、保护与运用开辟了新路径。截至2024年1月，全国在建和已建成运行的112家专利预审机构为地方优势产业集聚区的创新主体提供快速预审、快速维权、快速协调的一站式服务，其中包括70家知识产权保护中心和42家知识产权快速维权中心。这些机构如同创新生态中的加速器，为本地优势产业注入了强劲动力，极大地促进了科技成果向现实生产力的转化。

正是在这样的背景下，我们深感有必要编撰一本全面介绍专利预审服务机制及相关机构的书籍，旨在帮助广大创新主体更好地运用专利预审服务实现对优秀创新成果的高质量保护，因此《专利预审服务运用指引》应运而生。

本书紧扣创新主体需求，以运用专利预审服务的实际操作为核心，并向前向后延伸，精心设计了三大板块：专利预审、专利申请预审后的快速审查以及专利申请预审前的申请优化。这三个部分一脉相承，为广大创新主体勾勒出从优秀创新成果到高价值专利产生的全过程。

"专利预审"部分，介绍了专利预审的核心要素，包括专利预审基本概念、适用范围、预审流程、机构介绍等，并分别针对专利申请、复审及无效宣告请求、专利权评价报告三类预审业务进行了详尽阐述。同时，该部分全面梳理了各预审机构的详细信息，并分析了相关典型的案例，力图使创新主体能够充分了解预审过程中的常见问题与应对策略，从而在实际操作中少走弯路。

"专利申请预审后的快速审查"部分，聚焦于专利申请进入国家知识产权局后的审查流程，包括初步审查和实质审查两个阶段。该部分详细解析了审查程序的关键节点，介绍了有助于专利申请高效获权的技巧与方法。

"专利申请预审前的申请优化"部分，以提升专利申请质量和运用有效专利申请策略为着眼点，分析了影响专利申请质量的因素，给出了提升专利申请质量的措施，同时建议创新主体重视专利申请的时机，并确立专利申请的综合策略与规划。

本书共分为十章，第一章、第三章至第四章、第六章、第九章由尹杰撰写（共77千字），第二章、第八章由李学毅撰写（共103千字），第五章由苏敏撰写（共73千字），第七章由祁文洁撰写（共80千字），第十章由曹赞华撰写（共11千字）。本书由尹杰和苏敏统稿和审核。

由于作者水平有限和时间仓促，书中观点难免有不妥之处，欢迎广大读者批评指正。

目　录

第一部分　专利预审

第一章　专利预审途径快速审查概述 / 3

第一节　专利预审途径快速审查简介 / 3

一、专利预审途径快速审查的建立 / 3

二、专利预审途径快速审查的意义和作用 / 4

三、专利预审途径快速审查的实践案例 / 5

第二节　我国三种专利快速审查的比较 / 7

一、专利优先审查 / 8

二、专利审查高速路（PPH）项目 / 11

三、专利预审途径快速审查 / 14

四、三种专利快速审查的比较 / 15

第三节　国外专利快速审查程序 / 18

一、美国专利快速审查程序 / 18

二、日本专利快速审查程序 / 21

三、欧洲专利快速审查程序 / 24

四、韩国专利快速审查程序 / 27

第二章　专利申请预审 / 29

第一节　申请主体备案 / 29

一、申请主体备案简介 / 29

二、申请主体备案相关要求 / 30

第二节　代理机构注册登记 / 31

一、代理机构注册登记简介 / 31

二、代理机构注册登记相关要求 / 32

第三节 专利申请预审的提交 / 33

一、专利申请预审的提交简介 / 33

二、专利申请预审的提交相关要求 / 33

第四节 专利申请预审审查 / 36

一、专利申请预审审查主要内容 / 36

二、专利申请预审审查的答复 / 38

三、专利申请预审审查的示例 / 40

第五节 典型预审机构的相关要求 / 41

一、深圳保护中心 / 42

二、中山灯饰快维中心 / 63

第六节 专利申请预审典型问题及应对 / 67

一、请求书、承诺书和委托书 / 67

二、权利要求书 / 74

三、说明书及摘要 / 88

四、说明书附图 / 94

五、外观设计的图片或者照片和简要说明 / 96

第三章 专利确权预审 / 102

第一节 专利复审和专利权无效宣告程序概述 / 102

一、专利复审程序 / 102

二、专利权无效宣告程序 / 105

第二节 专利复审和专利权无效宣告请求的预审 / 108

一、专利复审和专利权无效宣告请求预审的提交 / 109

二、专利复审和专利权无效宣告请求预审的审查 / 109

第三节 专利复审和专利权无效宣告请求的优先审查通道 / 110

一、优先审查请求的提交 / 110

二、优先审查请求的审查 / 111

第四章　专利权评价报告预审 / 112

第一节　专利权评价报告概述 / 112

一、专利权评价报告制度简介 / 112

二、专利权评价报告的办理 / 113

第二节　专利权评价报告请求预审的主要内容 / 116

一、专利权评价报告请求预审的提交 / 116

二、专利权评价报告请求预审的审查 / 117

第五章　专利预审机构介绍 / 118

第一节　专利预审机构建设背景 / 118

第二节　保护中心介绍 / 119

一、服务的产业领域 / 120

二、专利预审分类号 / 125

三、专利申请预审 / 138

四、快速确权 / 155

五、知识产权协同保护 / 158

六、快速维权 / 163

七、专利导航与专利转化运用 / 165

第三节　快维中心介绍 / 167

一、专利预审分类号表 / 168

二、专利申请预审 / 171

三、知识产权协同保护 / 180

四、快速维权 / 184

五、综合服务 / 185

第二部分　专利申请预审后的快速审查

第六章　专利审查程序概述 / 189

第一节　专利申请的一般审查程序 / 189

第二节　专利申请的特殊审查程序 / 192

　　一、集中审查 / 192

　　二、巡回审查 / 193

　　三、延迟审查 / 194

第三节　预审途径快速审查程序中的特殊要求 / 196

第七章　发明专利申请的初步审查 / 199

第一节　发明专利申请初步审查概述 / 200

　　一、初步审查的主要内容及范围 / 200

　　二、初步审查的原则 / 203

　　三、初步审查的流程 / 204

第二节　明显实质性缺陷的审查 / 205

　　一、明显实质性缺陷审查的相关规定 / 205

　　二、明显实质性缺陷的常见问题及解析 / 210

第三节　申请文件的形式审查 / 214

　　一、申请文件形式审查的相关规定 / 214

　　二、申请文件形式常见问题及解析 / 231

第四节　特殊专利申请的审查 / 258

　　一、特殊专利申请审查的相关规定 / 258

　　二、特殊专利申请常见问题及解析 / 270

第八章　发明专利申请的实质审查 / 275

第一节　发明专利申请实质审查概述 / 275

　　一、实质审查的主要内容 / 275

　　二、实质审查的原则 / 277

　　三、实质审查的流程 / 279

第二节　新颖性及创造性审查解析 / 281

　　一、新颖性审查相关规定 / 281

　　二、创造性审查相关规定 / 284

第三节　实质审查中的审查意见答复 / 287

一、审查意见答复的一般方法 / 287

二、新颖性审查意见答复的典型案例 / 291

三、创造性审查意见答复的典型案例 / 294

四、实质审查中的沟通技巧 / 298

第三部分 专利申请预审前的申请优化

第九章 专利申请质量的提升 / 303

第一节 提升专利申请质量的目标和意义 / 303

一、以能够支持自身发展的高价值专利为目标 / 303

二、提升专利申请质量具有多方面深远意义 / 305

第二节 影响专利申请质量的因素 / 306

一、技术的选择 / 307

二、权利的谋划 / 307

三、战略的考量 / 308

四、管理的支持 / 309

第三节 提升专利申请质量的措施 / 309

一、完善专利申请产生的流程 / 309

二、专利导航提升专利技术价值 / 312

三、专利预警化风险促研发 / 314

四、专利布局织密专利保护网 / 316

第十章 专利申请策略的运用 / 318

第一节 思考专利保护的目的与意义 / 318

一、专利制度的发展 / 318

二、专利权的局限 / 319

三、专利权的锚点在商业 / 320

第二节 选择适合的申请时机与节奏 / 320

一、"慢"专利的代表——潜水艇专利 / 320

二、韩国超导专利抢跑申请的启示 / 321

三、警惕"快"专利对专利布局链条的影响 / 323

四、"快"专利的妙用——防御性公开 / 323

第三节 确立专利申请的综合策略与规划 / 324

一、因地制宜因材施政的快慢拍 / 324

二、勿忘研发才是专利申请的根 / 325

参考文献 / 327

第一部分

专利预审

第一章

专利预审途径快速审查概述

专利审查是专利申请过程中的重要环节，其能够确保专利权的合法性和有效性，进一步提升专利的质量，有利于创新成果的保护。为了满足创新主体的多元化需求，除常规按申请日顺序进行专利审查外，我国还设置了多种特殊审查程序，包括快速审查、集中审查、巡回审查、延迟审查等。其中，快速审查是运用最广泛的一种特殊审查程序，涉及多种不同渠道的专利申请，包括专利预审、优先审查、专利审查高速路（Patent Prosecution Highway，PPH）等。

专利预审途径快速审查是设置最晚、涉及技术领域最广、投入力度最大、惠及申请数量最多的一种程序。通过这一程序能够极大地缩短专利授权和确权的审查周期，降低企业获权、维权成本，有利于充分激发创新主体的创新活力。

第一节　专利预审途径快速审查简介

一、专利预审途径快速审查的建立

为深入贯彻党中央、国务院关于严格知识产权保护的决策部署，积极推进知识产权严保护、大保护、快保护、同保护，2016 年 11 月国家知识产权局印发《关于开展知识产权快速协同保护工作的通知》，其中明确指出"进一步深化知识产权维权援助与快速维权工作，加快建立产业知识产权快速协同保护机制，切实完善产业知识产权保护体系，促进产业结构调整和转型升级，我局决定在有条件地方的优势产业集聚区，依托一批重点产业知识产权保护中心，开展集快速审查、快速确权、快速维权于一体，审查确权、行政执法、维权援助、仲裁调解、司法衔接相联动的产业知识产权快速协同保护工作"，自此建立了一条新的专利快速审查途径——专利预审途径快速审查。

专利预审途径快速审查通过在专利审查程序之前设立专利预审环节，支持优势产业的高质量专利申请进入国家知识产权局快速审查通道。其中，专利预审工作由设置在地方优势产业集聚区的专利预审机构来完成，专利申请人在提交正式专利申请之前将专利申请文件提交至专利预审机构，通过专利预审实现对高质量专利申请的筛选和完善，最终预审合格的专利申请将进入国家知识产权局快速审查通道。专利预审主要涉及专利申请预审，同时为了进一步支撑专利的保护和运用，专利预审机构还提供专利确权预审和专利权评价报告预审。截至 2024 年 1 月，全国已建立专利预审机构 112 家，各机构面向本地区重点产业开展专利预审服务，覆盖高端装备制造、新一代信息技术、新材料、生物医药、新能源等多个战略性新兴产业领域，有效助力重点产业高质量专利的快速获权，已逐渐成为高质量科技创新"快保护"的重要途径。

二、专利预审途径快速审查的意义和作用

专利预审途径快速审查的意义和作用主要体现在以下几个方面：

1. 聚焦重点产业，为高质量科技创新提供更加快速的专利审查

根据国家知识产权局印发的《关于开展知识产权快速协同保护工作的通知》，我们可以深刻地体会到，在现有专利快速审查制度稳定运行十七年且不断完善的情况下，之所以加大投入建立一种新的专利快速审查路径，其重大背景是我国要加快建立产业知识产权快速协同保护机制，以促进产业结构调整和转型升级。知识产权要支撑产业发展就必须深入到产业第一线，因此在国家知识产权局的统筹部署下全国各地区纷纷建立了重点产业知识产权保护中心和知识产权快速维权中心，开展集快速审查、快速确权、快速维权于一体的知识产权快速协同保护工作，打通知识产权创造、运用、保护、管理、服务全链条，有效地支撑了全国各地区重点产业的创新发展。在知识产权快速协同保护工作中，专利审查是第一个环节，也是最重要的环节，其直接关系着重点产业高质量科技创新成果的保护，是后续各个环节的基础，因此基

于协同保护整体布局建立一种速度更快、服务更优的专利快速审查路径是必然的选择。

2. 提高专利申请质量，提升专利申请授权的成功率

对于专利申请人来说，专利预审途径快速审查为其提供了一项专利预审的公益服务，该服务设置于正式的专利申请之前，包括形式预审和实质性预审，预审标准紧扣后续专利审查标准，相当于一次专利审查的演练。专利申请人通过专利预审服务，不但能够实现专利申请文件撰写的完善，更能够深入了解专利申请技术方案的先进性，从而为自己创造发现并解决问题的机会，提高了专利申请的质量，提升了专利申请授权的成功率。

3. 优化专利申请策略，更好地保护科技创新成果

专利预审的结果可以为专利申请人提供关于创新成果可专利性的初步评估，使得专利申请人能够根据预审结果及时调整自己的专利申请策略。例如，根据预审结果的反馈，专利申请人确定创新成果的创新性不高，即使通过改进也难以获得专利权，此时可以将其作为商业秘密进行保护。此外，对于一些新技术、新领域的专利申请案件，利用预审审查周期短的优势，申请人可以更快获知审查相关要求，为申请人某一技术领域专利申请布局提供重要参考依据。

三、专利预审途径快速审查的实践案例

自专利预审途径快速审查程序建立以来，在短短 6 年时间里，全国各地的预审机构通过专利预审深入服务产业发展，为创新主体的上市融资、专利布局和创新成果保护提供了强有力支持。

1. 专利预审打通"上市之路"❶

在上海证券交易所科创板上市的企业有一个硬指标，需要在核心技术和产品领域拥有 5 件以上有效发明专利。然而，一件发明专利从申请到授权通常需要近 3 年的时间，通过专利预审途径快速审查，企业的上市之路就会顺畅很多。

---

❶ 柳鹏，等. 有效发明专利成为科创板上市"硬杠杠"——武汉企业靠专利预审打通"上市之路"［N］. 中国知识产权报，2021－8－13（003）.

武汉中科通达高新技术股份有限公司（以下简称中科通达）于2019年10月在武汉知识产权保护中心第一批备案，2020年初只有几件专利，为了尽快缩短企业上市的周期，企业密集向武汉知识产权保护中心提出专利预审请求，仅在2020年就提交了56件专利申请。为了帮助企业打通上市之路，武汉知识产权保护中心为中科通达安排了一对一辅导小组，既提高了技术沟通理解上的审查效率，又保证了系列专利预审申请的审查标准的一致性。截至2021年6月，中科通达已经有36件专利申请获得授权，授权率高达92.3%，并于2021年7月13日在上海证券交易所科创板成功上市。

2. "专利预审＋PPH"助企海外专利"同布局、快授权"❶

常州市知识产权保护中心积极探索开展"国内快速预审＋海外专利审查高速路（PPH）"创新工作机制，整合国内外高端服务资源，帮助企业打通国内外专利快速布局通道，助企海外专利"同布局、快授权"，为企业高质量发展提供支撑。

在深入走访企业过程中，常州市知识产权保护中心了解到某新能源动力电池企业面临两方面问题：一是自身专利授权周期过长，制约其与竞争对手抗衡；二是常规的海外专利申请流程烦琐且审查周期长，无法快速获取知识产权成果。面对企业在专利全球布局中存在的迫切需求，常州市知识产权保护中心一方面积极开展高效预审服务，畅通快速审查通道，帮助该企业近百件动力及储能电池关键技术实现快速授权，授权率达到80%以上，授权时间整体缩短80%左右，有效提升企业核心技术的布局效率和技术壁垒高度，大幅增强该企业在国内新能源产业领域的核心竞争力，赋能新能源之都建设；另一方面抽调预审骨干力量组成专项小组，指导该企业以国内预审授权的发明专利为基础，在海外提出PPH请求，2件日本专利以及1件美国专利成功进入国家快速审查阶段，其中1件日本专利申请的获权时间不到一年，为企业相关产品顺利在日本、美国上市保驾护航。

---

❶ 常州市知识产权保护中心. 常州市知识产权保护中心"快速预审＋PPH"助企海外专利"同布局、快授权"[EB/OL]. (2024-3-31)[2024-4-15]. https://www.czipcenter.com/gongzuodongtai/413.html.

3. 专利预审助力企业打造"硬专利"●

海天瑞声是一家致力于人工智能基础数据研发及生产的企业。2019 年，公司筹备上市时，其最早于 2017 年提交的专利申请还在实审阶段，迫切需要寻找一条有效渠道迅速完善专利布局。在北京市知识产权保护中心专利预审服务的帮助下，该公司 17 件专利快速获得授权，专利实力得到增强，加快了企业上市的步伐。

专利获得授权后不久，进入上市准备阶段的海天瑞声却迎来了 10 件专利被提出无效宣告请求。在无效宣告请求案件进行口审时，无效请求方提出了授权专利文本术语表述不清、权利范围界定表述不清等问题。但实际上，这些问题在预审阶段预审员都曾严格谨慎地审查过，并指导申请人避免出现类似问题。最终，口审的结论是授权专利保护范围清楚，无效理由不成立。涉及 10 件专利的无效宣告请求案件经口头审理，所有专利均被维持有效，海天瑞声的技术竞争力和专利质量得以验证，并在 2021 年 8 月成功"登陆"上海证券交易所科创板。

专利预审助力创新主体的研发成果得到快速而有效的保护，专利快速获权并经受住无效挑战让创新主体对自身技术的原创性更加有信心，上市后海天瑞声的研发投入达到了新高度，同时专利工作也成为海天瑞声创新体系中的重要一环。

第二节　我国三种专利快速审查的比较

随着各国对知识产权保护的高度重视，全球专利申请量逐年增长，专利在保护和促进创新方面发挥了越来越重要的作用。与此同时，专利审查周期增长和专利申请积压成为一个越来越突出的问题，而建立专利快速审查程序无疑成为解决这一问题的重要举措。面向重要产业的优质创新主体提供专利快速审查服务，不但有助于加快核心技术研发和自主知识产权的创造，更能够进一步促进专利的运用和产业的发展。我国专利快速审查已有二十多年的发展历史，按

● 杨柳. 北京市知识产权保护中心高效开展专利预审服务，助企高质量发展——护航企业创新服务再快一步［N］. 中国知识产权报，2023 - 2 - 22（002）.

照实施先后主要包括专利优先审查、专利审查高速路（PPH）项目和专利预审三种途径。

一、专利优先审查

我国专利优先审查程序经历了"三步走"。早在 20 世纪 90 年代后期，随着我国改革开放的不断深入和创新活力的持续增强，国内专利申请人希望获得快速审查的呼声日益高涨。从 1999 年开始，国家知识产权局尝试对符合一定要求的发明专利申请进行加快审查（专利优先审查的前身），开始对优先审查模式进行探索。2005 年，国家知识产权局根据试行情况对相关规定进行了完善，允许省级知识产权局出具介绍信进行推荐。在此期间，请求加快审查的专利申请数量逐年增长，为后续建立优先审查制度奠定了良好基础。为进一步规范优先审查程序，同时更好地发挥其在产业结构调整及优化升级方面的促进作用，国家知识产权局于 2012 年 8 月施行《发明专利申请优先审查管理办法》，建立了面向绿色技术、新一代信息技术等国家重点扶持产业领域的快速审查通道。自此，优先审查步入了更加契合国家经济社会发展需求、充分发挥政策引领作用的轨道。随着创新驱动发展战略的深入实施和知识产权强国建设的持续推进，为进一步深化"放管服"改革、优化营商环境，国家知识产权局启动了对《发明专利申请优先审查管理办法》的修订工作，并于 2017 年 8 月施行《专利优先审查管理办法》，扩展了优先审查的适用范围，完善了适用条件，简化了办理手续，优化了处理程序。

1. 专利优先审查的适用条件

专利优先审查适用于处于实质审查阶段的发明专利申请、实用新型和外观设计专利申请以及专利复审案件和专利权无效宣告案件。

专利申请、专利复审案件的优先审查适用于以下 6 种情形：

1）涉及节能环保、新一代信息技术、生物、高端装备制造、新能源、新材料、新能源汽车和智能制造等国家重点发展产业；

2）涉及各省级和设区的市级人民政府重点鼓励的产业；

3）涉及互联网、大数据、云计算等领域且技术或者产品更新速度快；

4）专利申请人或者复审请求人已经做好实施准备或者已经开始实施，或者有证据证明他人正在实施其发明创造；

5）就相同主题首次在中国提出专利申请又向其他国家或地区提出申请的该中国首次申请；

6）其他对国家利益或者公共利益具有重大意义需要优先审查。

专利权无效宣告案件的优先审查适用于以下两种情形：

1）针对专利权无效宣告案件涉及的专利发生侵权纠纷，当事人已请求地方知识产权局处理、向人民法院起诉或者请求仲裁调解组织仲裁调解；

2）专利权无效宣告案件涉及的专利对国家利益或者公共利益具有重大意义。

2. 专利优先审查的请求主体

专利申请人可以对专利申请、专利复审案件提出优先审查请求，当申请人为多个时，应当经全体申请人或者全体复审请求人同意。

专利权无效宣告请求人或者专利权人可以对专利权无效宣告案件提出优先审查请求，当专利权人为多个时，应当经全体专利权人同意。此外，为了加快专利侵权纠纷的解决，处理、审理涉案专利侵权纠纷的地方知识产权局、人民法院或者仲裁调解组织可以对专利权无效宣告案件提出优先审查请求。

3. 提出专利优先审查请求的时机

对于发明专利申请人请求优先审查的，应当在提出实质审查请求、缴纳相应费用后具备开始实质审查的条件时提出。

对于实用新型、外观设计专利申请人请求优先审查的，应当在申请人完成专利申请费缴纳后提出。

对于专利复审和专利权无效宣告案件当事人请求优先审查的，在缴纳专利复审或专利权无效宣告请求费后至案件结案前均可提出。

4. 提出专利优先审查请求所需材料

申请人提出专利申请优先审查请求的，应当提交优先审查请求书、现有技术或者现有设计信息材料和相关证明文件；有同日申请的，还需要在请求书中提供相对应的同日申请的申请号。除"就相同主题首次在中国提出专利申请又向其他国家或者地区提出申请的该中国首次申请"的情形外，优先审查请求书应当由国务院相关部门或者省级知识产权局签署推荐意见。"国务院相关部门"是指国家科技、经济、产业主管部门，以及国家知识产权战略部际协调成员单位。

当事人提出专利复审、专利权无效宣告案件优先审查请求的，应当提交优先审查请求书和相关证明文件，优先审查请求书应当由国务院相关部门或者省级知识产权局签署推荐意见，但以下两种情形除外：专利复审案件涉及的专利申请在实质审查或者初步审查程序中已经进行了优先审查；处理、审理涉案专利侵权纠纷的地方知识产权局、人民法院、仲裁调解组织对专利权无效宣告案件请求优先审查，需要提交复审无效程序优先审查请求书和相关证明文件，并说明理由。

5. 专利优先审查的期限要求

为切实提高专利申请优先审查的效率，实现快速审查的效果，《专利优先审查管理办法》规定了严格的审查期限，其中既包括对审查时限的要求，也包括对申请人答复意见的期限要求。

（1）对审查工作的期限要求

对于专利申请，国家知识产权局通常自收到优先审查请求之日起 3 个至 5 个工作日向申请人发出是否同意进行优先审查的审核意见。对于专利复审、专利权无效宣告案件，在收到优先审查请求书后，会尽快对该请求进行审核，并发出相应通知书来通知请求人是否进入优先审查程序。

对于国家知识产权局同意进行优先审查的申请或者案件，自同意优先审查之日起，发明专利申请在 45 日内发出第一次审查意见通知书并在一年内结案；实用新型和外观设计专利申请 2 个月内结案；专利复审案件 7 个月内结案；发明和实用新型专利权无效宣告案件 5 个月内结案，外观设计专利权无效宣告案件 4 个月内结案。

（2）申请人答复意见的期限要求

申请人答复发明专利审查意见通知书的期限为通知书发文日起 2 个月，申请人答复实用新型和外观设计专利审查意见通知书的期限为通知书发文日起 15 日。请求优先审查的专利复审案件和专利权无效宣告案件的通知书答复期限与普通案件相同。

6. 停止优先审查程序的情形

对于启动优先审查的专利申请，《专利优先审查管理办法》第 12 条规定有下列情形之一的，国家知识产权局可以停止优先审查程序，按普通程序处理：

1）优先审查请求获得同意后，申请人根据《专利法实施细则》第 51 条第1、2款对申请文件提出修改（该修改将造成审查周期的延长）；

　　2）申请人答复期限超过规定的期限；

　　3）申请人提交虚假材料；

　　4）在审查过程中发现为非正常专利申请。

　　对于启动优先审查的专利复审或者专利权无效宣告案件，《专利优先审查管理办法》第13条规定如果出现下列情形，国家知识产权局可以停止该案件的优先审查程序，按普通程序处理：

　　1）复审请求人延期答复；

　　2）优先审查请求获得同意后，无效宣告请求人补充证据和理由；

　　3）优先审查请求获得同意后，专利权人以删除以外的方式修改权利要求书；

　　4）专利复审或者专利权无效宣告程序被中止；

　　5）案件审理依赖于其他案件的审查结论；

　　6）疑难案件，并经专利复审部门负责人批准。

二、专利审查高速路（PPH）项目

　　专利审查高速路（PPH）是全球专利审查机构之间开展的审查结果共享的业务合作，旨在帮助申请人的海外申请早日获得专利权，具体是指一个国家或地区与其他国家或地区之间通过签署双边或多边协定而建立起的对跨境专利申请加快审查的机制，即当申请人向多个国家或地区提交相同或相近似的专利申请时，若在先审查局认为相应的专利申请可授权，则申请人可以此为基础，通过PPH项目，向在后审查局请求加速审查。我国国家知识产权局自2011年11月1日与日本特许厅启动PPH试点项目以来，相继与美国专利商标局、德国专利商标局、韩国知识产权局、欧洲专利局等全球主要国家/地区专利局建立了PPH合作关系，我国PPH对外合作网络已初具规模。就发展模式而言，PPH分为常规PPH、PCT－PPH、PPH MOTTAINAI、五局PPH和全球PPH。各项目流程可参见国家知识产权局官网"专利审查高速路（PPH）项目"（网址：https：//www.cnipa.gov.cn/col/col2490/index.html）。

　　1. PPH试点项目请求的适用条件

　　申请人在首次申请受理局提交的专利申请中所包含的至少一项或多项权

利要求被确定为可授权或具有可专利性时，可以向后续申请受理局提出 PPH 试点项目请求（以下简称 PPH 请求），以加快后续申请的审查。中国专利申请作为后续申请，当满足下列条件时，申请人可以针对该中国专利申请提出参与 PPH 请求。

1）提出 PPH 请求的申请应当是发明专利申请（包括 PCT 国家阶段发明专利申请），且该发明专利申请必须是电子申请。

2）提出 PPH 请求的时机必须同时满足以下条件：

① 申请人在提出 PPH 请求之前或之时必须已经收到《发明专利申请公布通知书》。

② 申请人在提出 PPH 请求之前或之时必须已经收到《发明专利申请进入实质审查阶段通知书》。注意，一个允许的例外情形是，申请人可以在提出实质审查请求的同时提出 PPH 请求。

③ 申请人在提出 PPH 请求之前及之时尚未收到审查意见通知书。

④ 同一申请最多有两次提交 PPH 请求的机会。

3）中国专利申请与对应申请之间的关系要符合在中国国家知识产权局与 PPH 伙伴局专利审查高速路（PPH）试点项目下向中国国家知识产权局提出 PPH 请求的流程的要求。

4）对应申请中具有一项或多项被该对应申请审查局认定为具有可专利性/可授权的权利要求。

5）中国专利申请的所有权利要求，无论是原始提交的或者是修改后的，必须与对应申请审查局认定为具有可专利性/可授权的一个或多个权利要求充分对应。

2. 提交 PPH 请求所需材料

申请人提出 PPH 请求，应当提交《参与专利审查高速路（PPH）试点项目请求表》，并且，以下文件必须随《参与专利审查高速路（PPH）试点项目请求表》一并提交。

1）对于常规 PPH 和 PPH MOTTAINAI 合作模式，应提交对应申请审查局就对应申请作出的所有审查意见通知书的副本及其译文，以及对应申请中被对应申请审查局认定为具有可专利性/可授权的所有权利要求的副本及其中文或英文译文。

2）对于 PCT‐PPH 合作模式，应提交认为权利要求具有可专利性/可授权的最新国际工作结果的副本及其中文或英文译文，以及被最新国际工作结果认为具有可专利性/可授权的权利要求的副本及其中文或英文译文。

3）提交对应申请审查局审查员引用文件的副本或者对应的国际申请的最新国际工作结果中引用文件的副本。

3. 提交 PPH 请求的基本流程

（1）PPH 请求相关文件的提交

申请人应当按照国家知识产权局与 PPH 伙伴局签订的《在中国国家知识产权局与 PPH 伙伴局专利审查高速路（PPH）试点项目下向中国国家知识产权局提出 PPH 请求的流程》中的要求，准备 PPH 请求相关文件并提交。

（2）《PPH 请求补正通知书》的答复

国家知识产权局对申请人提交的 PPH 请求进行审查，若发现该请求存在可以通过补正方式进行修改的缺陷时，将发出《PPH 请求补正通知书》，申请人需要在指定的期限内对此通知书进行答复。

《PPH 请求补正通知书》中指定的期限不可延长，若由于申请人未在指定期限内进行答复而导致该申请不能参与 PPH 项目，申请人也不能通过恢复程序进行救济。

（3）PPH 请求审批结论的接收及后续处理

国家知识产权局对申请人提交的 PPH 请求进行审查后，若发现该请求不符合相关规定要求，将作出 PPH 请求不予批准的决定，并发出《PPH 请求审批决定通知书》告知申请人结果以及请求存在的缺陷。若 PPH 请求未被批准，申请人可再次提交请求，但至多一次。若再次提交的请求仍不符合要求，申请人将被告知结果，该中国申请将按照正常程序等待审查。若 PPH 请求予以批准，将发出《PPH 请求审批决定通知书》告知申请人。同时该中国申请将被给予 PPH 下加快审查的特殊状态，先于普通申请尽快进行实质审查。

申请人在参与 PPH 试点项目的请求获得批准后，收到有关实质审查的审查意见通知书之前，任何修改或新增的权利要求均需要与对应申请中被认定为具有可专利性/可授权的权利要求充分对应；否则 PPH 请求予以批准的审查结论将被撤回，重新作出 PPH 请求不予批准的决定，该中国申请也将作为普通申请按照正常程序等待审查。

申请人参与 PPH 试点项目的请求获得批准后，为克服实审审查员提出的审查意见对权利要求进行修改，任何修改或新增的权利要求不需要与对应申请中被认定为具有可专利性/可授权的权利要求充分对应；任何超出权利要求对应性的修改或变更由实审审查员裁量决定是否允许。

三、专利预审途径快速审查

专利预审途径快速审查虽然是三种专利快速审查模式中建立最晚的模式，但已经逐渐成为最主要的快速审查途径。以下针对适用条件、请求主体、请求时机、停止加快的情形以及专利预审结论的效力几个方面做简单的介绍。

1. 适用条件

专利预审途径快速审查分别针对专利申请、专利复审和专利权无效宣告请求、专利权评价报告请求提供快速审查的通道，主要服务于战略性新兴产业领域，包括新一代信息技术、高端装备制造、新材料、生物医药、新能源等领域。但对于每个预审机构来说，其并非能够提供所有领域的预审服务，而是仅限于其所在区域内的优势产业，具体的服务领域由预审机构根据本地情况向国家知识产权局申报，最终以国家知识产权局批复的领域为准。

2. 请求主体

注册或登记在预审机构所在行政区域内的企事业单位可以选择运用专利预审途径快速审查，但在提交预审请求之前必须在专利预审机构进行备案，相关备案名单也会由预审机构上报至国家知识产权局审批。需要特别强调的是，备案单位的生产、经营或研发方向应当属于预审机构开展预审服务的技术领域。除对技术领域的要求之外，各个预审机构会根据本区域产业发展的情况设置备案的其他要求，备案单位可查询预审机构的相关管理办法。

3. 请求时机

专利预审的请求应在还未正式向国家知识产权局提出专利申请之前提交，预审合格后提交正式的专利预审请求，相应请求将进入国家知识产权局快速审查通道。目前，各预审机构开展的专利申请的预审是按照这种方式开展的，运行较为平稳。而专利复审和专利权无效宣告请求的预审、专利权评价报告请求的预审还处于试点阶段，各预审机构有不同的要求，创新主体可查询预审机构的相关管理办法。

4. 停止加快的情形

在专利申请预审合格后进入加快审查的过程中，存在着一些导致停止加快的情形，包括在专利审查过程中进行著录项目变更、主动修改申请文件、答复超期、属于非正常专利申请等，申请人应当特别注意避免此类情况的出现。

5. 专利预审结论的效力

预审过程中收到预审机构作出的通知或决定对国家知识产权局作出的审查结论没有任何限制或制约，其效力不等同于专利申请受理后进入正式审批流程中国家知识产权局作出的审批决定的效力。同时，预审合格不等于专利申请一定会被授予专利权，预审程序只是为了实现加快审查而设置在专利申请被正式受理前的一个前置程序。对于是否能够被授予专利权，还要以国家知识产权局依法审查作出的结论为准。

四、三种专利快速审查的比较

为了便于创新主体充分运用三种专利快速审查程序，以下将从适用范围、产业领域、请求主体、请求时机和停止加快五个方面对三种模式进行对比分析，见表 1 – 1。

表 1 – 1　三种专利快速审查的对比

项目	优先审查	专利审查高速路（PPH）	专利预审
适用范围	已经正式提交的专利申请、专利复审案件和专利权无效宣告案件	适用于全球专利布局，中国作为后续申请应当是发明专利申请（包括 PCT 国家阶段发明专利申请）	还未正式提交的专利申请、专利复审请求和专利权无效宣告请求、专利权评价报告请求
产业领域	（1）节能环保、新一代信息技术、生物、高端装备制造、新能源、新材料、新能源汽车和智能制造等国家重点发展产业；（2）各省级和设区的市级人民政府重点鼓励的产业；（3）互联网、大数据、云计算等领域且技术或者产品更新速度快	任意领域	国家知识产权局批复的预审机构提供预审服务的产业领域，涉及预审机构所在区域的优势战略性新兴产业，具体包括高端装备制造、新一代信息技术、新材料、生物医药、新能源等

项目	优先审查	专利审查高速路（PPH）	专利预审
请求主体	专利申请、专利复审案件和专利权无效宣告案件的相关人，审理涉案专利侵权纠纷的地方知识产权局、人民法院或者仲裁调解组织可以对专利权无效宣告案件提出优先审查请求	专利申请人	专利申请、专利复审请求和专利权无效宣告请求、专利权评价报告请求的相关人，相关人应在专利预审机构备案
请求时机	缴纳发明专利实质审查费用、实用新型和外观设计专利申请费用、专利复审或专利权无效宣告请求费用后	申请人已经收到《发明专利申请公布通知书》《发明专利申请进入实质审查阶段通知书》，尚未收到审查意见通知书	正式提交专利申请、专利复审请求和专利权无效宣告请求、专利权评价报告请求之前
停止加快	主动修改申请文件，答复超期，属于非正常专利申请，补充无效证据和理由，专利权人以删除以外的方式修改权利要求书等	主动修改导致权利要求未充分对应	在专利审查过程中进行著录项目变更，主动修改申请文件，答复超期，属于非正常专利申请等

注：专利复审和专利权无效宣告预审、专利权评价报告预审均处于试点工作开展期间，各预审机构要求不同，具体以预审机构官网的相关规定为准。

1. 适用范围

专利审查高速路（PPH）适用于发明专利全球布局的快速获权，优先审查和专利预审仅适用于中国专利申请，专利预审使用范围最大。

截至 2024 年 2 月，中国国家知识产权局已和美国、日本、欧洲、韩国等 32 个国家和地区的专利审查机构开通 PPH 试点项目合作，申请人在考虑高质量专利全球布局的时候，可充分运用专利审查高速路（PPH）来加快审查速度，尽快获得专利权，其中既包括在中国的专利申请快速获权，也包括在其他开展合作的国家和地区的专利申请快速获权。

相对而言，优先审查和专利预审仅适用于中国专利申请，但专利申请的类型不仅包括发明，还包括实用新型和外观设计，为各种类型的专利申请都提供了快速审查的机会。此外，优先审查和专利预审还为专利复审请求和专利权无效宣告请求提供了快速审查的途径，尤其是专利预审又增加了针对实用新型评价报告与外观设计评价报告的加快审查，由此可以看出，我国的快速审查程序不仅重视高质量专利的快速获权，更是逐渐加大了对专利保护和运用的支撑力度。

2. 产业领域

优先审查和专利预审重点支撑战略性新兴产业的科技创新，专利预审更聚焦地区优势产业，专利审查高速路（PPH）对产业领域没有要求。

从产业领域上看，涉及国家重点发展的战略性新兴产业是优先审查和专利预审主要支持的领域。其中，专利预审的产业范围必须经过国家知识产权局批复，并且可以根据产业发展的情况进行动态调整，全国各个地区均有各自的优势产业，聚焦优势、错位发展、动态调整的机制非常有助于有限行政资源的高效利用，更大力度地支持重要产业的发展。

3. 请求主体

专利预审请求人需提前在专利预审机构备案，优先审查与专利审查高速路（PPH）没有相关要求。

专利预审请求人的备案制度是专利预审途径快速审查相较于其他两种快速审查的重要区别，这一制度有利于地方政府为重点产业中的重要创新主体提供更好、更全面的服务，助力高质量科技创新的快速转化运用，从而推动产业的高质量发展。创新主体在运用专利预审途径快速审查的过程中，应当预先按照当地预审机构的相关要求办理好备案手续，做好相关准备工作，以便后续能够按需快速提交专利预审请求。

4. 请求时机

专利预审请求要在正式提交专利申请之前提出，优先审查请求和参与专利审查高速路（PPH）请求需要在专利审查进行的过程中提出。

专利预审途径快速审查相较于其他两种快速审查增设了一个专利预审环节，该环节设置于专利审查程序之前，由设置于全国各地的专利预审机构开展相关的专利预审工作，因此创新主体选择运用专利预审途径快速审查时要提前做好规划，若专利申请已经进入审查程序则无法再启动此类快速审查。相对而言，优先审查和专利审查高速路（PPH）都是进入审查程序后启动的快速审查模式，申请人应按照相关的时间点要求提出申请，准备好相关资料，避免错过时机。

5. 停止加快

三种专利快速审查程序均设置了停止加快转为正常申请的情形，专利审查高速路（PPH）仅涉及权利要求的主动修改，优先审查和专利预审限制较多。优先审查和专利预审两种途径的快速审查对于专利申请存在主动修改申请文件、答复超期、属于非正常专利申请的情形均可给予停止加快的处理。专利申请人在享受快速审查这一优势资源的同时，必然要放弃一些权利，例如主动修改文件的机会、审查意见答复期限的缩短等，只有在审查机构与专利申请人双方共同的努力下，专利申请的审查才能高效、快速地完成，从而使高质量专利申请能够快速获权。此外，专利预审途径快速审查还对"在专利审查过程中进行著录项目变更"的情形进行了约束，相较于其他两类加快审查途径提出了更高的要求。专利申请人将蕴含自身高质量科技创新成果的专利申请采用专利预审途径快速审查进行申请时，应当真正做到以保护创新为目的，重视申请文件的撰写质量，积极配合预审环节中的相关审查，避免出现停止加快的情况。

第三节　国外专利快速审查程序

为帮助我国创新主体更好地利用其他国家的专利快速审查政策，提升专利布局效率，以下对美国、日本、欧洲和韩国的专利快速审查程序进行介绍。

一、美国专利快速审查程序

美国专利商标局（USPTO）针对专利申请人的不同需求开展了多种方式的快速审查，具体包括普通加快审查（AE）、优先审查（Track One）、专利审查高速路（PPH）、完全的一通前会晤项目等。其中，前三种是实质审查前开始的加快审查项目，完全的一通前会晤项目是审查过程中唯一可以使用的加快审查项目。

1. 普通加快审查（AE）

从 2006 年 8 月 25 日开始，申请人可请求美国专利商标局对其申请进行普通加快审查（Accelerated Examination，AE）。

普通加快审查启动条件包括：

1）提出普通加快审查的专利申请、加快请求、答复意见和所需费用必须通过美国专利商标局的电子申请系统（EFS）或者网上电子申请系统（EFS – Web）进行电子提交，加速审查请求与申请同时提交；

2）申请人需缴纳每件 140 美元的额外加快审查费用（如果申请主题是环境质量、能源或者反恐则无须缴纳）；

3）申请的独立权利要求不超过 3 项，权利要求总数不超过 20 项，不能含有多项从属权利要求，必须符合单一性的要求；

4）申请人必须愿意进行关于现有技术及申请的可专利性等问题的会晤，并且提交一份书面声明，愿意在审查员要求时即进行会晤（申请全部主题可以授权的，可不进行会晤）；

5）在提交专利申请时，申请人必须提交一份声明，表明已经进行了审查前的专利检索，检索内容包括技术领域、数据库、检索逻辑、检索到的文件名称等。检索必须包括美国专利、外国专利和非专利文献，除非申请人有合理的理由确信在其排除的资源中没有更合适的文献。检索必须针对要求保护的发明，覆盖权利要求的所有特征，并且对权利要求进行最大范围的解释。此外，检索还需包括已公开的可能要求保护的技术特征。如果是来自外国专利局的检索报告，必须满足上述要求，使用其他局的检索报告时，USPTO 有可能不予采用而拒绝加快审查。

通过普通加快审查，预计在自申请日起 12 个月内申请人能够收到最终审查决定。USPTO 对于普通加快审查的数量没有限制，但是由于其条件比较严格，每年的申请量并不大，并且有相当比例的申请由于不符合条件而被拒绝加快。尤其自 2012 年以来，普通加快审查的申请数量逐年下降，更多申请人选择了优先审查（Track One）。

2. 优先审查（Track One）

由于普通加快审查要求的条件较为严格，无法满足申请人的需求，因此美国专利商标局于 2011 年 9 月又设置了优先审查程序，也是大多数申请人最优先选择的加快审查项目。

优先审查启动条件包括：

1）申请人使用指定的优先审查请求表（PTO/AIA/424）；

2）申请人申请的独立权利要求不超过4项，权利要求总数不超过30项；

3）Track One 请求与申请同时提交；

4）申请人需缴纳每件4800美元的额外优先审查费用，小微企业可减半，为2400美元。

可见，与普通加快审查相比，Track One 项目无须提交 USPTO 认可的检索报告，也无须满足会晤等要求，权利要求数量限制也有所放宽，申请人只需填表、缴费即可享受优先审查，因此该方式受到申请人的普遍欢迎。当然，由于费用相对较高，其也为 USPTO 带来了不菲的收入。

通过优先审查，预计在自申请日起12个月内申请人能够收到最终审查决定，而实践中会更快。由于审查资源有限，USPTO 每年仅受理优先审查1万件，但目前为止尚未有某年达到该限值，因此申请人可放心提交申请。

值得注意的是，美国规定一般情况下基于 PCT 申请并通过正式途径进入美国的国家阶段申请不能应用 Track One 项目，只有在至少两次被拒绝后递交请求再审查（RCE）时，才有可能被允许申请 Track One 优先审查。因此，对于基于 PCT 申请进入美国的专利申请，如果申请人希望使用 Track One 项目，则应以连续案的方式提出（即"by-pass"方式进入美国）。

3. 专利审查高速路（PPH）项目

我国与美国建立了双边的 PPH 合作以及多边的五局 PPH 合作，因此我国专利申请人可以使用上述两种途径在美国进行加快审查。一般来说，五局 PPH 途径由于不再限于中美双方的审查结果，更受到申请人的欢迎。

以五局 PPH 项目为例，中国申请人在美国提出 PPH 请求需要满足的条件包括：

1）由在先审查局（OEE）审查的对应申请与美国申请必须具有相同的优先权日；

2）OEE 的审查结果中指出对应申请具有至少一个可授权的权利要求；

3）所有权利要求均需要与 OEE 指出的可授权的权利要求对应或范围更窄；

4）提交权利要求对比表和 OEE 的审查文件；

5）美国申请尚未开始审查。

PPH 请求能够显著提高申请的授权率和加快授权时间，且提出 PPH 请求越早，收到审查意见的时间越早。不过，各国专利法差异使同一申请在不同国家可授权范围并不一定相同，提出 PPH 请求时需要将美国申请权利要求修改成与 OEE 指出的可授权的权利要求相对应或更窄，不利于获得原本在美国可以通过正常审查和答复获得的更宽的保护范围。

在美国提出 PPH 请求需采用电子形式提交，无官费。在 PPH 申请获批后，申请人可以对申请文件进行修改，在首次审查意见发出前需要满足权利要求充分对应性要求，同时，后续的修改也需满足权利要求充分对应性要求。

4. 完全的一通前会晤项目

2009 年 10 月，USPTO 开始实行完全的一通前会晤项目，该项目适用于所有技术领域的发明专利申请，加快程度主要体现在申请人收到第一次审查意见通知书的时间加快。

完全的一通前会晤项目的启动条件包括：

1）申请人通过网上电子申请系统（EFS – Web）提交请求并使用指定的表格（PTO/SB/413C）；

2）申请人提出的请求至少应比第一次审查意见通知书出现在专利申请信息查询系统（PAIR）中提前一天；

3）独立权利要求不超过 3 项，权利要求总数不超过 20 项；

4）申请人必须同意进行会晤；

5）完全的一通前会晤项目目前无须缴纳官费。

除上述加快审查项目之外，根据 USPTO 审查程序手册 MPEP 708.02 的规定，对于年长者或有健康问题的申请人可以提出特殊变更（Make Special）请求，将申请类型转变为加快，该加快与普通加快审查类似。该政策为永久政策，USPTO 自 1959 年 12 月开始实施。对于年长者或有健康问题申请人的加快审查适用对象为年龄大于 65 岁的申请人或者其健康状况无法满足正常申请程序中的相应行为的申请人，由申请人提出申请，并且提交身份年龄证明或者医师诊断等可证明健康状况的证明。

二、日本专利快速审查程序

日本专利局（JPO）针对专利申请人的不同需求开展了多种方式的快速

审查，具体包括早期审查制度、超早期审查制度、专利审查高速路（PPH）项目、优先审查和海外申请加快（JP–FIRST）等。

1. 早期审查制度

早期审查制度适用于以下 6 种类型的发明专利申请：

1）发明专利申请的申请人全部或部分是中小企业、个人、大学或公共研究机构、批准的技术转移机构或授权的技术转移机构。对于此类申请人与大企业联合进行的申请，应在请求书中如实说明，请求时所要求提交的文档也与单独申请时的文档存在差异。

2）国外关联发明专利申请，该申请包括以下 3 种类型：已向 JPO 和至少一个外国知识产权局提交专利申请的请求；PCT 国际专利申请进入日本国家阶段的申请；作为国内专利申请向 JPO 提交并将 JPO 作为 PCT 受理局的申请。

3）实施关联发明专利申请，申请人或其被许可人正在实施或在早期审查请求提交后两年内计划实施的专利申请。

4）绿色关联发明专利申请，即与节能或减少二氧化碳排放相关的"绿色发明"专利申请。

5）震灾复兴支援关联发明专利申请，当全部或一部分申请人在特定受灾地区（适用 1947 年日本《灾害救助法》的规定）具有地址或临时居住权，或申请人的企业在特定受灾地区的营业机构遭受地震及相关灾难的损害，申请人可以据此申请早期审查。

6）亚洲据点化推进法案关联发明专利申请，亚洲据点化推进法案是日本为避免外资企业流失导致失去其经济大国地位而提出的法案，其内容主要包括下调法人税税率、减免在日本设立产品研发机构的企业的专利费用等。当申请人全部或一部分属于特定跨国企业时可以据此申请早期审查。

请求早期审查需要进行"现有技术的披露"，对于不同类型的申请人，现有技术的披露要求不同。对于适用对象 1）和 5），现有技术的披露不是必要的，只需要记载其知道的技术，但对于适用对象 1）中与大企业联合进行的申请，除个别特殊情况，原则上需要检索和披露现有技术。对于适用对象 2）现有技术的披露是必要的，但是可以利用外国审查机构的已有结果。

早期审查的请求程序需要用日语完成，需要提交早期审查的情况说明书，内容除了书录事项，还包括早期审查的情况和必要的现有技术文献及其对比说明等。如果外国审查机构已经有了检索结果，可以提供该检索结果涉及的现有技术文献，并与本发明进行对比说明。如果尚未获得检索结果，申请人可以自行检索现有技术并与本发明进行对比说明。

当申请通过早期审查后，该申请将在约 2.2 个月内做出第一次审查意见通知书。

2. 超早期审查制度

超早期审查制度是针对尤其重要的申请而设计的，请求超早期审查的申请应满足以下条件：

1）该申请已经请求实质审查但尚未审查，可以在请求审查的同时请求超早期审查；

2）同时符合国外关联申请及实施关联申请的要求；

3）超早期审查请求应提前 4 周以上在线提交所有申请手续，以书面提交的申请不能获得超早期审查。

超早期审查的申请方法与早期审查基本相同，包括填写书录事项、填写情况说明、提交先行技术文献及其对比说明等。若通过超早期审查，该申请将在约 25 天内收到第一次审查意见通知书，约 50 天内得到最终审查结果。如果是 PCT 指定日本国家阶段的申请，原则上 2 个月内做出第一次审查意见通知书，在某些情况下，例如需要使用非专利文献、文献需要时间电子化，使得审查员无法及时发出第一次审查意见通知书的，也会通过信件告知申请人或者代理人。

申请人在收到审查意见通知书 30 天内需陈述意见或修改申请文件（答复期限不能申请延长，如果是海外居民，答复期限为 2 个月），否则超早期审查将按早期审查对待。超早期审查期间，与 JPO 的任何手续都必须在线完成，包括接收和答复审查意见通知书。

3. 专利审查高速路（PPH）项目

我国与日本建立了双边的 PPH 合作以及多边的五局 PPH 合作，因此我国专利申请人可以使用上述两种途径在日本进行加快审查，满足如下条件即可向 JPO 提交 PPH 请求：

1）二次申请局的申请与首次申请具有特定关系，例如二次申请局的申请基于《保护工业产权巴黎公约》（以下简称《巴黎公约》）享有首次申请局申请的优先权；

2）在先审查决定中至少有一项权利要求有授权前景；

3）二次申请的所有权利要求与首次申请可授权权利要求存在充分对应关系；

4）二次申请局尚未开始审查。

PPH 请求需要提交的文件包括：所有权利要求及其译文的复制件、首次申请局通知书及其译文的复制件、所有引用文件的复制件、权利要求对照表以及 PPH 请求表。

如果采用五局 PPH 合作的途径加快审查，独立权利要求不超过 3 个，权利要求总数不超过 20 个，超出的部分需要缴纳相应的费用。

4. 优先审查

根据《日本专利法》第 48 条之六规定，在申请公开后，如果第三方以实施有关专利申请的发明为业，或者申请人同实施者之间存在纠纷需要尽快解决，根据请求可以要求对专利申请进行优先审查。请求提出者可以是第三方或者专利申请人。

5. 海外申请加快（JP - FIRST）

为了推进工作共享并帮助申请人在海外获得适当的专利权，自 2008 年 4 月起日本开始实行 JP - FIRST 制度，对象为 2006 年 4 月 1 日以后的申请（不包括 PCT 国际专利申请），对于作为《巴黎公约》优先权基础且自申请日起 2 年以内请求审查的专利申请，将相对于其他申请优先审查。

三、欧洲专利快速审查程序

欧洲专利局（EPO）开展了一系列专利申请快速审查程序，具体包括专利申请加快审查程序（PACE）、放弃程序（Waiver）、专利审查高速路（PPH）项目、提前进入欧洲国家阶段等。

1. 专利申请加快审查程序（PACE）

PACE 程序旨在缩短申请人收到 EPO 检索报告、审查意见通知书和授权意向通知书所需的等待时间，从而加快欧洲发明专利申请进程。PACE 程序始于 1996 年，于 2001 年进行了第一次修订，于 2015 年进行了第二次修订，新修订的程序从 2016 年 1 月 1 日起正式生效实施。

PACE 请求应当针对每件申请在检索和审查阶段分别提起，且在每一阶段只能提起一次。此项规定意味着，在检索阶段提起 PACE 请求可以产生加快检索的效果，但并不会导致审查的加快。审查阶段的 PACE 请求只能在审查部门开始负责处理此欧洲发明专利申请的情况下才可以被有效提起。

当加快审查请求被提起时，EPO 将尽可能在审查部门接收该申请之日（或收到申请人针对欧洲检索报告的答复之日，或收到申请人提起加快审查请求之日，期限计算时以前述三者中最晚的时间点为准）起 3 个月内发出下一份官方通知。在审查阶段的后续程序中，如果加快审查请求仍然有效，EPO 后续也将尽力争取在收到申请人答复之日起 3 个月内发出随后的审查意见通知书。

当出现 PACE 请求被撤回、申请人请求延长期限、申请被撤回或被视为撤回，无论前述情况是否存在法律上的补救措施，该申请在相应的检索阶段或审查阶段中将不再享有加快处理的效力。

2. 放弃程序（Waiver）

Waiver 程序是除 PACE 程序外另一种加快授权的方式，通过放弃审查过程中的答复修改的权利而加快审查进程。Waiver 程序可以放弃的权利包括 3 种，分别为《欧洲专利公约实施细则》（以下简称 EPC 细则）第 70（2）条的权利、第 161 条和第 162 条的权利以及第 71（3）条的权利。

（1）放弃 EPC 细则第 70（2）条的权利

根据 EPC 细则第 70（2）条的规定，EPO 作出检索报告后，申请人在 6 个月内有权进行答复和修改，再请求进入审查程序。在收到检索报告前，申请人可以放弃这一权利，无条件请求进入审查程序，这样 EPO 会同时作出检索报告和第一次审查意见通知书。

（2）放弃 EPC 细则第 161 条和第 162 条的权利

根据 EPC 细则第 161 条和第 162 条的规定，对于通过《专利合作条约》（PCT）途径进入欧洲国家阶段的申请，申请人在 6 个月内有权对国际检索报告或国际初步审查报告进行答复，EPO 将根据这一期限内最后一次的修改进行专利检索和审查。申请人可以放弃这一权利，请求立即启动检索和审查程序。

（3）放弃 EPC 细则第 71（3）条的权利

根据 EPC 细则第 71（3）条的规定，对于将要授权的专利申请，EPO 将发出准备授权通知书，申请人在 4 个月内确认修改文本，缴纳相关费用，提交翻译文件。申请人可以放弃修改文本的权利，提前缴费和提交翻译文件（参见 EPO 官方公报《OJ EPO 2015，A52》）。

3. 专利审查高速路（PPH）项目

我国与欧洲建立了双边的 PPH 合作以及多边的五局 PPH 合作，因此我国专利申请人可以使用上述两种途径在欧洲进行加快审查。一般来说，五局 PPH 途径由于不再限于中欧双方的审查结果，更受申请人的欢迎。

以五局 PPH 项目为例，中国申请人在 EPO 提出 PPH 请求需要满足的条件包括：

1）由 OEE 审查的对应申请与欧洲专利申请必须具有相同的优先权日；

2）OEE 的审查结果中指出对应申请具有至少一项可授权的权利要求；

3）所有权利要求均需要与 OEE 指出的可授权的权利要求对应或范围更窄；

4）提交权利要求对比表和 OEE 的审查文件；

5）独立权利要求数量不超过 3 项，权利要求总数不超过 20 项，超出部分需要缴纳相应费用。值得注意的是，对于 PCT PPH 途径则无权利要求限制。

PPH 请求提出的时机为实质审查阶段启动前，仅有 1 次提出的机会，提交方式可以是电子形式，也可以是纸件形式，提交 PPH 申请无官费。

4. 提前进入欧洲国家阶段

对于 EPO 作为指定局/选定局的 PCT 国际专利申请，进入欧洲阶段的期限为自申请日（如要求优先权，则为优先权日）起 31 个月，申请人可以选择将开始处理申请的时间提前，其启动条件包括：

1）在 31 个月期限届满之前，申请人均可向 EPO 请求提前处理申请；

2）对于该请求在措辞上并无特别要求，但申请人必须明确表达希望其申请在 EPO（作为指定局/选定局）得到提前处理的意愿。申请人提起的提前处理请求只有在满足 EPC 细则第 159（1）条规定的下述要求（即与 31 个月期限届满时的要求相同）时，该请求方为有效：缴纳申请费［包括关于费用的实施细则第 2（1）条第 1a 项规定的当申请超过 35 页时的其他费用]、提交翻译文件[如果根据 EPC 第 153（4）条要求需提交翻译文件]、提交申请文件的说明书以及缴纳检索费用[如果根据 EPC 第 153（7）条要求需起草补充欧洲检索报告]。

如果在提起提前处理请求时进入欧洲阶段的必要条件已经满足，则该请求有效，PCT 申请将从该请求提起之日起开始处理（与一般的在 31 个月期限内满足 EPC 细则第 159 条规定的必要条件，且未请求提前处理的进入欧洲阶段的 PCT 申请采用相同方式处理）。从该日起，国际阶段结束，EPO 成为指定局/选定局。

四、韩国专利快速审查程序

韩国特许厅（KIPO）致力于实施积极的知识产权战略，发挥知识产权制度对新技术创造、产业化和商业化的促进作用。近年来，根据申请人的需求，KIPO 量身打造了一系列专利快速审查服务措施，具体包括三轨制审查模式、绿色技术超快速审查、专利审查高速路（PPH）项目和优先审查等。

1. 三轨制审查模式

KIPO 自 2008 年 10 月起开始实施三轨制的发明专利和实用新型审查体系，用户可以在加快审查、常规审查和延迟审查中选择最适合自身需求的审查模式。加快审查提供 3 个月至 5 个月内的审查服务，适合处于市场追赶地位、需要尽快进行专利布局的申请人，延迟审查提供在指定的延迟审查日（从请求审查起 24 个月至专利申请日起 5 年）3 个月内的审查服务，适合需要充分准备时间的申请人。任何申请人均可申请三轨制审查模式，具体启动条件需要提交一份官方指定检索机构提供的现有技术检索报告。

2. 绿色技术超快速审查

2009 年 10 月，KIPO 对绿色技术主题的相关申请实施超快速审查。申请的技术主题必须是"绿色"相关的分类，即获得政府援助或证明，或者是相关环境法律中认定的情况。自 2010 年 4 月起，符合《低碳绿色增长基本法》规定援助政策的获得产品也可以申请超快速审查。

绿色技术超快速审查请求需在线提出，并提交一份官方指定检索机构提供的现有技术检索报告以及一份说明，指出为什么选择超快速审查。一般从提出请求日起 1 个月内完成审查。如果专利申请被驳回进入上诉程序，会同样得到超快速审查，4 个月内结案。

3. 专利审查高速路（PPH）项目

我国与 KIPO 建立了 PPH 合作，同时也共同参与了五局 PPH 项目，因此我国专利申请人可以使用该途径在韩国进行加快审查。需要注意的是，韩国的 PPH 加快程序需要收费。PPH 的加快审查启动条件包括在先审查决定中至少有一项权利要求有授权前景，提出时机为提出实质审查请求时及之后，可以为实质审查启动前，也可以在实质审查启动后，提交形式可以为电子方式，也可以为纸件形式，PPH 的加快审查加快程度取决于第一次审查意见通知书。

4. 优先审查

早在 1981 年，KIPO 就设立了优先审查制度，韩国《专利法》第 61 条是优先审查制度的法律依据，该法律规定在遇到有关下面任何专利申请之一时，特许厅厅长可以让审查员进行优先审查：

1）申请公开后，非专利申请人的其他人认定可以对相关专利申请进行产业化的情况。

2）总统令认定的需要紧急处理的专利申请的情况。

韩国《专利法实施细则》第 9 条对优先审查的对象进行了详细说明，并对韩国《专利法》第 61 条第 2 款中"总统令认定的专利申请"所涉及的具体领域、特定主体的申请和特殊的申请主题进行了解释，具体包括国防领域的申请，防治公害有效的申请，与促进出口直接相关的申请，与国家和地方自治团体职务相关的申请，风险企业、创新型企业和示范企业的申请，品质认证产业产品的申请，涉及电子商务的申请等。

第二章

专利申请预审

专利申请预审是专利预审的重要组成部分，其包括申请主体备案、代理机构注册登记、专利申请预审的提交和专利申请预审审查等多个环节。各预审机构即知识产权保护中心（以下简称保护中心）和知识产权快速维权中心（以下简称快速维权中心）根据自身服务能力以及产业情况一般都制定了具体的专利申请预审管理办法，企事业单位在提交专利申请预审请求时，可提前登录预审机构网站查询相关要求或咨询预审机构的工作人员。

在本章，将简单介绍专利申请预审各个环节的一般相关要求，结合典型的保护中心和快速维权中心介绍其具体规定和准备策略以及预审审查过程中的典型案例和应对方法。

第一节　申请主体备案

一、申请主体备案简介

在专利申请预审中，主体备案是不可或缺的环节，其不仅是对申请主体资质的一次初步筛选，更是进入快速审查通道专利申请质量的重要保障。预审机构会对拟进入专利申请预审的申请主体进行严格的初步审核，并上报至国家知识产权局进行复核。

值得注意的是，未通过备案的企事业单位，一般无法向预审机构提交专利申请预审请求。对于希望利用专利申请预审进入快速审查通道的创新主体来说，提前了解备案流程和要求，确保顺利通过备案显得尤为重要。部分预审机构还会要求备案主体每年参加线上或线下培训，并积极反馈服务需求和服务评价信息等。

二、申请主体备案相关要求

1. 备案方式

一般来说，申请主体备案在预审机构指定的预审业务系统进行。

2. 备案条件

预审机构一般遴选相应产业领域内创新实力强、专利质量好、专利工作诚信度高的企事业单位进行申请主体备案，对于前三年内有专利不诚信行为的企事业单位的备案请求，一般不予受理。

申请主体备案一般需满足的条件包括：申请主体为具有独立法人资格的企事业单位，符合当地预审机构对于产业领域的要求，并且注册地或登记地在该地区，无非正常专利申请、故意侵犯他人知识产权等不良记录。更进一步，部分保护中心还要求申请主体需具有较好的创新基础以及良好的知识产权工作基础，例如具有一定数量的发明授权专利、建立了规范的知识产权管理制度和形成了稳定的知识产权管理团队等。

3. 备案需提交的资料

申请备案的主体一般需根据预审机构要求提交纸质备案材料和/或通过预审业务系统提交电子备案材料。申请主体的住所地存在多个预审机构的，可根据预审领域提交备案材料。备案材料一般包括：

1）备案申请表，一般需加盖公章，申请表和填写示例可在预审机构官网或者预审业务系统下载中心下载。

2）企业统一社会信用代码证或事业单位法人证书复印件，一般需加盖公章。

3）预审机构要求提供的其他证明材料，例如能够证明申请主体的主营业务相关产品、研发实际投入、具备知识产权管理能力等的材料。

4. 备案管理

备案管理包括备案审批的管理、备案信息变更的管理以及备案服务资格的管理。

（1）备案审批的管理

预审机构对申请主体提交的备案材料进行审核，将审核通过的名单报国家知识产权局。国家知识产权局对预审机构上报的申请主体的备案进行确认，通过后由预审机构进行公布。

（2）备案信息变更的管理

备案的企事业单位名称或统一社会信用代码发生变更的，一般需在办理专利预审相关业务前向预审机构提交备案信息变更请求。

（3）备案服务资格的管理

为了提升专利预审服务质效，充分发挥预审服务对创新发展的支撑和促进作用，进一步规范专利申请预审行为，2023年以来各预审机构尤其是保护中心纷纷更新了专利申请预审服务管理办法，对于申请主体备案有了更为严格的要求，同时也明确了具体的暂停预审服务或取消备案主体资格的情形，维护专利预审工作秩序。例如对存在以下情况的备案主体，预审机构可暂停预审服务半年以上：

1）一年内专利申请预审不合格比例超过50%的；

2）一年内有国家知识产权局认定为非正常专利申请且申诉未通过的；

3）干扰或不配合专利申请预审相关工作的。

例如对存在以下情况的备案主体，预审机构可取消备案主体资格，且在三年内不再受理备案申请：

1）一年内专利申请预审不合格比例超过70%的；

2）一年内有2件及以上的专利申请被国家知识产权局认定为非正常专利申请且申诉未通过的；

3）严重干扰或不配合专利申请预审相关工作的。

第二节　代理机构注册登记

一、代理机构注册登记简介

在办理专利预审业务以及后续专利申请业务时，专利代理机构扮演着举足轻重的角色，代表申请主体与预审机构和国家知识产权局进行沟通，确保业务办理流程都符合相关要求。为了保障专利代理业务的顺畅进行，专利代理机构在代办专利申请预审业务前，需严格按照预审机构的规定进行注册登记。

对于已经成功备案的企事业单位来说，可以通过预审业务系统添加已经注册登记成功的专利代理机构，并选择"委托"选项，委托该代理机构代办专利申请预审等业务。

二、代理机构注册登记相关要求

1. 注册登记方式

与申请主体备案一样，代理机构注册登记也需在预审机构指定的预审业务系统进行。

2. 注册登记条件

备案主体委托代理机构办理专利申请预审相关业务时，需选择诚信守法、代理质量好、服务水平高的专利代理机构。

专利申请预审中代理机构进行注册登记需满足的基本条件包括：

1）经国家知识产权局审批设立；

2）在国家知识产权局"专利代理管理系统"中处于正常状态；

3）近一年内未发生因违反《专利代理条例》有关规定受到各级专利行政管理部门处理；

4）无代理非正常专利申请及其他不良记录。

3. 注册登记所需提交的资料

代理机构登记需提交的材料一般包括：专利代理机构登记表、承诺书、代理机构统一社会信用代码证复印件、代理机构法定代表人、执行事务合伙人身份证复印件等相关证明文件等。

4. 注册登记的管理

代理机构的注册登记申请经预审机构审核合格后予以登记。登记注册后，部分预审机构还会要求代理机构参加预审机构组织的预审服务宣讲活动，了解预审申请流程和相关要求，提升提交预审请求的能力。

与申请主体备案一样，预审机构也非常注重对代理机构的管理，对违反专利申请预审服务管理办法的代理机构，会作出暂停预审代理服务或取消预审代理服务资格的处理。

第三节 专利申请预审的提交

一、专利申请预审的提交简介

为了全面提升专利申请预审服务的质量与效率，进一步支持高质量专利申请进入国家知识产权局的快速审查通道，更好推动地方产业的高质量发展，各预审机构结合实际情况，针对专利申请预审的提交环节制定了详尽的规定，确保专利申请的受理过程更加规范、高效，同时降低企事业单位在提交过程中可能遇到的困难，确保相关案件顺利通过专利申请预审审查。

值得提醒的是，专利申请预审的提交受理并非全都满足。各预审机构将根据预审能力等设定合理的提交额度，以确保相关专利申请预审请求得到及时、有效的处理。

二、专利申请预审的提交相关要求

1. 提交受理的基本要求

提交受理的基本要求一般包括如下几个方面：

1）专利申请的第一申请人作为专利申请预审请求主体，在预审机构完成专利申请预审备案；

2）专利申请文件尚未向国家知识产权局正式提交；

3）专利申请的技术领域属于预审机构服务领域范围。

2. 不得提交预审的几种情形

各预审机构在不得提交预审的情形方面规定有所不同，以下几种属于常见的不得提交预审的情形：

1）属于按照专利合作条约（PCT）提出的国际申请；

2）进入中国国家阶段的 PCT 国际申请；

3）根据《专利法》第 9 条第 1 款所规定的同一申请人同日对同样的发明创造所申请的实用新型专利和发明专利；

4）分案申请；

5）根据《专利法实施细则》第7条所规定的需要进行保密审查的申请。

3. 提交所需文件

专利申请预审请求所提交的文件，一般包括但不限于申请文件、请求书、预审服务承诺书、自检表以及共同研发证明等预审机构需要提交的其他材料。

专利申请分为发明、实用新型和外观设计三种类型，专利申请预审请求时各种类型的专利申请需提交的文件可参考表2-1。

表2-1 专利申请预审文件一览表

文件或资料	发明	实用新型	外观设计
请求书	√	√	√
说明书	√	√	—
说明书摘要	√	√	—
说明书附图	△	√	—
摘要附图①	△	√	√
权利要求书	√	√	—
实质审查请求书	√	—	—
专利代理委托书	△	△	△
外观设计图片或照片	—	—	√
简要说明	—	—	√
预审服务承诺书	√	√	√
预审请求书	√	√	√
自检表	√	√	√
共同研发合同	△	△	△
现有技术相关文件	△	△	△
技术说明资料	△	△	△

注："√"应提供的文件或资料，"△"可能需要提供的文件或资料，"－"无须提供的文件或资料。

①摘要附图可通过指定提交。

4. 提交受理额度

预审机构根据自身预审人力资源状况，在保障备案主体基本预审额度的基础上，综合备案主体前期专利授权数量和质量、备案主体创新能力和保护水平、地区重点支持的技术领域等因素，一般制定并实施梯度化的专利申请预审请求额度管理制度。

5. 专利申请预审请求提交

不同预审机构可能采用不同的提交方式，有些预审机构需要预约，有些预审机构可以直接提交。

预审机构收到专利申请预审请求后，根据专利申请预审请求的接受范围、文件要求等进行核查。全部符合要求的，发出《专利申请预审请求接受通知书》。不符合受理要求的，发出《专利申请预审请求不予接受通知书》。对于未受理的专利申请预审请求，有些情形可以再次提交，例如文件不齐全、不规范而不予接受的情形。有些情形不可以再次提交，例如专利申请的分类号不属于预审服务分类号范围而不予接受的情形。

6. 预审通过后向国家知识产权局正式提交

经预审合格后的专利申请需进一步向国家知识产权局正式提交。申请主体收到预审合格通知书后需及时向国家知识产权局正式提交与预审合格文件一致的专利申请文件，缴纳相关费用，并在收到受理通知书后尽快向预审机构反馈申请号。待预审员进行一致性确定，在国家知识产权局业务系统中标识加快标记，该申请正式进入加快审查程序。

7. 发明专利申请批量预审

2024 年，16 家单位被确定为发明专利申请批量预审审查试点单位，包括 8 家省级、4 家省会城市、4 家地市级保护中心。❶

专利申请批量预审仅限于发明专利申请，请求人需在保护中心完成申请主体备案，同时还需具备专利基础较好、批量预审需求强、工作配合度高等条件。

申请批量预审的发明专利应当属于相关保护中心专利预审服务领域。部分保护中心规定，对于半导体领域的批量预审请求不受保护中心专利预审服务领域限制。值得注意的是，发明专利申请批量预审案件一般不占预审限额数量。

专利申请批量预审一般对技术的相关度、专利申请数量以及提交的时间有一定要求，例如，中关村保护中心要求技术领域相近或技术关联度高的系列高价值发明专利申请，同一批次内的发明专利预审案件申请数量不低于 5

❶ 华进知识产权. 2024 年，这些省市可开展发明专利申请批量预审服务［EB/OL］.（2024 – 02 – 28）［2024 – 02 – 29］. https：//mp. weixin. qq. com/s/8C3w3qyNqVVZsKQ9dYTPpw.

件，且向国家知识产权局正式提交的申请日跨度不超过一周；山东省保护中心要求预审请求日和申请日均在同一天。

批量预审申请的流程一般包括：备案主体填写《发明专利申请批量预审审查请求书》，保护中心对提交的申请材料进行审核，择优开展批量预审工作，批量预审的发明专利全部预审完毕后，备案主体将同一批次预审合格的发明专利按照相关要求向国家知识产权局正式提交。

第四节　专利申请预审审查

一、专利申请预审审查主要内容

专利申请预审审查主要包括资格审核、申请文件预审审查和加快审查资格核查。

1. 资格审核

资格审查内容包括：申请主体是否备案，申请主体的信息是否与备案信息一致、是否提交了承诺书和自检表，申请文件是否齐全，专利申请的技术领域是否属于预审机构服务的技术领域以及是否属于常见的不得提交预审的情形。

需要特别注意的是，在技术领域审核方面，部分保护中心会同时关注该专利申请的分类号和发明点的技术领域，二者需同时满足，否则不予通过。

2. 申请文件预审审查

对于专利申请预审请求，预审机构将进行申请文件的预审审查，具体包括申请专利行为的规范性审查、专利申请文件的初步预审以及发明专利申请文件的实质预审。

（1）申请专利行为的规范性审查

根据相关规定，预审阶段会对申请专利行为的规范性进行预审，即审查请求预审的专利申请是否存在《规范申请专利行为的规定》（2023）规定的非正常申请专利行为。具体非正常申请专利行为包括如下几个方面：

1）所提出的多件专利申请的发明创造内容明显相同，或者实质上由不同发明创造特征、要素简单组合形成的；

2）所提出专利申请存在编造、伪造、变造发明创造内容、实验数据或者技术效果，或者抄袭、简单替换、拼凑现有技术或者现有设计等类似情况的；

3）所提出专利申请的发明创造内容主要为利用计算机技术等随机生成的；

4）所提出专利申请的发明创造为明显不符合技术改进、设计常理，或者变劣、堆砌、非必要缩限保护范围的；

5）申请人无实际研发活动提交多件专利申请，且不能作出合理解释的；

6）将实质上与特定单位、个人或者地址关联的多件专利申请恶意分散、先后或者异地提出的；

7）出于不正当目的转让、受让专利申请权，或者虚假变更发明人、设计人的；

8）违反诚实信用原则、扰乱专利工作正常秩序的其他非正常申请专利行为。

（2）专利申请文件的初步预审

预审机构参照《专利法实施细则》第 50 条以及《专利审查指南 2023》第一部分的规定，对发明、实用新型以及外观设计专利申请进行初步预审，包括对专利申请文件形式缺陷和明显实质性缺陷预审，例如明显属于《专利法》第 5 条、《专利法》第 25 条规定的不能授予专利权的情形等；此外，对于涉及专利代理委托、生物材料样品保藏等情形的专利申请，还会对其相关的其他文件，包括专利代理委托书、生物材料样品保藏证明等文件进行审核。

（3）发明专利申请文件的实质预审

对于发明专利申请，预审机构还会按照《专利法实施细则》第 59 条以及《专利审查指南 2023》第二部分对发明专利申请文件进行实质性缺陷预审，重点审查权利要求书是否在新颖性、明显创造性、实用性和单一性等方面存在缺陷。

（4）审查结论

经审查，对于需要返回修改的申请发出《专利申请预审意见通知书》，申请主体需在指定时间内针对《专利申请预审意见通知书》中指出的缺陷修改专利申请文件，陈述答复意见。

预审机构一般在自预审申请之日起 7 个工作日内作出预审审查结论，对预审合格的申请，预审机构会发出《预审合格通知书》；对于超过规定修改次数等仍不合格的，预审机构会发出《预审不合格通知书》；对于超过规定的修改期限仍未提交答复意见的，预审机构会发出《视为撤回通知书》。

3. 加快审查资格核查

申请主体收到《预审合格通知书》后需及时向国家知识产权局正式提交与预审合格文件一致的专利申请文件，通过"专利业务办理系统"网上缴费方式完成足额缴费，并在收到受理通知书后尽快（一般为 1 个工作日）向预审机构反馈专利申请号。预审员在收到申请主体反馈的专利申请号后，对专利申请文件与预审合格文件进行一致性确认。一致性确认通过后，预审员发出《予以加快审查通知书》，在国家知识产权局业务系统中标识加快标记，该专利申请正式进入加快审查程序。若一致性确认不通过，预审员发出《不予加快审查通知书》，该专利申请不能直接进入加快审查程序。未在规定期限内提交专利申请或复核信息的，发出《视为放弃加快审查资格通知书》。

二、专利申请预审审查的答复

在专利申请预审审查过程中，对于需要返回修改的专利申请会发出《专利申请预审意见通知书》，申请主体需在指定时间内基于该通知书所指出的缺陷修改专利申请预审文件，撰写答复意见。专利申请预审审查时的答复具有如下特点：

1. 答复需快速响应

在预审审查的流程中，答复的时效性至关重要。预审机构对专利申请进行高效预审审查，通常在申请主体提交预审请求后的 7 个工作日内即会作出预审审查结论。对于申请主体来说，预审答复的时间窗口非常短暂，只有短短几天的时间。在面对新颖性、创造性等复杂疑难问题时，如果没有充分的准备，很难有效地改变预审审查意见。

2. 修改可以超范围

在预审阶段，由于尚未获得专利申请号以及确定专利申请日，因此不会涉及修改超范围的问题，申请主体拥有较大的自由度来调整和完善专利申请，可以将原本仅在说明书中描述的技术方案添加到权利要求书中，以便更明确地界定专利申请的保护范围，也可以增加原本并未记录在申请文件中的技术内容，完善专利申请文件。

值得注意的是，预审阶段的修改也并非完全自由且非无限制的，实质性的改变会降低预审审查工作效率，从而可能会导致该修改不予接受，此时建议申请主体与预审员进行充分的沟通，达成共识。

一般来说，预审机构还会要求申请主体一并提交修改对照页，明示所做的所有修改，帮助预审员更便捷确定相关修改内容。

3. 形式问题和实质问题答复并重

专利申请预审阶段的形式问题和实质问题的答复都至关重要。预审机构对于形式问题和实质问题的关注度都很高，任何一方面的疏忽都可能导致专利申请预审不予通过。

因此，申请主体在答复预审审查意见时需全面审视申请文件，确保在形式上符合专利法及其相关规定的要求，如文件格式、填写规范等。同时，也需要对实质内容进行深入分析和评估，确保技术方案的新颖性、创造性和实用性等满足要求。只有在形式和实质两个方面都做到完善，才能提高专利申请预审的成功率。

4. 深入分析，简单论证

在预审审查意见答复中，面对新颖性和创造性等问题时，申请主体需要进行深入分析，以确保答复质量。一般包括如下内容：

1）详细解释相关技术。申请主体可提供更全面的背景信息，解释技术的工作原理、应用领域等，便于预审员更好地理解申请主体的技术方案和背景，从而增加预审通过的可能性。

2）分析与对比文件的差异。申请主体可仔细阅读预审通知书所提供的对比文件，找出专利申请与对比文件之间的差异，必要时可修改申请文件，展示该发明创造的创新所在。

3）充分强调创新点。申请主体可围绕专利申请的创新点，结合说明书中的相关数据，突显其对现有技术的改进。

深入分析并不意味着预审的答复要长篇大论，相反，由于预审的快速特点，意见陈述内容可能需要简化论证，突出重点和关键信息。

5. 积极沟通，高度配合

在预审过程中，积极沟通和高度配合非常有意义。与预审员的沟通交流有助于建立信任关系，促进预审审查的顺利进行。部分预审机构也推出了巡回预审的创新模式，申请主体可以充分利用面对面交流机会。

需要注意的是，虽然可以与预审员进行面对面的沟通交流，但申请主体仍然需要遵守相关的规定和流程，及时提交修改后的专利申请文件以及意见陈述书，确保答复的准确性和合规性。

三、专利申请预审审查的示例

为了更好地理解专利申请预审审查的流程和要求，本节将通过一个具体的案例来详细介绍这一过程❶。

案例 2 - 1

案情简介： 该案例为烟台市知识产权保护中心（以下简称烟台市保护中心）受理的第 1 件机械领域实用新型专利申请预审请求。

案例分析： 该专利申请预审审查过程如下：

1. 资格审核

该专利申请预审请求的主体为某大学，预审申请前已成功备案，即通过烟台市保护中心申请主体备案的审核以及通过国家知识产权局的复核。

该案件申请主体的信息与备案信息一致，相关信息包括：注册地、单位性质、业务领域、联系人地址等。

该案件技术领域也满足相关要求，该专利申请的实用新型名称为"一种室内稚鱼暂养箱"，涉及水产养殖机械技术领域，经过初步分类，其 IPC 分类号为：A01K63/00；该 IPC 分类号在烟台市保护中心受理 IPC 分类号范围内，满足领域要求。

2. 申请文件预审审查

申请文件预审审查包括申请专利行为的规范性审查和专利申请文件的初步预审。

（1）申请专利行为的规范性审查

该专利申请涉及一种室内稚鱼暂养箱，经审查，未发现其存在《规范申请专利行为的规定》（2023）规定的非正常申请专利行为。

---

❶ 李绍平，郝建鹏，于丽. 浅谈机械领域实用新型专利预先审查［J］. 山东工业技术，2018（14）：234.

（2）实用新型专利申请文件的初步预审

专利申请文件的初步预审包括针对专利申请文件形式缺陷的形式预审和明显实质性缺陷预审。

经审查，预审员发现该专利申请存在前后术语不一致问题，"稚鱼暂养箱"在文件中存在两种表达，"稚鱼暂养缸"和"稚鱼暂养桶"，建议修改为"稚鱼暂养装置"以克服专业术语不一致的问题。

预审员对受理的专利申请进行检索，采用的检索策略为将涉及技术领域的 IPC 分类号结合关键词来构建检索式。"一种室内稚鱼暂养箱"检索中涉及领域分类号检索采用的 IPC 分类号为：A01K63/00，扩展为 A01K。其他检索关键词包括：网箱、固定块、搭杆等。经检索未发现能进行新颖性评价的对比文件，该申请满足《专利法》关于新颖性的要求。

预审修改完成后，发出预审合格通知书，通知申请人修改完善申请文件，并向国家知识产权局正式提交，完成相关费用预缴。

3. 加快审查资格核查

申请人将申请号反馈至烟台市保护中心，烟台市保护中心采集专利申请信息，对专利申请文件与预审合格文件进行一致性确认，审查专利申请费用是否已经足额缴纳。经审查，符合相关要求，标注加快标记，该案件进入快速审查通道。

案件启示： 专利申请预审虽然涉及较多环节，要求也比较严格，但整体相对规范，可以提升专利申请质量，缩短专利授权周期。该专利申请于 2018 年 1 月 31 日正式提交至国家知识产权局，2018 年 2 月 8 日收到《授予实用新型专利权通知书》，从申请提交至最终授权仅用了 9 天时间。该专利申请在快速授权后，也积极开展转化运用，与威海某企业合作，助力海水养殖业创新发展。

第五节　典型预审机构的相关要求

不同预审机构的预审技术领域不同，相关的预审流程也有所不同，综合考虑预审机构的预审规模以及领域特色，本节选取预审数量较大，预审流程典型的深圳知识产权保护中心（以下简称深圳保护中心）和中山市灯饰知识产权维权中心（以下简称中山灯饰快维中心）为例，具体介绍其在申请主体备案、代理机构注册登记、专利申请预审的提交、专利申请预审审查方面的相关要求，并基于此给出相应的专利申请预审准备策略建议。

一、深圳保护中心

深圳保护中心于2018年12月揭牌运行，围绕互联网、新能源和高端装备制造产业开展专利申请预审服务工作。❶ 深圳保护中心专利申请预审大致流程图如图2-1所示。

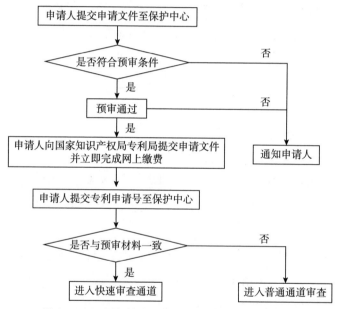

图 2-1　深圳保护中心专利申请预审大致流程图❷

（一）申请主体备案

1. 备案方式

1）符合条件的主体按照相关要求自愿申请，在预审管理平台电子申请

❶ 中国（深圳）知识产权保护中心. 关于印发《深圳知识产权保护中心备案主体、代理机构预审服务管理办法（试行）》的通知［EB/OL］.（2023－12－18）［2024－04－15］. http：//www. sz-iprs. org. cn/szipr/xwtg/tzgg_65897/content/post_1121007. html.

❷ 中国（深圳）知识产权保护中心. 预审业务100问（2021年版）［EB/OL］.（2021－07－29）［2024－04－15］. http：//www. sziprs. org. cn/attachment/0/38/38020/715234. pdf.

系统（https：//cnippc. cn/ippc－web－dzsq/）中选择深圳保护中心完成用户注册（推荐使用 Google Chrome、Mozilla Firefox、IE 11 及以上版本，注册后登录系统，在"下载中心"中下载查看使用手册）；

2）预审管理平台电子申请系统用户注册成功后，将会收到短信提醒。登录系统，按照系统中流程进行备案申请，如实填写并提交相关资料；

3）深圳保护中心对备案申请材料进行初步审核，形成初审意见，并提交至国家知识产权局；

4）经国家知识产权局复核、确认后，完成备案申请；

5）申请主体收到完成备案短信通知，可以在预审管理平台电子申请系统向深圳保护中心提交快速预审服务请求。

2. 备案条件

1）登记注册地在深圳市行政区域（包括深汕合作区），且具有独立法人资格的企事业单位及社会组织；

2）生产、研发或经营方向需符合深圳保护中心的产业领域；

3）有稳定的知识产权管理团队，建立知识产权管理制度；

4）具备良好的专利工作基础，原则上需要至少一件创新主体作为申请人申请并已授权的专利，特殊情况需提交相关证明资料；

5）无国家知识产权局认定的非正常专利申请。

3. 备案需提交的资料

1）专利快速审查确权业务主体备案申请表（加盖公章）；

2）企业营业执照或事业单位法人证书或相关法人证书复印件（加盖公章）；

3）深圳保护中心要求提供的其他证明材料。

其中，专利快速审查确权业务主体备案申请表参考如下图示填报❶。

---

❶ 中国（深圳）知识产权保护中心. 专利快速审查确权业务主体备案申请表填表图示［EB/OL］.（2024－03－25）［2024－04－15］. http：//www. sziprs. org. cn/attachment/0/70/70801/1133904. pdf.

注意：1.请注意表格清晰度，表格上的所有内容需填写完整，如果没有相关内容请填写"无"或"0"，涉及金额、数字请填0。
　　2.申请表第一页无需加盖公章，第二页"保护中心意见及签章"栏中日期无需填写。
　　3.请上传清晰的备案申请表盖章扫描件，此文件需将备案申请表打印出来、盖章扫描上传。

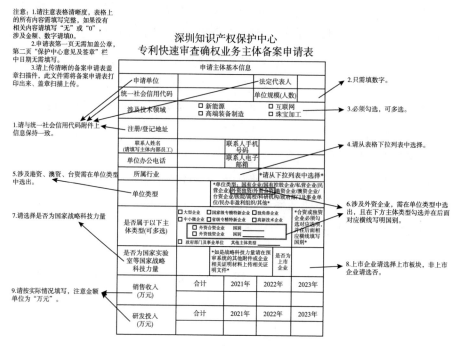

深圳知识产权保护中心
专利快速审查确权业务主体备案申请表

申请主体基本信息			
申请单位		法定代表人	
统一社会信用代码		单位规模(人数)	
涉及技术领域	□ 新能源　□ 高端装备制造	□ 互联网　□ 珠宝加工	
注册/登记地址			
联系人姓名(请填写主体内部员工)		联系人手机号码	
单位办公电话		联系人电子邮箱	
所属行业	*请从下拉列表中选择*		
单位类型	*单位类型：国有企业/国有控股企业/私营企业(民营企业)/外资独资/外资合资/港澳台投资企业/台资企业/医院/高校科研机构/政府部门/事业单位/民办非盈利组织/其他*		
是否属于以下主体类型(可多选)	□ 大型企业　□ 国家级专精特新企业　□ 独角兽企业　□ 中小微企业　□ 省级专精特新企业　□ 高新技术企业　□ 外资合资企业　国别____　□ 外资独资企业　国别____　□ 政府部门及事业单位　其他主体类型	*合资或独资企业必须勾选对应系列，并在后面相应横线填写国别*	
是否为国家实验室等国家战略科技力量	*如是战略科技力量请在预审系统的其他附件或业务相关证明材料上传相关证明文件*	是否为上市企业	
销售收入(万元)	合计	2021年　2022年　2023年	
研发投入(万元)	合计	2021年　2022年　2023年	

1.请与统一社会信用代码附件上信息保持一致。

2.只需填写数字。

3.必须勾选，可多选。

4.请从表格下拉列表中选择。

5.涉及港资、澳资、台资需在单位类型中选出。

6.涉及外资企业，需在单位类型中选出，且在下方主体类型勾选并在后面对应横线写明国别。

7.请选择是否为国家战略科技力量

8.上市企业请选择上市板块，非上市企业请选否。

9.请按实际情况填写，注意金额单位为"万元"。

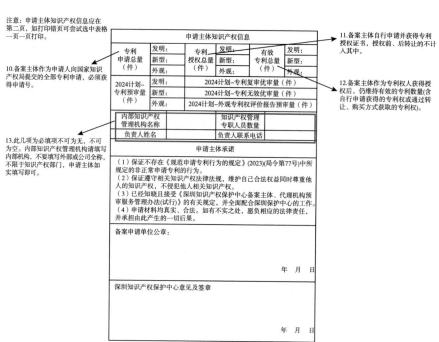

注意：申请主体知识产权信息应在第二页，如打印错页可尝试选中表格一页一页打印。

申请主体知识产权信息					
专利申请总量(件)	发明：　新型：　外观：	专利授权总量(件)	发明：　新型：　外观：	有效专利总量(件)	发明：　新型：　外观：
2024计划-专利预审量(件)	发明：　新型：　外观：	2024计划-专利复审优审量(件)　2024计划-专利无效优审量(件)　2024计划-外观专利权评价报告预审量(件)			
内部知识产权管理机构名称		知识产权管理专职人员数量			
负责人姓名		负责人联系电话			
申请主体承诺					

10.备案主体作为申请人向国家知识产权局提交的全部专利申请，必须获得申请号。

11.备案主体自行申请并获得专利授权证书，授权前、后转让的不计入其中。

12.备案主体作为专利权人获得授权后，仍维持有效的专利数量(含自行申请获得的专利或通过转让、购买方式获取的专利权)。

13.此几项为必填项不可为无，不可为空。内部知识产权管理机构请填写内部机构，不要填写外部或公司全称，不限于知识产权部门，申请主体如实填写即可。

申请主体承诺
（1）保证不存在《规范申请专利行为的规定》(2023)(局令第77号)中所规定的非正常申请专利的行为。
（2）保证遵守相关知识产权法律法规，维护自己合法权益同时尊重他人的知识产权，不侵犯他人相关知识产权。
（3）已经知晓且接受《深圳知识产权保护中心备案主体、代理机构预审服务管理办法(试行)》的有关规定，并全面配合深圳保护中心的工作。
（4）申请材料均真实、合法。如有不实之处，愿负相应的法律责任，并承担由此产生的一切后果。

备案申请单位公章：

　　　　　　　　　　　　　年　月　日

深圳知识产权保护中心意见及签章：

　　　　　　　　　　　　　年　月　日

4. 备案管理

深圳保护中心对备案主体进行管理，维护专利申请预审工作秩序。

深圳保护中心按照国家知识产权局对专利预审的相关规定，规范备案主体及代理机构专利预审申请行为，对不遵守规范的备案主体及代理机构给予提醒、暂停服务或停止服务等处理措施，维护专利申请预审工作秩序。暂停期满的，备案主体或代理机构可书面申请恢复专利预审服务。

（1）提醒管理

提醒管理措施涵盖深圳保护中心预审、向国家知识产权局提交专利申请以及在国家知识产权局快速审查等多个阶段的相关行为。

备案主体或代理机构在深圳保护中心预审阶段存在以下情形之一，予以提醒：

1）预审申请案件形式问题过多或反复修改仍不符合预审要求，原则上同一案件返回修改不得超过两次；

2）未针对预审意见通知书中指出的缺陷进行修改；

3）未在规定时限内提交证明材料且无合理理由；

4）提交的专利预审申请涉嫌《关于规范申请专利行为的办法》（国家知识产权局公告第 411 号）中规定的非正常申请专利行为。

备案主体或代理机构在向国家知识产权局提交专利申请阶段存在以下情形之一，予以提醒：

1）专利正式申请文本与深圳保护中心预审合格文本不一致；

2）未按要求提交 XML 格式的申请；

3）在收到深圳保护中心预审合格结论后，未有正当理由长时间（原则上不得超 3 个工作日）未进行正式申请；

4）正式向国家知识产权局提交申请后未能在 2 个工作日内向国家知识产权局完成网上缴费和在预审管理平台中录入申请号，因系统等不可抗力事由导致费用缴纳延误的除外；

5）在收到深圳保护中心预审结论前，对相应案件向国家知识产权局进行了正式申请；

6）因其他不规范行为导致案件无法进入快速审查通道。

备案主体或代理机构在国家知识产权局快速审查阶段存在以下情形之一

导致加快标记被取消的，予以提醒：

1) 在审查过程中进行了著录项目变更；

2) 未按要求提交 XML 格式文件；

3) 未在《深圳知识产权保护中心预审承诺书（试行）》的规定时限内答复国家知识产权局审查意见通知书；

4) 因其他不规范行为导致案件加快标记被取消。

（2）暂停服务

暂停服务管理措施包括暂停预审服务三个月、暂停预审服务半年以及取消预审资格且三年内不再提供预审服务。

备案主体或代理机构存在以下情形之一，暂停预审服务三个月：

1) 备案主体 3 个月内提交 6 件及以上预审申请案件（以实际受理量为准），不合格比例超过 50% 的；

2) 代理机构 3 个月内提交 12 件及以上预审申请案件（以实际受理量为准），不合格比例超过 50% 的；

3) 备案主体经营范围包括知识产权服务相关业务；

4) 其他不符合深圳保护中心专利预审相关规定且影响较大的专利预审申请行为。

备案主体存在以下情形之一，暂停预审服务半年：

1) 备案主体一年内提交 10 件及以上预审申请案件（以实际受理量为准），不合格比例超过 50% 的；

2) 备案主体一年内有国家知识产权局认定为非正常专利申请且申诉未通过的；

3) 备案主体通过深圳保护中心预审后授权的发明专利维持年限不足 2 年的；

4) 备案主体通过深圳保护中心预审后获得授权的专利，专利权转让超过 5 件且未报备或者报备理由明显不充分；

5) 备案主体干扰或不配合专利预审相关工作的。

备案主体存在以下情形之一，取消备案资格，且三年内不受理备案申请：

1) 备案主体通过预审途径提交的专利申请被国家知识产权局认定为非正常专利申请的；

2）备案主体一年内提交 10 件以上预审申请案件（以实际受理量为准），不合格比例超过 70% 的；

3）备案主体一年内有 2 件及以上的专利申请被国家知识产权局认定为非正常专利申请且申诉未通过的；

4）备案主体提交伪造、编造或变造的材料，包括备案申请表信息填写与真实信息不符，提交虚假的生产经营研发证明；

5）备案主体严重干扰或不配合专利预审相关业务的。

（3）停止服务

停止服务是最为严格的管理措施，备案主体或代理机构存在以下情形之一，停止预审服务，具体如下：

1）暂停预审服务两次后，又违反相关规定的；

2）存在重复专利侵权、不依法执行、专利代理严重违法、专利代理师资格证书挂靠、提交虚假文件、假冒专利、骗取知识产权资助奖励费用、恶意侵犯知识产权、无资质代理等知识产权领域失信行为或其他不良信用行为；

3）存在严重干扰预审审查工作的行为或对预审人员恐吓、威胁、要挟等，影响预审工作的情形；

4）假借预审业务开展违法违规行为，造成严重不良影响的情形；

5）其他违反相关法律法规，造成严重不良影响的情形。

（二）代理机构注册登记

代理机构需在深圳保护中心完成预审注册登记后，才可接受备案主体的委托代理专利预审业务。

1. 注册登记方式

代理机构在预审管理平台进行注册登记，深圳保护中心对代理机构在预审管理平台上的注册进行审核。

2. 注册登记条件

1）经国家知识产权局审批设立；

2）在国家知识产权局"专利代理管理系统"中处于正常状态；

3）近三年内未发生因违反《专利代理条例》等有关规定受到各级专利行政管理部门处罚。

3. 注册登记所需提交的资料

1）代理机构法定代表人身份证复印件（加盖公章）；

2）代理机构营业执照复印件（加盖公章）或律师事务所执业许可证（加盖公章）。

4. 注册登记的管理

代理机构注册登记的管理与申请主体备案的管理大致相同，也存在一些仅针对代理机构的管理措施，具体如下：

（1）暂停预审服务半年

代理机构存在以下情形之一，暂停预审服务半年：

1）代理机构一年内提交 10 件及以上预审申请案件（以实际受理量为准），不合格比例超过 50% 的；

2）代理机构在国家知识产权局"专利代理管理系统"中处于异常状态，或国家、省、市专利行政管理部门公布该代理机构存在违法违规行为；

3）代理机构干扰或不配合专利预审相关工作的。

（2）取消预审注册资格

代理机构存在以下情形之一，取消预审注册资格，且三年内不再提供预审服务：

1）代理机构通过预审途径提交的专利申请被国家知识产权局认定为非正常专利申请的；

2）代理机构一年内提交 10 件以上预审申请案件（以实际受理量为准），不合格比例超过 70% 的；

3）代理机构存在虚假宣传"包授权""有特殊途径通过快速预审"等误导公众、扰乱预审秩序的行为；

4）代理机构提交伪造、编造或变造的材料，包括注册申请信息填写与真实信息不符，提交虚假的生产经营研发证明；

5）代理机构严重干扰或不配合专利预审相关业务的。

（三）专利申请预审的提交

1. 提交受理范围

1）申请人需在保护中心完成预审服务主体备案；

2）拟提交快速预审服务的专利申请需属于国家知识产权局已核准的互联网、新能源或高端装备技术领域；

3）拟提交快速预审服务的专利申请需为新申请，即未向国家知识产权局提交，没有申请号和申请日的专利申请。

2. 不得提交预审的几种情形

1）按照专利合作条约（PCT）提出的专利国际申请；

2）进入中国国家阶段的 PCT 国际申请；

3）根据《专利法》第 9 条第 1 款同一申请人同日对同样的发明创造所申请的实用新型专利和发明专利；

4）分案申请；

5）根据《专利法实施细则》第 7 条所规定的需要进行保密审查的申请；

6）存在低质量问题；

7）涉及国家安全或者重大利益；

8）其他法律法规规定的情形。

3. 提交所需文件

（1）专利申请相关文件

发明专利申请需提交的文件包括：发明专利请求书、实质审查请求书、权利要求书、说明书、说明书附图（如有）、说明书摘要及摘要附图（如有）。

实用新型专利申请需提交的文件包括：实用新型专利请求书、权利要求书、说明书、说明书附图、说明书摘要及摘要附图。

外观设计专利申请需提交的文件包括：外观设计请求书、该外观设计的图片或者照片（各视图）以及外观设计的简要说明。

上述全部申请文件需为 XML 格式，需在 CPC 客户端制作 XML 格式文件，并导出案卷压缩包。

深圳保护中心预审案件自查清单如下❶：

---

❶ 中国（深圳）知识产权保护中心. 深圳知识产权保护中心预审案件自查清单［EB/OL］.（2024 - 03 - 15）［2024 - 04 - 15］. http：//www. sziprs. org. cn/attachment/0/70/70617/1132751. pdf.

深圳知识产权保护中心
预审案件自查清单

各申请人及代理机构:

为减少因形式缺陷导致预审案件退出加快通道的情况,帮助申请人及代理机构提升案件撰写能力,提高预审案件质量,进一步规范申请人及代理机构的专利预审申请行为。中国(深圳)知识产权保护中心对预审中的常见问题进行总结,形成下列自查清单。请按照自查清单内容,逐条仔细核对检查。

一、一致性问题

1、专利请求书、说明书、代理委托书中的发明名称应当一致。

2、专利请求书中的申请人、代理委托书中的委托人应当一致。

3、专利请求书中的代理机构、代理人应当与代理委托书中的代理机构、代理人一致。

4、专利请求书、代理委托书中的申请人、代理人和代理机构签名或盖章应当一致且正确。

5、代理委托书电子版本与扫描件版本应当一致且为最新版本。

二、专利请求书及实质审查请求书

1、第一发明人姓名、身份证件号码、国籍或地区应当正确填写；存在多个发明人时，若发明人姓名相同，应提交身份证复印件以备查验。中国香港、中国澳门、中国台湾地区发明人及外籍发明人无需填写身份证号码。

2、申请人名称、类型、统一社会信用代码、详细地址及邮政编码应当正确填写；地址中出现英文应当核实英文表述是否为准确表述。

3、未委托代理机构时，联系人必须是申请人公司员工；委托了代理机构时，机构代码及代理师姓名、资格证号、电话应当正确填写。

4、应当勾选下列选项：

a、声明已经与申请人签订了专利代理委托书且本表中的信息与委托书中相应信息一致；

b、请求早日公布该专利申请；

c、根据专利法第35条的规定，请求对该专利申请进行实质审查（发明专利请求书）；

d、申请人声明，放弃专利法实施细则第57条规定的主动修改的权利；

e、指定说明书附图中的图X为摘要附图，其中图X应为说明书附图之一，且应为最能体现本申请发明构思的附图。

5、不应勾选下列选项：

a、分案申请；

b、要求优先权声明；

c、不丧失新颖性宽限期声明;

d、同日申请;

e、延迟审查。

6、申请文件清单和附加文件清单中的文件名及页数应与案卷包中文件一致;权利要求项数应与权利要求书一致。若存在总委托书,应核查总委托书编号是否填写正确。

三、权利要求书

1、权利要求应使用阿拉伯数字顺序编号,序号不得重复。

2、一项权利要求只能在结尾处出现一个句号,不应出现多余标点符号。

3、权利要求中文字、公式应当清晰,公式中的符号和参数应清楚说明其含义;不应出现错别字、多余字、多余空格、空行等。

4、权利要求中不应存在非择一引用、多引多等引用关系问题。

5、权利要求中不应出现缺乏引用基础的问题。

6、权利要求中不应出现"优选"、"等"或其他明显会造成权利要求不清楚的表述。

7、同一组权利要求的主题名称应当一致。

四、说明书

1、发明申请说明书中不应出现"本实用新型"、实用新型说明书中不应出现"本发明"的表述。

2、说明书应当用词规范、语句清楚，并且不得使用"如权利要求……所述的……"一类引用语，也不得使用商业性宣传用语。

3、说明书中文字、表格、公式应清晰，不应出现乱码，说明书中的公式不得竖直放置，公式中的符号和参数应清楚说明其含义；说明书中不应出现明显多余标点符号、多余空行、多余下划线等。

4、说明书中的图号应与说明书附图一致，说明书附图中的附图标记应在说明书文字部分有相应的记载。

5、说明书中不应出现违法违规词句，避免出现敏感性不宜公开的表述。

6、说明书第一行应为发明名称，并居中显示，不应出现"说明书"字样；发明名称非必要不应超过25个字。

7、说明书应分为"技术领域、背景技术、发明内容、附图说明、具体实施方式"五个部分，每个部分的小标题前不应添加段号。

8、说明书中不得有插图，含有图的表格也属于插图。

五、说明书附图及摘要

1、附图图号应使用阿拉伯数字顺序编号，序号不得重复。

2、附图应清晰，不应出现多余文字描述，不应出现多余边框；必要时可以提交彩色附图，以便清楚描述专利申请的相关技术内容。

3、摘要内容应包含发明所属的技术领域及名称，并反映技术方案要点，摘要文字部分（包含标点符号）非必要不得超过300字。

六、其他问题

1、请勿在申请日提交向国外申请专利保密审查请求书，如需提交保密审查请求，建议在完成预审流程，收到初审合格通知书之后，再提交向国外申请专利保密审查请求书。

2、从专利业务办理系统客户端导出的案卷包中需包含XML格式文件，不应包含PDF格式文件。

3、申请人应仔细检查申请文件，不应出现其他导致初审发出补正通知书的情形。

（2）专利申请快速预审服务申请表

深圳保护中心专利申请快速预审服务申请表如下❶：

中 国 （深 圳） 知 识 产 权 保 护 中 心
专 利 申 请 快 速 预 审 服 务 申 请 表

发明创造名称			
发明 创造 类型	□ 发明　　　□ 实用新型　　　□ 外观设计 □ 属于中国（深圳）知识产权保护中心预审服务技术领域		
预 审 请 求 人	名称		
	□ 已在中国（深圳）知识产权保护中心完成申请主体备案		
	地址		
申请主体 预审联系人	姓名	电话	电子邮箱
代理人	姓名	电话	电子邮箱
流程人员	姓名	电话	电子邮箱
提交文件清单 1. 预审服务申请表　　份　　页 2. 承诺书　　　　　　份　　页 3. 申请文件　　　　　份　　页 4. 其他文件　　　　　份　　页			
    申请人盖章 提交日期　　年　　月　　日			

---

❶ 中国（深圳）知识产权保护中心. 专利申请快速预审服务申请表［EB/OL］.（2019 – 04 – 25）［2024 – 04 – 15］http：//www. sziprs. org. cn/attachment/0/7/7333/125943. docx.

（3）专利申请快速预审服务承诺书

深圳保护中心专利申请快速预审服务承诺书如下❶：

深圳知识产权保护中心
预审承诺书（试行）

申请人现将名称为＿＿＿＿＿＿＿＿＿＿＿＿的专利申请提交，请求获得深圳知识产权保护中心的快速审查服务。申请人自愿遵守如下事项：

一、申请人承诺将通过业务办理系统网页版或客户端提交符合格式要求(XML格式)的申请文件。

二、申请人承诺在申请日或次日完成下列费用的网上足额缴费：申请费（含附加费）、公布印刷费（仅限发明专利申请）、实质审查费（仅限发明专利申请）。

三、对于发明专利申请，申请人承诺在请求书中选择"请求早日公布该专利申请"，在提交专利申请的同时提交实质审查请求书，以及申请日前与发明有关的参考资料。

四、申请人承诺将保证申请文件的质量，在提交申请时，尽可能使申请文件符合《专利法实施细则》第五十条规定的初步审查的要求。

五、申请人承诺在提交预审申请前对照《深圳知识产权保护中心预审案件自查清单》对申请文件进行自查，使申请文件符合预审要求。

六、申请人承诺对于根据《专利法实施细则》第二十七条的规定需要对生物材料提交保藏的专利申请，在申请时提交保藏单

V1.4 版
2024.02.20

---

❶ 中国（深圳）知识产权保护中心. 深圳知识产权保护中心预审承诺书（试行）［EB/OL］.（2024－03－15）［2024－04－15］. http：//www. sziprs. org. cn/attachment/0/70/70543/1132750. docx.

位出具的保藏证明和存活证明。对于根据《专利法》第二十四条和《专利法实施细则》第三十三条第三款的需要提交证明文件的情形，相关证明文件将在申请日一并提交。

七、申请人承诺不提交《专利法》第九条第一款所规定的同一申请人同日对同样的发明创造的另一实用新型专利或发明专利、分案申请和根据《专利法实施细则》第七条所规定的需要进行保密审查的申请。

八、申请人承诺对同一专利申请不进行重复提交。

九、申请人承诺不提交下列不以保护创新为目的的非正常专利申请：

（一）《规范申请专利行为的规定》(2023)(国家知识产权局令第 77 号)第三条规定的八种情形；

（二）单位或个人故意将相关联的专利申请分散提交；

（三）单位或个人提交与其研发能力明显不符的专利申请；

（四）单位或个人异常倒卖专利申请；

（五）单位或个人提交的专利申请存在技术方案以复杂结构实现简单功能、采用常规或简单特征进行组合或堆叠等明显不符合技术改进常理的行为；

（六）其他违反民法典规定的诚实信用原则、不符合专利法相关规定、扰乱专利申请管理秩序的行为。

十、对于发明专利申请，针对专利局发出第一、二次审查意见通知书，申请人承诺分别在 10 个、5 个工作日内提交答复意见。

十一、对于实用新型专利申请，针对专利局发出的审查意见通知书，申请人承诺 5 个工作日提交答复意见。

十二、在审查过程中，申请人自愿放弃《专利法实施细则》第五十七条第一款和第二款所规定的对申请进行主动修改的权利。

十三、在专利申请授权公告前，申请人自愿放弃提出著录项目变更请求的权利。

十四、对于审查员提出的电话讨论或当面讨论的约请，申请人将积极予以配合。

十五、申请人知悉专利申请须知及承诺书内容，并自愿承担有关的法律风险，包括例如抵触申请带来的专利权不稳定性。对于在申请时和审查过程中放弃的权益和机会，申请人将不会在后续法律程序中主张享有。

申请人（盖章）：＿＿＿＿＿＿＿＿

时间：＿＿＿＿＿＿＿＿

V1.4 版
2024.02.20

4. 专利申请预审请求提交

申请人在预审管理平台电子申请系统（https：//cnippc. cn/ippc‐web‐dzsq/）向保护中心提交专利申请快速预审服务申请材料。

5. 预审通过后向国家知识产权局正式提交

深圳保护中心对于预审通过后向国家知识产权局正式提交规定如下❶：

1）必须通过专利业务办理系统网页版（https：//cponline. cnipa. gov. cn/）或客户端以 XML 格式（注意，绝对不可以有 PDF 格式文件）提交；

2）必须在获得申请号的当日立即进行网上缴费（https：//cponline. cnipa. gov. cn/专利业务办理系统主页—账号登录—专利缴费服务—网上缴费），邮局或银行汇款、代办处面交等缴费方式都不可以；

3）申请日应缴纳费用包括：申请费（含附加费）、实质审查费（仅限发明）、公布印刷费（仅限发明）等；

4）发明申请应在发明专利请求书中勾选请求早日公布该专利申请；

5）发明申请应在申请日同时提交实质审查请求书，并勾选放弃主动修改；实用新型、外观设计申请应勾选放弃主动修改；

6）正式提交的申请文件应与保护中心预审合格的文本相同；

7）完成网上缴费后，1 小时内将申请号提交至预审管理平台电子申请系统；

8）如在提交申请过程中遇到问题（例如看不到申请号、无法缴费等），千万不要重复提交申请，请及时与保护中心工作人员联系；

9）对于发明专利申请，针对专利局发出的第一、第二次审查意见通知书，申请人需分别在 10 个、5 个工作日内提交答复意见，否则将转为普通申请；

10）申请人不必提前预缴年费、印花税等费用，但应在收到授权通知书和办理登记手续通知书后，尽快缴纳相关费用办理登记手续。

6. 发明专利申请批量预审

深圳保护中心开展发明专利申请批量预审审查试点工作，相关要求如下：

（1）申请条件

1）申请人需在深圳保护中心完成预审服务主体备案；

---

❶ 中国（深圳）知识产权保护中心. 预审合格案件向国家知识产权局正式提交注意事项（必读）[EB/OL].（2024‐02‐28）[2024‐04‐15]. http：//www. sziprs. org. cn/attachment/0/70/70263/125953. pdf.

2）请求批量预审服务的专利预审申请需不低于 10 件，且均为发明专利申请；

3）请求批量预审服务的专利预审申请需属于相同或相近技术领域或围绕同一产品进行的专利布局。

（2）申请材料

1）深圳保护中心专利申请批量预审服务请求书（加盖公章）；

2）10 件以上发明专利申请预审请求文件。

深圳保护中心专利申请批量预审服务请求书如下❶：

中国（深圳）知识产权保护中心
专利申请批量预审服务请求书

请求人			
联系人		联系方式	
案件数量		技术领域	
研发人员数量		专利技术是否已产品化	
申请人基本情况介绍	*（请求进行集中预审的申请人情况介绍，包括企业规模、获奖情况、专利基础等情况）*		
请求集中预审的理由	*（请求进行集中预审审查案件所属技术领域、关键技术及案件技术关联性、与产品对应情况等）*		
全体申请人签章		年　月　日	

---

❶ 中国（深圳）知识产权保护中心. 中国（深圳）知识产权保护中心专利申请批量预审服务请求书［EB/OL］.（2023－07－14）［2024－04－15］. http：//www. sziprs. org. cn/szipr/zlxz/content/post_987547. html.

请求专利申请批量预审案件清单

序号	预审案件号	发明名称	技术改进点	技术效果

填写说明：预审案件号为预审平台自动生成的预审案件号。

（3）提交方式

申请人可通过预审管理平台预审案件提交系统（https：//cnippc. cn/ippc - web - dzsq/）提交专利申请批量预审请求。登录提交系统后，通过"主体行为管理"模块下的"自主提交文件"子模块提交《中国（深圳）知识产权保护中心专利申请批量预审服务请求书》（加盖公章）。

深圳保护中心将根据需要针对提交批量预审请求的专利预审申请开展技术交流、面对面预审等服务，提高预审服务效率。

批量预审审查不收取任何费用。

（四）专利申请预审审查

1. 资格审核❶

深圳保护中心对拟提交的专利申请进行初步分类，判断是否属于深圳保护中心服务的技术领域范围（分类号）。

如因技术领域不在受理范围，不允许该类预审案件再次提交。如因提交的材料不齐全或不符合要求，视具体情形，允许补充完善预审资料后，再次提交预审。

2. 申请文件预审审查

对于专利申请预审请求，预审机构将进行申请文件的预审审查，具体包

---

❶ 中国（深圳）知识产权保护中心. 预审业务 100 问 ［EB/OL］.（2021 - 07 - 29）［2024 - 04 - 15］. http：//www. sziprs. org. cn/attachment/0/38/38020/715234. pdf.

括申请专利行为的规范性审查，专利申请文件的初步预审以及发明专利申请文件的实质预审。

1）按照国家知识产权局关于规范专利申请行为的相关要求，排除不以保护创新为目的的预审请求；

2）按照《专利审查指南》第一部分的相关规定，对专利申请文件进行形式缺陷和明显实质性缺陷预审；

3）按照《专利审查指南》第二部分的相关规定，对发明专利申请文件进行实质性缺陷预审，重点审查权利要求书是否在新颖性、明显创造性、实用性、单一性等方面存在缺陷。

申请人或代理机构通过预审管理系统提交申请后，会收到预审案件接收回执。预审员在收到预审案件后会及时进行审查，后续预审员将在预审管理系统中发出预审意见通知书，申请人或代理机构可及时登录预审管理系统查看。预审员有时也会采取电话方式与申请人或代理机构联系。

3. 加快审查资格核查

深圳保护中心对复核信息进行核查，根据提交专利申请及提交复核信息的要求，作出加快审查资格核查结论。符合全部要求的，具备加快审查资格，可以进入国家知识产权局专利申请快速审查程序。

（五）准备策略建议

深圳保护中心是较为典型的知识产权保护中心，基于其相关规定，申请主体在准备过程中，可重点关注以下内容：

1. 提前准备一件授权有效的专利

对于首次备案且专利保有量较为贫乏的创新主体，需要重点关注深圳保护中心的备案要求，即原则上需要至少一件创新主体作为申请人申请并已授权的专利。

对于首件授权专利的准备，可以通过常规专利申请途径来获取，也可以考虑其他快速审查途径，例如优先审查等。

2. 重点关注预审通过后授权的专利，需要授权后两年内维持专利有效

深圳保护中心对于专利申请在预审阶段，向国家知识产权局正式提交申请阶段以及快速审查阶段等多个环节均具有非常严格的要求，同时还进一步

规定备案主体通过深圳保护中心预审后授权的发明专利维持年限需满足两年的要求。创新主体预审加快途径的专利申请授权后，千万别忘记及时缴纳年费，以免专利失效，受到深圳保护中心提醒的处罚。两次提醒处罚后将会受到暂停专利申请预审服务半年以上的处罚。

3. 提升专利申请撰写质量

深圳保护中心非常关注专利申请的撰写质量，撰写质量低、形式问题多等会受到提醒的处罚。备案主体可以根据相关法律法规的要求，提前做好专利申请前的评估以及质量审核，开展专利申请前的检索，切实提升专利申请质量，获取更多的专利申请预审机会，形成良性循环。

4. 珍惜预审名额，合理使用批量申请

随着国家深入实施知识产权计划，各预审机构对备案主体预审请求量实施额度管理，备案主体更需制定合理的专利申请战略，对专利申请进行分级管理，择优筛选加快需求等级高的专利申请提交预审请求，在条件合适时提交批量预审申请，珍惜每次专利申请预审的机会。

二、中山灯饰快维中心

中山灯饰快维中心成立于 2010 年，是全国首家知识产权快速维权中心，中山灯饰快维中心开展灯饰照明产业领域的实用新型和外观设计专利申请预审工作。

（一）申请主体备案

中山灯饰快维中心根据企业创新状况、知识产权管理情况等设置准入条件，建立自愿申请、备案审查的备案准入制度。❶

1. 备案方式

备案主体在预审管理平台进行注册备案。备案主体需经中山灯饰快维中心初审、国家知识产权局审核批准。

2. 备案条件

1）登记注册地在中山市行政区域，且具有独立法人资格的企事业单位

---

❶ 中山市古镇镇人民政府．关于发布《中山市灯饰知识产权维权中心专利预审业务管理办法（试行）》的通知［EB/OL］．（2023－06－27）［2024－04－15］．http：//www.zs.gov.cn/zsgzz/gkmlpt/content/2/2294/post_2294210.html#1844.

及社会组织；

2）生产、研发或经营方向需符合中山灯饰快维中心可受理的产业领域；

3）具备良好的知识产权工作基础，有稳定的知识产权管理团队，建立知识产权管理制度；

4）近一年内无国家知识产权局认定的非正常专利申请。

3. 备案需提交的资料

1）中山灯饰快维中心专利申请预审服务备案申请表（加盖公章）；

2）企业营业执照或事业单位法人证书或相关法人证书复印件（加盖公章）；

3）中山灯饰快维中心要求提供的其他证明材料。

4. 备案管理

中山灯饰快维中心按照相关规定，规范备案主体及代理机构专利申请预审服务的行为，对不遵守规范的备案主体及代理机构给予提醒、暂缓服务及停止服务等处理措施。

（1）提醒

备案主体或代理机构在中山灯饰快维中心预审阶段存在以下情形之一，予以提醒：

1）预审申请案件形式问题过多或反复修改仍不符合预审要求；

2）未针对预审补正通知书中指出的缺陷进行修改；

3）重复提交方案实质相同预审申请案件（应预审工作人员要求重新提交完善的预审申请案件的情况不计入）；

4）备案主体委托未在中山灯饰快维中心注册通过的代理机构、被中山灯饰快维中心暂缓预审服务期间的代理机构、被中山灯饰快维中心停止预审服务的代理机构提交预审申请案件；

5）未在规定时限内提交证明材料且无合理理由；

6）提交的预审申请案件存在《关于规范申请专利行为的办法》（国家知识产权局公告第411号）中规定的非正常申请专利行为。

备案主体或代理机构在向国家知识产权局正式提交专利申请阶段存在以下情形之一，予以提醒：

1）专利正式申请文本与快维中心预审合格文本不一致；

2）未按要求提交 XML 格式的申请；

3）在收到中山灯饰快维中心预审合格结论后，未有正当理由长时间（原则上不得超 3 个工作日）未进行正式申请；

4）正式向国家知识产权局提交申请后未能在 48 小时（以工作日计算）内完成网上缴费和录入申请号，特殊情况已与预审员反馈、系统原因等不可抗力导致费用缴纳延误的除外；

5）在未收到中山灯饰快维中心预审结论前，对该案件进行正式申请；

6）正式提交的申请文本中新出现明显的形式缺陷问题；

7）因其他不规范行为导致案件无法进入快速审查通道。

备案主体或代理机构在国家知识产权局快速审查阶段存在以下情形之一导致加快标记被取消的，予以提醒：

1）在初审阶段中，收到国家知识产权局发出的通知书；

2）在审查过程中进行了著录项目变更；

3）未按要求提交 XML 格式的答复或补正文件；

4）未在《中山市灯饰知识产权维权中心专利申请承诺书（试行）》的规定时限内答复国家知识产权局审查意见通知书；

5）因其他不规范行为导致案件加快标记被取消。

（2）停止

备案主体或代理机构存在以下情形之一，停止预审服务：

1）提交伪造、编造或变造的材料，包括备案申请表信息填写与真实信息不符，提交虚假的生产经营研发证明或无法证明研发记录；

2）存在国家知识产权局认定的非正常专利申请案件；

3）备案主体以提供知识产权服务为其主营业务；

4）备案主体预审申请合格后获得授权，一年内专利权转让超过 5 件且未报备或者报备理由明显不充分；

5）代理机构在国家知识产权局"专利代理管理系统"中处于异常状态，或国家、省、市专利行政管理部门公布该代理机构存在违法违规行为；

6）其他不良记录。

（二）代理机构注册登记

代理机构在中山灯饰快维中心完成登记后，可接受备案主体的委托代理专利申请预审案件，中山灯饰快维中心对代理机构在预审管理平台上的注册登记进行审核。

1. 注册登记方式

代理机构在预审管理平台进行注册登记。

2. 注册登记条件

1）经国家知识产权局审批设立；

2）在国家知识产权局"专利代理管理系统"中处于正常状态；

3）近一年内未发生因违反《专利代理条例》有关规定受到各级专利行政管理部门处理。

3. 注册登记所需提交的资料

1）代理机构法定代表人身份证复印件（加盖公章）；

2）代理机构营业执照复印件（加盖公章）或律师事务所执业许可证（加盖公章）。

4. 注册登记的管理

代理机构注册登记的管理与申请主体备案的管理一致，对不遵守规范的备案主体及代理机构给予提醒、暂缓服务及停止服务等处理措施。具体参见上述申请主体备案管理的相关内容。

（三）专利申请预审的提交

中山灯饰快维中心在专利申请预审的提交上并未有特别规定和要求，申请人登录快维中心的预审管理平台案件提交系统（https：//kw. cnippc. cn/ip-pc－web－dzsq）提交申请材料即可。

（四）专利申请预审审查

中山灯饰快维中心就灯饰实用新型和外观设计进行形式审查，并进行新颖性检索。如果符合相关规定，则进入加快审查通道；如果不符合规定，则将转为普通的申请进入常规审查程序。

（五）准备策略建议

基于中山灯饰快维中心的相关规定，备案主体专利申请预审的准备策略建议如下：

1. 注意备案主体要求

各快维中心对于备案主体的要求不尽相同，部分快维中心在备案时可以突破企事业单位的限制，扩展到相关单位法定责任人。例如汕头玩具知识产权快速维权中心的备案条件❶如下：

1）在汕头辖区内依法注册成立的经营单位或单位法定责任人；

2）遵守相关知识产权法律法规，尊重他人的知识产权，申报单位或个人承诺在上一年度无故意侵犯他人知识产权等不良记录。

对于个人申请，在中山灯饰快维中心不能进行备案，也不能进行专利申请预审申请。

2. 中山灯饰快维中心可以受理实用新型和外观设计专利申请

中山灯饰快维中心是全国首家可以同时接受实用新型和外观设计专利预审申请的预审机构。对于灯饰照明产业领域的企事业单位，可合理选择专利申请方式。值得注意的是，实用新型和外观设计的专利申请在申请文件的准备以及后续的获权、确权和维权方面，存在较多的不同，备案主体需提前做好相关准备。

第六节　专利申请预审典型问题及应对

本节将重点关注专利申请预审的特有问题以及预审过程中呈现出来的共性问题，并给出应对策略。

一、请求书、承诺书和委托书

请求书，作为专利申请的核心组件，承载着专利申请人对其创新成果保护意愿的正式表达。不同类型的专利申请，如发明专利、实用新型专利和外观设计专利，均需要提交与之相对应的专利申请请求书。特别是针对发明专利，由于其创新性和技术深度，除基本的专利申请请求书外，还需额外提交实质审查请求书。而在专利申请的预审流程中，除上述两种请求书外，通常

---

❶　汕头玩具快维中心. 注意! 汕头快维中心快速授权管理办法（新）发布啦［EB/OL］.（2018－12－29）［2024－04－15］. https：//mp. weixin. qq. com/s/KZg－1－IUn0bmQgYJYMjbZA.

还需提交一份预审承诺书。这份承诺书是申请人对专利申请内容真实性、合法性及创新性的郑重承诺，同时也是对预审机构快速审查工作的一种支持和配合。在预审审查中，预审机构会高度重视请求书和承诺书的合规性，以确保审查工作的顺利进行。若存在专利代理情形，还需提交专利代理委托书或总委编号。

然而，在实际操作中，由于申请人对专利申请流程和规定的理解不足，常常会在请求书、承诺书和委托书的填写和提交过程中出现问题。这些典型问题包括但不限于：填写不规范，内容不正确，相关内容不一致，未全面填写或盖章以及未根据预审特殊要求填写等。具体如下。

1. 填写不规范

📇 案例 2-2

案情简介❶：某案件的请求书如下所示。

⑩ 申请人	申请人 (1)	姓名或名称：佛山▇▇▇▇装备有限公司	用户代码	申请人类型 工矿企业
		居民身份证件号码或统一社会信用代码/组织机构代码 9144▇▇▇▇1KYTX5 ☒请求费减且已完成费减资格备案		电子邮箱
		国籍或注册国家（地区） 中国		
		省、自治区、直辖市 广东省		
		市县 佛山市		
		城区（乡）、街道、门牌号 顺德区▇▇▇▇▇▇▇▇有限公司第17栋首、二层1068号 住所申报		
		经常居所地或营业所所在地 中国	邮政编码 528000	电话

案例分析：请求书中的申请人地址信息，包含"（住所申报）"多余信息。应对方法为将请求书申请人地址中的"（住所申报）"等多余信息删除。

案件启示：在填写专利申请请求书时，请求人需严格按照国家知识产权局和预审机构的相关要求和规定进行填写，确保内容准确、清晰、完整，以提高专利的有效性、审查效率，保护自己的权益，并避免可能产生的法律纠

---

❶ 广东省知识产权保护中心. 专利预审业务一本通［EB/OL］.（2022-05-24）［2024-04-15］. https://www.gippc.com.cn/ippc/c100005/202205/0d4ed750da704ba89512e34231c295b6.shtml.

纷。常见的填写不规范情况还包括按序填写的问题，当存在多名发明人和/或申请人时，需要按照顺序依次填写申请人和/或发明人姓名，不能出现空行。

2. 内容不正确

案例 2－3

案情简介❶：某案件的请求书如下所示。

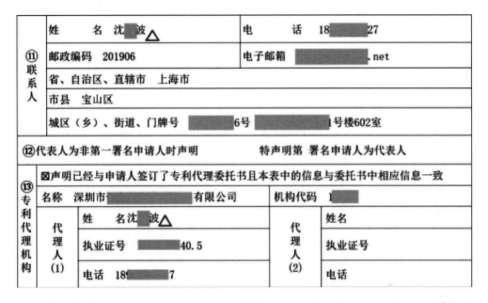

案例分析：请求书中联系人和专利代理人填写为同一人，联系人为非本单位工作人员。应对方法为将联系人相关信息删除或填写正确的联系人信息。

案件启示：申请人是单位且未委托专利代理机构的，需填写联系人，联系人是代替该单位接收专利局所发信函的收件人，联系人需是本单位的工作人员；在委托了代理机构的情况下，联系人信息可以不填写。

除上述内容外，在专利申请请求书中，还需重点关注以下内容：

1）发明名称需简短、准确地表明发明专利申请要求保护的主题和类型。发明名称中不得含有非技术词语，例如人名、单位名称、商标、代号、型号等；也不得含有含糊的词语，例如"及其他""及其类似物"等；也不得仅

---

❶ 广东省知识产权保护中心. 专利预审业务一本通 ［EB/OL］. （2022－05－24）［2024－04－15］. https：//www. gippc. com. cn/ippc/c100005/202205/0d4ed750da704ba89512e34231c295b6. shtml.

使用笼统的词语，致使未给出任何发明信息，例如仅用"方法""装置""组合物""化合物"等词作为发明名称。发明名称一般不得超过 25 个字，必要时可不受此限，但也不得超过 60 个字。

2）发明人需是个人，请求书中不能填写单位或者集体，以及人工智能名称，例如不得写成"××课题组"或者"人工智能××"等。发明人需使用本人真实姓名，不得使用笔名或者其他非正式的姓名。发明人姓名、国籍、身份证号码正确，发明人是外国人的，中文译名正确。

3）申请人是中国单位或者个人的，需填写其名称或者姓名、地址、邮政编码、统一社会信用代码或者身份证件号码。申请人是个人的，需使用本人真实姓名，不得使用笔名或者其他非正式的姓名。申请人是单位的，需使用正式全称，不得使用缩写或者简称。

4）请求书中的地址（包括申请人、专利代理机构、联系人的地址）需符合邮件能够迅速、准确投递的要求。申请人的地址需是其经常居所或者营业所所在地的地址。本国的地址需包括所在地区的邮政编码，以及省（自治区）、市（自治州）、区、街道门牌号码和电话号码，或者省（自治区）、县（自治县）、镇（乡）、街道门牌号码和电话号码，或者直辖市、区、街道门牌号码和电话号码。有邮政信箱的，可以按照规定使用邮政信箱。地址中可以包含单位名称，但单位名称不得代替地址，例如不得仅填写××省××大学。外国的地址需注明国别，并附具外文详细地址。

5）委托代理机构的，代理机构名称、代理师姓名、执业证号、机构代码和电话号码正确。

6）代表人或专利代理机构签章正确。

3. 相关内容不一致

案例 2 - 4

案情简介[1]：某案件的请求书如下所示。

---

[1] 广东省知识产权保护中心. 专利预审业务一本通［EB/OL］.（2022 - 05 - 24）［2024 - 04 - 15］. https：//www.gippc.com.cn/ippc/c100005/202205/0d4ed750da704ba89512e34231c295b6.shtml.

姓名或名称: ▇▇▇▇▇计算科技股份有限公司	用户代码	申请人类型 工矿企业
居民身份证件号码或统一社会信用代码/组织机构代码 ▇▇▇▇▇	电子邮箱	

案例分析：请求书中申请人统一社会信用代码/组织机构代码信息中填写了旧的信用代码，与申请人的新名称不对应。应对方法包括申请人更名后填写与新名称对应的统一社会信用代码。

案件启示：在填写专利申请请求书时，需要格外注意内容的一致性和准确性。除了申请人的姓名或名称与身份证件号码或统一社会信用代码保持一致，还需确保经常居所地或营业所所在地信息中的地址和邮编保持一致，代理机构的名称和机构代码保持一致。此外，在要求优先权声明时，还需确保在先申请号与原受理机构名称、在先申请日等信息也保持一致。

案例 2 – 5

案情简介❶：某案件请求书和说明书中的发明名称如下。

发明专利请求书中

> ⑦ 发明名称　一种基于海藻多糖的 W1/O/W2 脂肪替代物及其制备方法

说明书中

> **一种基于海藻多糖的 W1/O/W2 脂肪替代物及其制备方法**
>
> **技术领域**
> [0001] 本发明涉及脂肪替代物技工技术领域，尤其涉及一种基于海藻多糖的 $W_1/O/W_2$ 替代物及其制备方法。

---

❶　广东省知识产权保护中心. 专利预审业务一本通 [EB/OL]. (2022 – 05 – 24) [2024 – 04 – 15]. https://www.gippc.com.cn/ippc/c100005/202205/0d4ed750da704ba89512e34231c295b6.shtml.

案例分析：说明书记载的发明名称中 W_1 和 W_2 为带有下角标的格式，而发明专利请求书中的发明名称记载的是 W1 和 W2，不是下角标格式，与说明书的发明名称不一致，撰写不规范。应对方法包括将二者修改为一致，具体方法为在 CPC 客户端编辑器中，选择"上下角标"进行相应的编辑。

案件启示：对于请求书而言，其内容的一致性要求并不仅限于其内部填写内容。在整个专利申请过程中，请求书与其他申请文件之间也应当保持高度的一致性。这种一致性要求确保了专利申请的完整性和准确性，从而有助于提升专利申请预审的成功率。例如上述案例中请求书中的发明名称应当与说明书中的发明名称保持一致。除此之外，还需关注请求书中的代理相关信息与专利代理委托书保持一致，请求书中的申请文件清单和附加文件清单的相关内容也需与实际的申请文件以及附加文件内容保持一致。申请文件清单详细列明了申请人提交的所有文件，而附加文件清单则列出了除申请文件外的其他相关文件。这些清单的内容应当与实际提交的文件相符，以确保专利申请的完整性和准确性。如果清单与实际文件不符，可能导致预审员对申请的理解出现偏差，甚至可能导致专利申请预审请求不合格。

为了确保请求书与其他申请文件的一致性，申请人在填写请求书前需充分了解和熟悉其他申请文件的内容。这包括说明书、权利要求书、图纸等关键文件。只有在全面了解这些文件的基础上，申请人才能确保请求书中的信息与其他文件保持一致，从而避免因信息不一致而导致的专利申请问题。

4. 未按预审要求填写

案例 2－6

案情简介❶：某案件的实质审查请求书如下所示。

---

❶ 广东省知识产权保护中心. 专利预审业务一本通［EB/OL］. (2022－05－24)［2024－04－15］. https://www.gippc.com.cn/ippc/c100005/202205/0d4ed750da704ba89512e34231c295b6.shtml.

实 质 审 查 请 求 书

请按照"注意事项"正确填写本表各栏码   本框由国家知识产权局填写

① 专利申请	申请号		递交日	
	发明创造名称		申请号条码	
	申请人（*应当填写第一署名申请人）		挂号条	
	公司			

②请求内容：
根据专利法第35条的规定，请求对上述专利申请进行实质审查。
□申请人声明，放弃专利法实施细则第51条规定的主动修改的权利。

案例分析：从中可以看出，申请文件中实质审查请求书未勾选放弃主动修改的权利的选项。应对方法为申请人在实质审查请求书中勾选放弃主动修改的权利的选项。

案件启示：根据专利申请预审的承诺内容，专利申请预审加快途径需放弃主动修改权利，对于发明专利来说，还需提前公开，同时，根据预审机构的要求，该专利申请不能为分案申请、同日实用新型和发明专利申请、延迟审查申请等。

常见的需勾选和不勾选的情形如下：委托代理机构的，勾选"声明已经与申请人签订了专利代理委托书且本表中的信息与委托书中相应信息一致"；发明专利需勾选"提前公布"，不勾选"同日申请"，勾选"根据专利法第35条的规定，请求对上述专利申请进行实质审查"，勾选"申请人声明，放弃专利法实施细则第51条规定的主动修改的权利"，不勾选"请求延迟审查"，不勾选"分案申请"。

案例 2 - 7

案情简介[❶]：某案件的承诺书部分内容如下。

---

❶ 广东省知识产权保护中心. 专利预审业务一本通［EB/OL］.（2022 - 05 - 24）［2024 - 04 - 15］. https：//www. gippc. com. cn/ippc/c100005/202205/0d4ed750da704ba89512e34231c295b6. shtml.

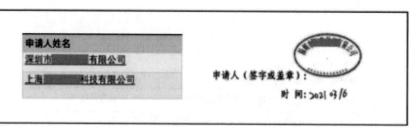

案例分析：本案为两个申请人共同申请，但承诺书只有一个申请人的盖章。应对方法为承诺书落款盖章需包括全部申请人的盖章。

案件启示：与普通专利申请不同，专利申请预审途径需提交承诺书，其具有重要意义。首先，它是申请人向专利预审机构表达诚信守法意愿的一种重要方式。通过签署承诺书，申请人表明自己将严格遵守国家法律法规和政策要求，不会从事任何不良信用行为或严重失信行为。其次，承诺书也是申请人对自身提供资料真实性、完整性和准确性的保证。在专利申请预审中，申请人需要向预审机构提交大量的资料，包括技术文件、申请材料等。签署承诺书意味着申请人承诺这些资料都是真实有效、完整准确的，不存在任何伪造或虚假成分。这有助于保证专利申请预审的公正性和准确性，避免因为虚假资料导致的审查失误或不当授权。最后，承诺书还是申请人对法律责任和后果的明确承诺。如果申请人违反了承诺书中的任何条款，比如提供了虚假资料或从事了不良信用行为，那么就需要承担相应的法律责任和后果。这有助于维护专利申请预审的权威性和公信力，促进知识产权保护的健康发展。专利申请存在多个申请人时，承诺书落款盖章需包括全部申请人的盖章，每个申请人均需表达诚信守法意愿、保证资料真实性和承担法律责任。

二、权利要求书

权利要求书记载着发明或实用新型专利请求保护的技术方案，权利要求书是专利确权和保护的基础。权利要求书的形式审查和实质审查都是预审审查的重点。以下将从相关法条出发，详细介绍权利要求在预审审查过程中容易出现的典型问题。

1. 不符合发明专利的定义

案例 2-8

案情简介❶：某发明专利申请权利要求 1 如下。

1. 一种文本主题推荐方法，其特征在于，包括：对网页进行分词，获得目标词语；计算所述目标词语的权重；按权重对目标词语进行排序，优选出网页内容的主题关键词；以主题关键词为词根，建立词根和网页之间的映射关系；接收用户输入的搜索关键词，从所述映射关系中查找与该搜索关键词相匹配的词根及相应的网页。

案例分析：该申请所解决的技术问题是"确定文章主题，利用关键字对文章进行主题分类管理，进而确定用户搜索所需的网页"，这一问题不属于专利法意义上的技术问题，而是网页的主题分类管理问题。

本申请方法中的网页分词、过滤、计算权重、排序、优选等步骤，所遵循的只是人为规定的处理规则，例如，本申请说明书中记载了目标词语的权重为目标词语的词频与预置的词根词典中对应的词根权重的乘积，但词根词典中的词根权重的设定基础是收集多个不同的文本作为语料，而对语料的选择则遵循的是人为制定的规则。再例如，在确定目标词语是否为目标文本的主题关键词时，其比较规则（例如阈值的设置）也是人为定义的。可见，在上述数据处理规则的设定和应用过程中，不同的人，在其关注点不同时，会导致数据处理规则的不同，进而导致上述数据处理的结果不同。而且，映射关系的建立规则，以及关键词与词根及网页的匹配规则也都是人为规定的规则。上述规则并不受自然规律约束，应用这些规则的特征亦不属于专利法意义上的利用了自然规律的技术手段。

提高网页搜索的准确性和搜索效率的效果只是由于采用了与其他网页主题推荐和确定不同的人为定义的分类管理规则而获得的效果，并不属于利用了符合自然规律的技术手段所获得的技术效果。

---

❶ 浙江省知识产权保护中心. 收藏！专利申请常见问题解读（八）[EB/OL].（2021-12-14）[2024-04-15]. https：//mp. weixin. qq. com/s？_biz = MzU1NDYwMDl5Mg = = &mid = 2247492505&idx = 1&sn = 62fde75f65ccc99f610f7ad015dabdc7&scene = 21#wechat_redirect.

故原权利要求请求保护的方案所要解决的问题不是技术问题，所采用的解决手段也不属于利用了自然规律的技术手段，也就没有获得符合自然规律的技术效果，因此，不属于《专利法》第2条第2款规定的专利保护客体。

应对方法包括对其进行修改，加入相关的技术手段。修改后的权利要求如下：

1. 一种基于文本主题推荐的网页搜索方法，其特征在于，包括：对网页进行分词，获得目标词语；根据目标词语的词语频率和目标词语对应的词根权重计算所述目标词语的权重；按目标词语的权重对目标词语进行排序，优选出网页内容的主题关键词；以主题关键词为词根，建立词根和网页之间的映射关系；接收用户输入的搜索关键词，从所述映射关系中查找与该搜索关键词相匹配的词根及相应的网页，将搜索结果显示给用户。

案件启示：《专利法》第2条规定：发明，是指对产品、方法或者其改进所提出的新的技术方案。技术方案是对要解决的技术问题所采取的利用了自然规律的技术手段的集合。技术手段通常是由技术特征来体现的。未采用技术手段解决技术问题，以获得符合自然规律的技术效果的方案，不属于《专利法》第2条第2款规定的客体。

专利申请预审的答复中，对于权利要求的修改没有修改超范围的限制，因此，对于不符合发明定义的专利申请，可以在权利要求中加入相关技术手段，利用该技术手段解决一定的技术问题并获得一定的技术效果，满足专利保护客体的需求。

2. 不符合实用新型的定义

案例 2－9

案情简介❶：某实用新型专利申请权利要求1如下。

1. 一种抗菌织物，包括织物和无机抗菌剂，其特征在于：所述织物由纯棉织层和涤纶织层两层粘贴而成；首先将无机抗菌剂喷淋在织物上，然后依

---

❶ 浙江省知识产权保护中心. 收藏！专利申请常见问题解读（五）［EB/OL］. （2021－06－17）［2024－04－15］. https：//mp. weixin. qq. com/s？_biz = MzU1NDYwMDI5Mg = = &mid = 2247490088&idx = 2&sn = 312d4617d18bdb7961783b26c884cb65&scene = 21#wechat_redirect.

次进行浸轧、干燥和烘焙。

案例分析：权利要求中包含了产品的构造特征，同时又包含了对方法本身提出的技术方案，则不属于实用新型专利可以保护的客体。

该案例中权利要求的主题名称是一种产品，权利要求中描述了抗菌织物的结构特征，同时又包含了抗菌织物的加工工艺和步骤，即权利要求中包含了对方法本身的限定，因此不属于实用新型专利的保护客体。

应对方法包括删除相关加工工艺和步骤，修改后的权利要求如下：一种抗菌织物，包括织物和无机抗菌剂，其特征在于：所述织物由纯棉织层和涤纶织层两层粘贴而成。

案件启示：《专利法》第 2 条第 3 款规定，实用新型，是指对产品的形状、构造或者其结合所提出的适于实用的新的技术方案。根据上述规定，实用新型专利保护的客体，需同时具备三个方面的要素：产品、形状和/或构造以及技术方案。当一件实用新型专利申请的权利要求不符合上述任一方面要素的相关规定时，不属于实用新型专利保护的客体。

所述产品需是经过产业方法制造的，有确定形状、构造且占据一定空间的实体。对于方法本身的改进，如产品的加工步骤、工艺方法等的改进，不属于实用新型专利保护的客体。即使权利要求中既包含对方法本身的改进，又包含产品的形状、构造特征，仍不属于实用新型专利保护的客体。对于既包含了硬件的改进，又包含了计算机程序的产品权利要求，如果对现有技术的改进在于硬件部分，且所涉及的计算机程序是已知的，可以认为属于实用新型专利保护的客体；如果权利要求中既包含了对硬件部分的改进，又包含了对计算机程序本身的改进，则不属于实用新型专利保护的客体。

产品的形状是指产品所具有的、可以从外部观察到的确定的空间形状。产品的构造是指产品的各个组成部分的安排、组织和相互关系。一般来说，层状结构、线路构造属于产品的构造。对于包含材料特征的产品权利要求，如果仅包含已知材料名称的，可以认为属于实用新型专利保护的客体；如果包含对材料本身改进的，不属于实用新型专利保护的客体。

3. 属于不授予专利权的范畴

案例 2-10

案情简介❶：某发明专利申请权利要求 1 如下。

1. 一种房屋性价比评估模型的构建方法，其特征在于：所述房屋性价比评估模型的构建方法包括以下步骤：

1）采集房屋性价比评估模型相应的指标集；所述房屋性价比评估模型相应的指标集包括房屋居住效应指标集 A 以及房屋居住成本指标集 B；所述房屋居住效应指标集 A 包括房屋户型性能评价指标集、楼盘性能评价指标集以及区位影响评价指标集；

2）对房屋居住效应指标集 A 进行无量纲化处理；对房屋居住成本指标集 B 以及无量纲化处理后的房屋居住效应指标集 A 分别进行权重加总合成，并相应得到权重加总合成后的房屋居住成本指标集 B 的值以及权重加总合成后的房屋居住效应指标集 A 的值；

3）根据权重加总合成后的房屋居住效应指标集 A 的值以及权重加总合成后的房屋居住成本指标集 B 的值构建房屋性价比评估模型。

案例分析：该方法是根据人对影响房屋价值的因素的主观认识，人为定义了指标集中的若干指标以及指标的具体分类和表征规则，然后根据制定的规则得到房屋的性价比。所述方法实质是指导人们进行房屋性价比评估方面的思维、表述及判断的规则和方法，属于智力活动的规则和方法。由于其没有采用技术手段，没有利用自然规律，也未解决技术问题和产生技术效果，因而不构成技术方案，属于《专利法》第 25 条第 1 款第（二）项规定的情形，不能被授予专利权。

应对方法包括删除上述不能被授予专利权的相关内容。

案件启示：我国《专利法》第 5 条和第 25 条分别规定了不授予专利权的发明创造和不授予专利权的客体。

《专利法》第 5 条规定，对违反法律、社会公德或者妨害公共利益的发

---

❶ 广东省知识产权保护中心. 专利预审业务一本通［EB/OL］.（2022-05-24）［2024-04-15］. https：//www.gippc.com.cn/ippc/c100005/202205/0d4ed750da704ba89512e34231c295b6.shtml.

明创造，不授予专利权。对违反法律、行政法规的规定获取或者利用遗传资源，并依赖该遗传资源完成的发明创造，不授予专利权。

《专利法》第 25 条规定："对下列各项，不授予专利权：（一）科学发现；（二）智力活动的规则和方法；（三）疾病的诊断和治疗方法；（四）动物和植物品种；（五）原子核变换方法以及用原子核变换方法获得的物质；（六）对平面印刷品的图案、色彩或者二者的结合作出的主要起标识作用的设计。对前款第（四）项所列产品的生产方法，可以依照本法规定授予专利权。"

值得注意的是，《专利法》第 25 条不授予专利权的客体所对应的是权利要求书，而《专利法》第 5 条不授予专利权的发明创造所对应的是专利申请文件，包括但不限于权利要求书和说明书。

在专利申请预审审查过程中，对于不符合《专利法》第 25 条规定的，可以通过补入技术特征的相关内容，以满足相关规定，例如"涉及商业模式的权利要求，如果既包含商业规则和方法的内容，又包含技术特征"。对于不符合《专利法》第 5 条规定的，只能通过在申请文件中删除相关内容进行修改。

4. 不具有新颖性

案例 2 – 11

案情简介：某发明专利申请权利要求 1 如下。

1. 一种电机转子铁心，所述铁心由钕铁硼永磁合金制成，所述钕铁硼永磁合金具有四方晶体结构并且主相是 $Nd_2Fe_{14}B$ 金属间化合物。

案例分析：对比文件公开了"采用钕铁硼磁体制成的电机转子铁心"，由于该领域的技术人员熟知所谓的"钕铁硼磁体"即指主相是 $Nd_2Fe_{14}B$ 金属间化合物的钕铁硼永磁合金，并且具有四方晶体结构，因此该技术方案不具备新颖性。

应对方法包括对权利要求进行修改，补入相关内容，使其符合专利法的相关规定。

案件启示：新颖性，是指该发明或者实用新型不属于现有技术；也没有任何单位或者个人就同样的发明或者实用新型在申请日以前向专利局提出过申请，并记载在申请日以后（含申请日）公布的专利申请文件或者公告的专利文件中。

专利申请预审对于新颖性的审查关注度比较高，不允许不具备新颖性的专利申请文件采取预审加快途径。备案主体可加大专利申请预审前的检索，排除明显不具备新颖性的专利申请。

5. 不具有创造性

案例 2－12

案情简介： 某发明专利申请权利要求 1 如下。

1. 一种改进的内燃机排气阀，该排气阀包括一个由耐热镍基合金 A 制成的主体，还包括一个阀头部分，其特征在于所述阀头部分涂敷了由镍基合金 B 制成的覆层。

该发明所要解决的是阀头部分耐腐蚀、耐高温的技术问题。

案例分析： 该案件对应的现有技术包括对比文件 1 和对比文件 2。

对比文件 1 公开了一种内燃机排气阀，所述的排气阀包括主体和阀头部分，主体由耐热镍基合金 A 制成，而阀头部分的覆层使用的是与主体所用合金不同的另一种合金，对比文件 1 进一步指出，为了适应高温和腐蚀性环境，所述的覆层可以选用具有耐高温和耐腐蚀特性的合金。

对比文件 2 公开的是有关镍基合金材料的技术内容。其中指出，镍基合金 B 对极其恶劣的腐蚀性环境和高温影响具有优异的耐受性，这种镍基合金 B 可用于发动机的排气阀。

在两份对比文件中，由于对比文件 1 与专利申请的技术领域相同，所解决的技术问题相同，且公开专利申请的技术特征最多，因此可以认为对比文件 1 是最接近的现有技术。

将专利申请的权利要求与对比文件 1 对比之后可知，发明要求保护的技术方案与对比文件 1 的区别在于发明将阀头覆层的具体材料限定为镍基合金 B，以便更好地适应高温和腐蚀性环境。由此可以得出发明实际解决的技术问题是如何使发动机的排气阀更好地适应高温和腐蚀性的工作环境。

根据对比文件 2，本领域的技术人员可以清楚地知道镍基合金 B 适用于发动机的排气阀，并且可以起到提高耐腐蚀性和耐高温的作用，这与该合金在本发明中所起的作用相同。由此，可以认为对比文件 2 给出了可将镍基合金 B 用作有耐腐蚀和耐高温要求的阀头覆层的技术启示，进而使得本领域的技术人员有动机将对比文件 1 和对比文件 2 结合起来构成该专利申请权利要求的技术方案，故该专利申请要求保护的技术方案相对于现有技术是显而易见的。

因此，该权利要求的技术方案不具备创造性。

应对方法包括对权利要求进行修改，补入相关内容，使其符合专利法的相关规定。

案件启示：根据《专利法》第 22 条第 1 款的规定，授予专利权的发明和实用新型需具备新颖性、创造性和实用性。因此，申请专利的发明和实用新型具备创造性是授予其专利权的必要条件之一。创造性，是指与现有技术相比，该发明具有突出的实质性特点和显著的进步；该实用新型具有实质性特点和进步。

创造性也是专利申请预审审查过程中非常受关注的内容，尤其是一些明显不具备创造性的情形，预审审查对此非常关注。备案主体也可通过专利申请前的检索来提前获知现有技术的情况，规避已经公开的内容，合理布局权利要求保护范围。

6. 不具有实用性

案例 2 - 13

案情简介❶：某发明专利申请权利要求 2 和 5 如下。

2. 根据权利要求 1 所述原位移植性小鼠肝癌模型的建立方法，其特征在于：选用 H22 细胞株，选用的 BALB/c 小鼠是我国常用的实验动物品系，将 H22 细胞制成稳定转染 EGFP 的 H22 细胞株，并将稳定转染 EGFP 的 H22 细胞保种培养在 BALC/c 小鼠腹腔中，抽取腹水，分离细胞并制成细胞悬液，用微量注射器抽取细胞悬液注射入小鼠肝脏，用 75% 酒精棉签按压针孔至肝脏表面不再渗血，用粘合剂封闭针孔，以生理盐水冲洗肝脏表面。

5. 根据权利要求 2 所述原位移植性小鼠肝癌模型的建立方法，其特征在

---

❶ 广东省知识产权保护中心. 专利预审业务一本通 ［EB/OL］. （2022 - 05 - 24）［2024 - 04 - 15］https：//www. gippc. com. cn/ippc/c100005/202205/0d4ed750da704ba89512e34231c295b6. shtml.

于 BALB/c 小鼠以戊巴比妥钠麻醉，固定后于小鼠上腹部分分层剪开皮肤和腹膜，将小鼠肝左叶按压出切口，用微量注射器抽取 $1 \times 107 \times 5\mu$ 稳定转染 EGFP 的 H22 细胞悬液注射入小鼠肝脏。

案例分析： 权利要求 2 中涉及要对小鼠进行抽取腹水，用微量注射器抽取细胞悬液注射入小鼠肝脏，粘合剂封闭针孔等步骤，权利要求 5 中则涉及将小鼠上腹部分分层剪开皮肤和腹膜，将小鼠肝左叶按压出切口，抽取细胞悬液注射入小鼠肝脏步骤，上述处置步骤属于使用器械对有生命的人体或动物体实施的创伤性或介入性处置，且上述步骤需要依靠专业技能人员才能实施，属于非治疗目的的外科手术方法，不具备《专利法》第 22 条第 4 款规定的实用性。应对方法包括删除属于非治疗目的的外科手术方法的内容。

案件启示： 实用性，是指发明或者实用新型申请的主题需能够在产业上制造或者使用，并且能够产生积极效果。

授予专利权的发明或者实用新型，应是能够解决技术问题，并且能够应用的发明或者实用新型。换句话说，如果申请的是一种产品（包括发明和实用新型），那么该产品应当能够在产业中制造，并且能够解决技术问题；如果申请的是一种方法（仅限发明），那么这种方法需在产业中能够使用，并且能够解决技术问题。只有满足上述条件的产品或者方法的专利申请才可能被授予专利权。

实用性的审查以申请日提交的说明书（包括附图）和权利要求书所公开的整体技术内容为依据，而不仅局限于权利要求所记载的内容，与所申请的发明或者实用新型是怎样创造出来的或者是否已经实施无关。

不具备实用性的几种常见情形如下：

1）无再现性。即根据公开的技术内容，不能够重复实施专利申请中为解决技术问题所采用的技术方案。这种重复实施不得依赖任何随机的因素，并且实施结果应该是相同的。

2）违背自然规律。最常见违背自然规律的案例是永动机。

3）利用独一无二的自然条件的产品。利用特定的自然条件建造的自始至终都是不可移动的唯一产品不具备实用性。虽然利用独一无二的自然条件的产品不具备实用性，但其构件本身并不必然就不具备实用性。

4）人体或者动物体的非治疗目的的外科手术方法。外科手术方法包括治疗目的和非治疗目的的手术方法。以治疗为目的的外科手术方法属于《专利法》第 25 条不授予专利权的客体；非治疗目的的外科手术方法，由于是以有生命的人或者动物为实施对象，无法在产业上使用，因此不具备实用性。

5）测量人体或者动物体在极限情况下的生理参数的方法。测量人体或者动物体在极限情况下的生理参数需要将被测对象置于极限环境中，这会对人或者动物的生命构成威胁，无法在产业上使用，不具备实用性。

6）无积极效果。具备实用性的发明或者实用新型专利申请的技术方案需能够产生预期的积极效果。明显无益、脱离社会需要的发明或者实用新型专利申请的技术方案不具备实用性。

7. 不具有单一性

案例 2－14

案情简介：某发明专利申请权利要求 1—4 如下。

权利要求 1：一种用于直流电动机的控制电路，所说的电路具有特征 A。

权利要求 2：一种用于直流电动机的控制电路，所说的电路具有特征 B。

权利要求 3：一种设备，包括一台具有特征 A 的控制电路的直流电机。

权利要求 4：一种设备，包括一台具有特征 B 的控制电路的直流电机。

从现有技术来看，特征 A 和 B 分别是体现发明对现有技术作出贡献的技术特征，即特定技术特征，而且特征 A 和 B 完全不相关。

案例分析：特征 A 是权利要求 1 和 3 的特定技术特征，特征 B 是权利要求 2 和 4 的特定技术特征，但 A 与 B 不相关。因此，权利要求 1 与 3 之间或者权利要求 2 与 4 之间有相同的特定技术特征，因而有单一性；而权利要求 1 与 2 或 4 之间，或者权利要求 3 与 2 或 4 之间没有相同或相应的特定技术特征，因而无单一性。

应对方法包括将不具备单一性的权利要求另案申请。

案件启示：专利申请需符合《专利法》及其实施细则有关单一性的规定。《专利法》第 31 条第 1 款及《专利法实施细则》第 39 条对发明或者实用新型专利申请的单一性作了规定。《专利法实施细则》第 48 条、第 49 条对不符合单一性的专利申请的分案及其修改作了规定。

单一性，是指一件发明或者实用新型专利申请需限于一项发明或者实用新型，属于一个总的发明构思的两项以上发明或者实用新型，可以作为一件申请提出。

《专利法实施细则》第 39 条规定，可以作为一件专利申请提出的属于一个总的发明构思的两项以上的发明或者实用新型，应当在技术上相互关联，包含一个或者多个相同或者相应的特定技术特征，其中特定技术特征是指每一项发明或者实用新型作为整体，对现有技术作出贡献的技术特征。《专利法》第 31 条第 1 款所称的"属于一个总的发明构思"是指具有相同或者相应的特定技术特征。

8. 权利要求得不到说明书支持

案例 2 – 15

案情简介：某发明专利申请权利要求 1 请求保护"控制冷冻时间和冷冻程度来处理植物种子的方法"，说明书中仅记载了适用于处理一种植物种子的方法，未涉及其他种类植物种子的处理方法。

案例分析：由于不同植物种子的低温耐受力等生理特性差别较大，所属技术领域的技术人员难以预期处理其他种类植物种子的效果，则该权利要求会被认为未得到说明书的支持。除非说明书中还指出了这种植物种子和其他植物种子的一般关系，或者记载了足够多的实施例，使所属技术领域的技术人员能够明了如何使用这种方法处理植物种子，才可以认为该权利要求得到了说明书的支持。

应对方法包括修改权利要求保护的内容或者在说明书记载更多的信息以满足相关要求。

案件启示：《专利法》第 26 条第 4 款规定，权利要求书应当以说明书为依据，清楚、简要地限定要求专利保护的范围。权利要求书应当以说明书为依据，是指权利要求需得到说明书的支持。权利要求书中的每一项权利要求所要求保护的技术方案应当是所属技术领域的技术人员能够从说明书充分公开的内容中得到或概括得出的技术方案，并且不得超出说明书公开的范围。

权利要求通常由说明书记载的一个或者多个实施方式或实施例概括形成。权利要求的概括不得超出说明书公开的范围。在可以合理预测说明书给出的实施方式的所有等同替代方式或明显变型方式都具备相同的性能或用途情况下，一般可以将权利要求的保护范围概括至覆盖其所有的等同替代或明显变型的方式。

通常，对产品权利要求来说，应当尽量避免使用功能或者效果特征来限定发明。只有在某一技术特征无法用结构特征来限定，或者技术特征用结构特征限定不如用功能或效果特征来限定更为恰当，而且该功能或者效果能通过说明书中规定的实验或者操作或者所属技术领域的惯用手段直接和肯定地验证的情况下，使用功能或者效果特征来限定发明才可能是允许的。

9. 权利要求不清楚、简要

案例 2－16

案情简介❶：某发明专利申请权利要求 6 如下。

6. 根据权利要求 5 所述的基于 FDSOI 的背偏压控制的芯片结构，其特征在于：所述第二晶圆在所述离子层的上方设有交互层，所述交互层内设有第一连接金属线路和第二金属连接线路，所述第一金属连接线路与所述硅通孔内的金属电连接，所述第二金属连接线路与所述背偏压通孔内的金属电连接。

案例分析：该权利要求中"所述第一金属连接线路"缺乏引用基础，导致该权利要求的保护范围不清楚，不符合《专利法》第 26 条第 4 款的规定。

应对方法包括将"所述第一金属连接线路"修改为"所述第一连接金属线路"；另外，还可以通过修改引用关系的方式克服缺乏引用基础的问题。

案件启示：《专利法》第 26 条第 4 款规定：权利要求书应当以说明书为依据，清楚、简要地限定要求专利保护的范围。清楚、简要是申请文件中的基本要求。

（1）清楚

权利要求书的清楚，包含两层涵义，其一是指每一项权利要求应当清楚；其二是指构成权利要求书的所有权利要求作为一个整体也应当清楚。

对于每一项权利要求来说，权利要求的主题名称应当能够清楚地表明该权利要求的类型是产品权利要求还是方法权利要求。不允许存在模糊不清的

❶ 广东省知识产权保护中心. 专利预审业务一本通［EB/OL］.（2022－05－24）［2024－04－15］https：//www. gippc. com. cn/ippc/c100005/202205/0d4ed750da704ba89512e34231c295b6. shtml.

主题名称，例如，"一种……技术"；或者在一项权利要求的主题名称中既包含产品又包含方法，例如，"一种……产品及其制造方法"。同时，每项权利要求所确定的保护范围应当清楚。不得使用含义不确定的用语，如"厚""薄""强""弱""高温""高压""很宽范围"等；不得出现"例如""最好是""尤其是""必要时"等类似用语。一般情况下，不得使用"约""接近""等""或类似物"等用语，尽量避免使用括号，以免造成权利要求保护范围不清楚。

权利要求书作为一个整体也应当清楚，尤其是指权利要求之间的引用关系需清楚。

（2）简要

权利要求书简要的要求，也包括两层涵义，其一是指每一项权利要求应当简要；其二是指构成权利要求书的所有权利要求作为一个整体也应当简要。一件专利申请中不得出现两项或两项以上保护范围实质上相同的同类权利要求。

权利要求的数目应当合理。在权利要求书中，允许有合理数量的限定发明或者实用新型优选技术方案的从属权利要求。权利要求的表述需简要，除记载技术特征外，不得对原因或者理由作不必要的描述，也不得使用商业性宣传用语。为避免权利要求之间相同内容的不必要重复，在可能的情况下，权利要求需尽量采取引用在前权利要求的方式撰写。

10. 权利要求的撰写不规范

案例 2 - 17

案情简介[1]：某发明专利申请权利要求如下。

7. 根据权利要求 6 所述基于直播视频流的 SEI 帧回放数据同步系统。

8. 根据权利要求 7 所述基于直播视频流的 SEI 帧回放数据同步方法。

案例分析：权利要求 8 引用权利要求 7，权利要求 8 请求包括一种方法，而权利要求 7 请求保护的是一种系统，两者的主题名称不一致，导致权利要

---

[1] 广东省知识产权保护中心. 专利预审业务一本通［EB/OL］.（2022 - 05 - 24）［2024 - 04 - 15］https：//www. gippc. com. cn/ippc/c100005/202205/0d4ed750da704ba89512e34231c295b6. shtml.

求 8 的保护范围不清楚，不符合《专利法》第 26 条第 4 款的规定。

应对方法包括修改权利要求 8 的主题名称，使其与引用的权利要求 7 的主题名称一致。

案件启示：权利要求的撰写包括独立权利要求和从属权利要求的撰写，均是预审审查重点关注的内容，应当按照相关规定规范撰写。

（1）独立权利要求

根据《专利法实施细则》第 24 条第 1 款的规定，发明或者实用新型的独立权利要求应当包括前序部分和特征部分，在撰写过程中需要"划界"：

1）前序部分：写明要求保护的发明或者实用新型技术方案的主题名称和发明或者实用新型主题与最接近的现有技术共有的必要技术特征；

2）特征部分：使用"其特征是……"或者类似的用语，写明发明或者实用新型区别于最接近的现有技术的技术特征，这些特征和前序部分写明的特征合在一起，限定发明或者实用新型要求保护的范围。

对于开拓性发明等不适用于上述方式撰写的，独立权利要求也可以不分前序部分和特征部分。

（2）从属权利要求

根据《专利法实施细则》第 25 条第 1 款的规定，发明或者实用新型的从属权利要求应当包括引用部分和限定部分，按照下列规定撰写：

1）引用部分：写明引用的权利要求的编号及其主题名称；

2）限定部分：写明发明或者实用新型附加的技术特征。

从属权利要求在撰写时要注意"择一引用"，即其引用的权利要求的编号需用"或"或者其他与"或"同义的择一引用方式表达。常规的撰写方式包括"根据权利要求 1 或 2 所述的……"或者"根据权利要求 4 至 9 中任一权利要求所述的……"。

同时还需关注不能"多引多"，即一项引用两项以上权利要求的多项从属权利要求不得作为另一项多项从属权利要求的引用基础。例如，从属权利要求 3 引用权利要求 1 或 2，那么多项从属权利要求 4 引用权利要求 1 或 2 或 3 将不被允许。

11. 明显笔误

案例 2–18

案情简介❶：某发明专利申请的权利要求附带公式，具体如下。

> 6. 根据权利要求2所述的一种固定灯的始充等级方法，其特征在于：灯原始
> Gamma曲线的函数设置为$G_0(x)=x$[□] （0≤x≤1），其中[γ_0]为用户设置的原始Gamma值。

案例分析：该权利要求中的原始 Gamma 值公式中是以 γ^0 表示，而后面又以 γ_0 表示，同一参数，前后表述不一致。

应对方法有两种方法，方法一：使用电子申请客户端的编辑器编辑，上传后需核查公式是否清晰、完整、有无乱码的情况。方法二：将公式、化学式、表格制作成 jpg 格式的小图片，插入申请文件中。

案件启示：专利申请预审非常重视对专利申请文件的形式审查，任何形式上的问题都会被严格指出，较为常见的问题就是明显的笔误。这些笔误可能表现为错别字、标点符号的错误使用、语句的不流畅、专业词汇未正确采用下标形式以及重复字等。这些问题的产生原因是多方面的。在撰写专利申请文件时，需要格外细心和专注，尽量避免出现这类形式上的问题，以确保申请文件的准确性和专业性。

三、说明书及摘要

说明书及其摘要是一件发明专利申请和实用新型专利申请的重要组成部分，说明书是记载及确认发明或实用新型保护范围的法律文件，也是专利预审审查的重点内容。以下将详细介绍说明书及其摘要在预审审查过程中容易出现的典型问题。

---

❶ 广东省知识产权保护中心. 专利预审业务一本通［EB/OL］.（2022 – 05 – 24）［2024 – 04 – 15］https：//www. gippc. com. cn/ippc/c100005/202205/0d4ed750da704ba89512e34231c295b6. shtml.

1. 说明书公开不充分

案例 2 - 19

案情简介❶：某发明专利申请请求保护一种检测机，通过水路和气路的通断实现丝束膜的湿膜、吹气、进气、保压、挤水等过程，以检测其上是否有漏洞。在说明书中记载了该检测机包括若干隔膜阀和电磁阀，通过打开对应隔膜阀或者电磁阀就可以控制实现进水、进气、排水、排气。

案例分析：本案中，说明书中只给出打开对应隔膜阀或电磁阀就可以实现对应的步骤，并未记载具体进水管、进气管、出气管和出水管的分布以及电磁阀和隔膜阀在对应管道上的分布，因此，说明书只是给出了打开对应阀门可以实现对应步骤这一任务或设想，未给出任何使所属技术领域的技术人员能够实施的技术手段，因此，说明书公开不充分。

应对方法包括在说明书中具体记载进水管、进气管、出气管和出水管的分布以及电磁阀和隔膜阀在对应管道上的分布。

案件启示：《专利法》第 26 条第 3 款规定，说明书应当对发明或者实用新型作出清楚、完整的说明，以所属技术领域的技术人员能够实现为准。说明书对发明或者实用新型作出的清楚、完整的说明，需达到所属技术领域的技术人员能够实现的程度。也就是说，说明书应满足充分公开发明或者实用新型的要求。

说明书的内容需清楚，具体应满足主题明确和表述准确的要求。完整的说明书应当包括有关理解、实现发明或者实用新型所需的全部技术内容。凡是不能从现有技术中直接、唯一地得出的有关内容，均需在说明书中描述。

以下各种情况由于缺乏解决技术问题的技术手段而被认为无法实现：

1）说明书中只给出任务和/或设想，或者只表明一种愿望和/或结果，而未给出任何使所属技术领域的技术人员能够实施的技术手段；

2）说明书中给出了技术手段，但对所属技术领域的技术人员来说，该

---

❶ 苏州市知识产权保护中心. IP Share 第十七期——如何避免"说明书公开不充分"？看完这些案例你就明白了［EB/OL］.（2021 - 12 - 14）［2021 - 07 - 16］https://mp. weixin. qq. com/s/Zlmg6XRZakEv0v3GnaJ0wA.

手段是含糊不清的，根据说明书记载的内容无法具体实施；

3）说明书中给出了技术手段，但所属技术领域的技术人员采用该手段并不能解决发明或者实用新型所要解决的技术问题；

4）申请的主题为由多个技术手段构成的技术方案，对于其中一个技术手段，所属技术领域的技术人员按照说明书记载的内容并不能实现；

5）说明书中给出了具体的技术方案，但未给出实验证据，而该方案又需依赖实验结果加以证实才能成立。例如，对于已知化合物的新用途发明，通常情况下，需要在说明书中给出实验证据来证实其所述的用途以及效果，否则将无法达到能够实现的要求。

2. 说明书的撰写方式和顺序不正确

📇 案例 2 - 20

案情简介❶：某发明专利申请说明书部分内容如下。

实用新型内容

本发明的一个目的在于提供一种摄像头镜头，旨在解决上述背景技术存在的不足。

案例分析：发明专利申请说明书中出现小标题"实用新型内容"，不符合《专利法实施细则》第 17 条的有关规定。

应对方法包括将说明书中的小标题"实用新型内容"修改为"发明内容"。

案件启示：说明书一般包括以下五个部分。

1）技术领域：写明要求保护的技术方案所属的技术领域；

2）背景技术：写明对发明或者实用新型的理解、检索、审查有用的背景技术；有可能的，并引证反映这些背景技术的文件；

3）发明或者实用新型内容：写明发明或者实用新型所要解决的技术问题以及解决其技术问题采用的技术方案，并对照现有技术写明发明或者实用新型的有益效果；

4）附图说明：如果说明书有附图，需对各幅附图作简略说明；

---

❶ 广东省知识产权保护中心. 专利预审业务一本通 ［EB/OL］.（2022 - 05 - 24）［2024 - 04 - 15］https://www.gippc.com.cn/ippc/c100005/202205/0d4ed750da704ba89512e34231c295b6.shtml.

5）具体实施方式：详细写明实现发明或者实用新型的优选方式；必要时，举例说明；有附图的，对照附图说明。

发明或者实用新型的说明书一般需按照上述方式和顺序撰写，并在每一部分前面写明标题。

3. 说明书的撰写不规范，用词不准确

案例 2 - 21

案情简介❶：某发明专利申请说明书中出现如下内容。

[0018]一种根据权利要求4所述的诊断方法，包括：

S1、压力表示值误差校验，通过则进入S2，不通过则表明压力表故障；

S2、气体换向器功能测试，通过则进入S3，不通过则表明气体换向器故障；

案例分析：说明书使用了"根据权利要求 4 所述的……"一类的引用语，不符合《专利法实施细则》第 17 条第 3 款的规定。

应对方法包括将说明书中"如权利要求所述的……"或"根据权利要求所述的……"一类的引用语删除，或修改为其他表述方式。

案件启示：发明或者实用新型说明书应当用词规范、语句清楚，并且不得使用"如权利要求……所述的……"一类的引用语，也不得使用商业性宣传用语。

除此以外，说明书还应使用规范的技术术语。必要时可以采用自定义词，但是需要给出明确的定义或者说明。一般来说，不应使用在所属技术领域中具有基本含义的词汇来表示其本意之外的其他含义，以免造成误解和语义混乱。说明书中使用的技术术语与符号需前后一致。

在表述方案时，一般需要使用中文的表述形式，熟知的技术名词可以使用非中文形式表述，例如用"CPU"表示中央处理器；计量单位、数学符号、数学公式、各种编程语言、计算机程序、特定意义的表示符号（例如中国国家标准缩写 GB）等可以使用非中文形式。说明书中的计量单位应使用国家法定计量单位。

---

❶ 广东省知识产权保护中心. 专利预审业务一本通 ［EB/OL］.（2022 - 05 - 24）［2024 - 04 - 15］. https：//www. gippc. com. cn/ippc/c100005/202205/0d4ed750da704ba89512e34231c295b6. shtml.

说明书中应避免使用注册商标来确定物质或者产品，无法避免使用商品名称时，应注明其型号、规格、性能及制造单位。

说明书包括发明或者实用新型的名称、技术领域、背景技术、发明或者实用新型内容、附图说明以及具体实施方式，以下以说明书的相关组成部分为例来介绍其具体的撰写要求：

（1）发明或者实用新型的名称

发明或者实用新型的名称一般需注意以下内容：

1）说明书中的发明或者实用新型的名称与请求书中的名称一致，并且一般不得超过 25 个字，必要时也不能超过 60 个字。

2）采用领域内通用的技术术语，不能采用非技术术语。

3）不得使用人名、地名、商标、型号或者商品名称等，也不得使用商业性宣传用语。

（2）技术领域

发明或者实用新型的技术领域应是技术方案所对应的具体技术领域，不能是上位或下位技术领域，也不能是相邻的技术领域，也不能是发明或者实用新型本身。

（3）背景技术

发明或者实用新型说明书的背景技术部分应写明对发明或者实用新型的理解、检索、审查有用的背景技术，并且尽可能引证反映这些背景技术的文件。

当引证文件为非专利文件时，公开日应在本申请的申请日之前，引证文件为中国或外国专利文件时，其公开日不能晚于本申请的公开日。对于引证文件为外国专利或非专利文件的，还应以所引证文件公布或发表时的原文所使用的文字写明引证文件的出处以及相关信息，必要时给出中文译文，并将译文放置在括号内。

（4）发明或者实用新型内容

发明或者实用新型内容是说明书重要的组成部分，需清楚、客观地写明要解决的技术问题，技术方案和有益效果。

发明或者实用新型所要解决的技术问题，是指发明或者实用新型要解决的现有技术中存在的技术问题。发明或者实用新型专利申请记载的技术方案应能够解决这些技术问题。说明书中记载的技术方案应与权利要求所限定的相应技术方案的表述相一致。有益效果是确定发明是否具有"显著的进步"，实用新型是否具有"进步"的重要依据。

（5）附图说明

实用新型专利申请需有附图，发明专利申请可以没有附图。如果申请文件存在说明书附图，那么说明书在附图说明书部分应写明各幅附图的图名，并且对图示的内容作简要说明。附图不止一幅的，应对所有附图作出图面说明。

（6）具体实施方式

具体实施方式是说明书的重要组成部分，它对于充分公开、理解和实现技术方案，支持和解释权利要求都极为重要。因此，说明书需详细描述优选的具体实施方式。有附图的，需对照附图进行说明。

4. 明显错误

▣ 案例 2-22

案情简介❶：某发明专利申请的说明书如下。

> **发明内容**
>
> **[0007]** 在此键入发明内容描述段落。本发明的一个目的在于提供一种蓝牙耳机的主从连接切换的方法，所述方法包括如下步骤：
>
> a）主机设备与蓝牙主设备通过第一链路连接，蓝牙主设备与蓝牙从设备通过第二链路连接；

案例分析：说明书的发明内容中存在 CPC 编辑器中的提示性语句。

应对方法包括将 CPC 客户端的提示性语句删除。

案件启示：在专利申请文本准备过程中，说明书容易出现文本格式问题，例如不必要的字体加粗、字体颜色设置有误、下划线使用、存在空白行、存在空白段落或说明书小标题前有段号等明显错误，同时，在提交后也容易出现图片表格和公式出现乱码，使用 XML 格式提交时产生多余的符号或内容以及将文字错误地以图片格式呈现等问题。

5. 说明书摘要撰写不规范

▣ 案例 2-23

案情简介❷：某发明专利申请的说明书摘要如下图所述。

---

❶ 广东省知识产权保护中心. 专利预审业务一本通［EB/OL］.（2022－05－24）［2024－04－15］https：//www. gippc. com. cn/ippc/c100005/202205/0d4ed750da704ba89512e34231c295b6. shtml.

❷ 广东省知识产权保护中心. 专利预审业务一本通［EB/OL］.（2022－05－24）［2024－04－15］https：//www. gippc. com. cn/ippc/c100005/202205/0d4ed750da704ba89512e34231c295b6. shtml.

案例分析：说明书摘要有 406 个字，超过 300 个字，不符合《专利法实施细则》第 23 条的规定。

应对方法为修改摘要，使摘要满足字数要求。

案件启示：摘要的撰写也有一定的要求，具体如下：

1）从内容上来看，摘要需写明发明或者实用新型的名称和所属技术领域，并清楚地反映所要解决的技术问题、解决该问题的技术方案的要点以及主要用途，技术方案是摘要的主要内容。

2）从形式上来看，摘要的文字部分（包括标点符号）不得超过 300 个字，并且不得使用商业性宣传用语。摘要文字部分出现的附图标记需加括号。

3）有附图的专利申请，还需提交或者制定一幅说明书附图作为摘要附图，其应该是最能反映该发明或者实用新型技术方案的主要技术特征的说明书附图。

四、说明书附图

说明书附图在专利申请中扮演着至关重要的角色，它们有助于清晰地描述和展示技术方案以及辅助解释确定专利权的保护范围。在某些情况下，说明书附图甚至是专利申请的必要组成部分，例如对于实用新型专利申请，说明书必须包含附图，以展示产品的形状、构造或者其结合，若不存在附图，则无法完整地描述技术方案，将会导致该实用新型专利申请被驳回。专利申请预审审查也非常关注说明书附图，典型问题包括附图不规范和附图不清楚，具体如下：

1. 附图不规范

案例 2 - 24

案情简介❶：某发明专利申请说明书附图如下。

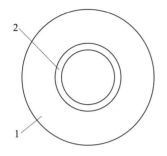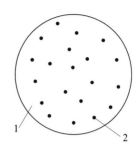

图1 光纤末端端面光热材料圆环覆盖示意图　　图2 光纤末端端面光热材料点状覆盖示意图

案例分析：图1和图2的图号后面存在多余的文字注释。

应对方法为将附图图号后的多余文字注释删除。

案件启示：对发明专利申请，用文字足以清楚、完整地描述其技术方案的，可以没有附图。对于说明书附图来说，需注意附图之间以及附图与说明书中的一致性，例如在多幅附图中表示同一组成部分（同一技术特征或者同一对象）的附图标记需一致，说明书与附图中使用的相同的附图标记需表示同一组成部分，说明书文字部分未提及的附图标记不得在附图中出现，附图中未出现的附图标记也不得在说明书文字部分出现。同时，说明书附图还需注意格式要求，附图中除了必需的词语，不得含有其他的注释；但对于流程图、框图一类的附图，需在其框内给出必要的文字或符号。

2. 附图不清晰

案例 2 - 25

案情简介❷：某发明专利申请说明书附图2如下。

---

❶ 广东省知识产权保护中心. 专利预审业务一本通［EB/OL］.（2022 - 05 - 24）［2024 - 04 - 15］https：//www. gippc. com. cn/ippc/c100005/202205/0d4ed750da704ba89512e34231c295b6. shtml.

❷ 广东省知识产权保护中心. 专利预审业务一本通［EB/OL］.（2022 - 05 - 24）［2024 - 04 - 15］https：//www. gippc. com. cn/ippc/c100005/202205/0d4ed750da704ba89512e34231c295b6. shtml.

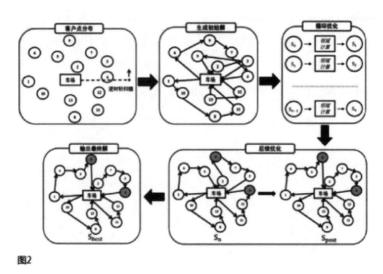

图2

案例分析：说明书附图不清晰，不符合《专利法实施细则》第121条的规定。

应对方法为提交清晰的说明书附图。

案件启示：说明书附图应使用包括计算机在内的制图工具绘制，线条需均匀清晰、足够深，不得涂改，不得使用工程蓝图。附图一般使用黑色墨水绘制，必要时可以提交彩色附图，以便清楚描述专利申请的相关技术内容。

附图的大小及清晰度，应保证在该图缩小到三分之二时仍能清晰地分辨出图中各个细节，以能够满足复印、扫描的要求为准。同一附图中应采用相同比例绘制，为使其中某一组成部分能够清楚显示，可以另外增加一幅局部放大图。附图中除必需的词语外，不得含有其他注释。附图中的词语应使用中文，必要时，可以在其后的括号里注明原文。流程图、框图需作为附图，并需在其框内给出必要的文字和符号。一般不得使用照片作为附图，但特殊情况下，例如，显示金相结构、组织细胞或者电泳图谱时，可以使用照片贴在图纸上作为附图。

五、外观设计的图片或者照片和简要说明

外观设计专利权的保护范围以在图片或照片中展示的具体产品外观设计为准。这意味着，一旦外观设计专利被授予，其保护范围就固定在了那些图片或照片所展现的设计上。这些图片或照片成为专利权的视觉代表，任何未经授权的使用或复制这些设计的行为，都可能构成对专利权的侵犯。然而，

图片或照片所能表达的信息是有限的，为了更全面地描述创新设计，简要说明起到了至关重要的作用。简要说明提供了关于产品外观设计的额外信息，可帮助人们理解图片或照片中的设计元素是如何结合在一起的，以及这些设计元素在整体设计中的功能和重要性。

案例 2-26

案情简介❶：某外观设计申请图片及简要说明如下所示。

图片：

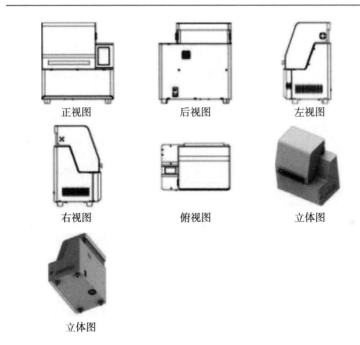

正视图　　　　　后视图　　　　　左视图

右视图　　　　　俯视图　　　　　立体图

立体图

简要说明：

1. 本外观设计产品的名称：3D 打印装置 PT01。

2. 本外观设计产品的用途：用于 3D 打印，创新功能设计，可快速打印多种产品样品，实现三维实体快速成型。

3. 本外观设计产品的设计要点：在于图案、形状和色彩。

---

❶ 广东省知识产权保护中心. 专利预审业务一本通［EB/OL］.（2022-05-24）［2024-04-15］https：//www.gippc.com.cn/ippc/c100005/202205/0d4ed750da704ba89512e34231c295b6.shtml.

4. 最能表明设计要点的图片或照片：立体图。

5. 仰视图不常见，故省略仰视图。

案例分析：

（1）该外观设计申请图片的缺陷

1）该外观设计产品的视图不清晰，不能清楚地显示要求专利保护的产品，不符合《专利法》第27条第2款的规定。视图画面分辨率需满足清晰的要求，且各视图分辨率需一致。

2）立体图为渲染视图，其他视图为线条绘制视图，不符合《专利法》第27条第2款的规定。同一产品的外观设计投影视图需使用同一表达方式制作，不允许将不同的表达方式混用。

3）该外观设计产品的视图省略了仰视图，不符合《专利法》第27条第2款的规定。立体产品的设计要点涉及六个面，需提交六面正投影视图，需补充该产品的仰视图。

4）第一幅立体图与主视图和俯视图表达不一致，主视图右部中间位置有长方形线框，立体图中无，不符合《专利法》第27条第2款的规定。

5）该外观设计产品的正视图、立体图、立体图名称明显错误，不符合《专利审查指南》第一部分第三章第4.2.1节的规定。六面正投影视图的视图名称，是指主视图、后视图、左视图、右视图、俯视图和仰视图。"正视图"需修改为"主视图"，两幅立体图名称前需以阿拉伯数字顺序编号标注，修改为"立体图1"和"立体图2"。

6）俯视图方向错误，与其他正投影视图比例不一致，不符合《专利法》第27条第2款的规定。俯视图需旋转180°，大小调整至与其他正投影视图比例一致。

（2）该外观设计申请简要说明的缺陷

1）该外观设计产品名称"3D打印装置PT01"的"装置"和"PT01"词义不明确、不规范，不符合《专利法实施细则》（2010年修订）第16条的规定。产品名称建议修改为"3D打印机（PT01）"。

2）该外观设计产品的用途"创新功能设计"属于商业性宣传用语，不符合《专利法实施细则》（2010年修订）第28条的规定，建议修改为"用于3D打印"。

3）该外观设计产品的设计要点与外观设计的图片或照片不一致，不符合《专利法实施细则》（2010 年修订）第 28 条的规定。该产品表面无图案，六视图为线条绘制，视图无色彩，建议修改为"在于形状"。如需保护色彩，可以保留"色彩"，同时需提交彩色正投影视图，并增加"请求保护产品外观设计色彩"的简要说明。

4）补充产品仰视图后，需删除简要说明中第 5 点省略仰视图的原因。

根据上述分析将该外观设计申请进行调整，补正后提交的图片如下：

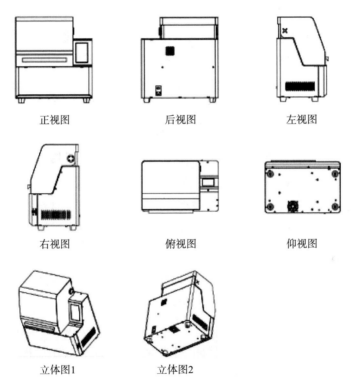

正视图　　　　　　　　后视图　　　　　　　　左视图

右视图　　　　　　　　俯视图　　　　　　　　仰视图

立体图1　　　　　　　立体图2

简要说明：

1. 本外观设计产品的名称：3D 打印机（PT01）。

2. 本外观设计产品的用途：用于 3D 打印。

3. 本外观设计产品的设计要点：在于形状。

4. 最能表明设计要点的图片或照片：立体图 1。

案件启示：

《专利法》第 27 条第 2 款规定，申请人提交的有关图片或者照片应当清楚地显示要求专利保护的产品的外观设计。

《专利法实施细则》第30条规定，申请人应当就每件外观设计产品所需要保护的内容提交有关图片或者照片。申请局部外观设计专利的，应提交整体产品的视图，并用虚线与实线相结合或者其他方式表明所需要保护部分的内容。申请人请求保护色彩的，应当提交彩色图片或者照片。

《专利法实施细则》第31条规定，外观设计的简要说明应当写明外观设计产品的名称、用途，外观设计的设计要点，并指定一幅最能表明设计要点的图片或者照片。省略视图或者请求保护色彩的，应当在简要说明中写明。对同一产品的多项相似外观设计提出一件外观设计专利申请的，应当在简要说明中指定其中一项作为基本设计。申请局部外观设计专利的，应当在简要说明中写明请求保护的部分，已在整体产品的视图中用虚线与实线相结合方式表明的除外。简要说明不得使用商业性宣传用语，也不得说明产品的性能。

申请人提交的图片和照片中常出现的错误如下：

1）视图投影关系有错误，例如投影关系不符合正投影规则、视图之间的投影关系不对应或者视图方向颠倒等。

2）外观设计图片或者照片不清晰，图片或者照片中显示的产品图形尺寸过小；或者虽然图形清晰，但因存在强光、反光、阴影、倒影、内装物或者衬托物等而影响产品外观设计的正确表达。

3）外观设计图片中的产品绘制线条包含有应删除或者修改的阴影线、指示线、虚线、中心线、尺寸线、点划线等。

4）表示立体产品的视图中各视图比例不一致、产品六个面显示不全。但下述情况除外：后视图与主视图相同或者对称时可以省略后视图；左视图与右视图相同或者对称时可以省略左视图（或者右视图）；俯视图与仰视图相同或者对称时可以省略俯视图（或者仰视图）；产品使用时不容易看到或者看不到的面，可以省略相应视图。

5）表示平面产品的视图中各视图比例不一致（产品设计要点涉及两个面，而两面正投影视图不足，但后视图与主视图相同或者对称的情况以及后视图无图案的情况除外）。

6）细长物品例如量尺、型材等，绘图时省略了中间一段长度，但没有使用两条平行的双点划线或者自然断裂线断开的画法。

7）剖视图或者剖面图的剖面及剖切处的表示中缺少剖面线或者剖面线不完全；表示剖切位置的剖切位置线、符号及方向不全或者缺少上述内容（但可不给出表示从中心位置处剖切的标记）。

8）有局部放大图，但在有关视图中没有标出放大部位的。

9）组装关系唯一的组件产品缺少组合状态的视图；无组装关系或者组装关系不唯一的组件产品缺少必要的单个构件的视图。

10）透明产品的外观设计，外层与内层有两种以上形状、图案和色彩时，没有分别表示出来。

简要说明中的常见错误如下：

1）简要说明中的产品名称与请求书中的产品名称不一致。

2）简要说明中没有写明有助于确定产品类别的用途。

3）外观设计专利申请请求保护色彩，未在简要说明中声明请求保护色彩。

4）省略视图时，未说明省略视图的具体原因。

5）对同一产品的多项相似外观设计提出一件外观设计专利申请的，未在简要说明中指定其中一项作为基本设计。

6）对于花布、壁纸等平面产品，必要时未描述平面产品中的单元图案两方连续或者四方连续等无限定边界的情况。

7）对于细长物品，必要时未写明细长物品的长度采用省略画法。

8）如果产品的外观设计由透明材料或者具有特殊视觉效果的新材料制成，必要时未在简要说明中写明。

9）如果外观设计产品属于成套产品，必要时未写明各套件所对应的产品名称。

10）用虚线表示视图中图案设计的，必要时未在简要说明中写明。

第三章

专利确权预审

自 2021 年 7 月起，国家知识产权局推动在北京、上海、浙江、南京等 16 家知识产权保护中心、先后分两批开展了专利复审和专利权无效案件多模式审理试点工作，其中包括开展专利复审和专利权无效宣告请求预审、开通专利复审无效案件优先审查通道，从而启动了专利预审机构提供专利确权预审服务的探索。

本章将首先对专利复审程序和专利权无效宣告程序作概括性介绍，以帮助创新主体了解两个程序的主要作用和办理的重点事项；而后分别对专利预审机构开展的专利复审和专利权无效宣告请求预审以及开通的专利复审无效案件优先审查通道作具体说明，为创新主体更好地利用专利确权预审服务加快审查进程提供支撑。

第一节　专利复审和专利权无效宣告程序概述

一、专利复审程序

专利复审程序是因专利申请人对驳回决定不服而启动的救济程序，同时也是专利审查程序的延续。当专利申请人对国家知识产权局作出的驳回专利申请决定不服时，可以自收到驳回决定之日起三个月内向国家知识产权局请求复审。国家知识产权局收到复审请求后，首先对请求进行形式审查，包括请求客体、请求人资格、提出时间、文件形式等方面的审查。形式审查合格后，复审案件将被转交至作出驳回决定的审查部门进行前置审查，审查部门前置审查后反馈审查意见。复审部门成立合议组对复审案件进行复审，审查方式包括书面审查和口头审查。合议组一般仅针对驳回决定所依据的理由和证据进行审查，不承担对专利申请全面审查的义务；同时，为了提高专利授权的质量，避免不合理地延长审批程序，合议组也可能依职权对驳回决定未提及的明显实质性缺陷进行审查。经过复审后，合议组作出复审决定，并通知专利申请人。专利申请人对复审决定不服的，可以自收到通知之日起三个月内向人民法院起诉。

请求人办理专利复审请求时应特别关注以下几个方面：

1. 复审请求客体

对初步审查和实质审查程序中驳回决定不服的，专利申请人可以提出复审请求。复审请求不是针对驳回决定的，不予受理。

2. 复审请求人资格

被驳回申请的申请人可以提出复审请求。复审请求人不是被驳回申请的申请人的，其复审请求不予受理。被驳回申请的申请人属于共同申请人的，如果复审请求人不是全部申请人，国家知识产权局会通知复审请求人在指定期限内补正；期满未补正的，其复审请求视为未提出。

3. 期限要求

在收到驳回决定之日起三个月内，专利申请人可以提出复审请求；提出复审请求的期限不符合规定的，复审请求不予受理。提出复审请求的期限不符合规定，但在国家知识产权局作出不予受理的决定后复审请求人提出恢复权利请求的，如果该恢复权利请求符合《专利法实施细则》第6条和第116条第1款有关恢复权利的规定，则允许恢复，且复审请求予以受理；不符合该有关规定的，不予恢复。

4. 文件形式

复审请求人应当提交复审请求书，说明理由，必要时还应当附具有关证据。复审请求书应当符合规定的格式，不符合规定格式的，国家知识产权局将通知复审请求人在指定期限内补正；期满未补正或者在指定期限内补正但经两次补正后仍存在同样缺陷的，复审请求视为未提出。

5. 缴纳费用

复审请求人需在收到驳回决定之日起三个月内缴纳复审费，复审费分别为：发明专利1000元、实用新型专利300元、外观设计专利300元。复审费可以减缴，减缴比例有 85% 和 70% 两档。

6. 前置审查

复审请求书（包括附具的证明文件和修改后的申请文件）经形式审查合格后将转交给原审查部门进行前置审查，并由原审查部门提出前置审查意见。

前置审查意见分为下列三种类型：

1）复审请求成立，同意撤销驳回决定。

2）复审请求人提交的申请文件修改文本克服了申请中存在的缺陷，同意在修改文本的基础上撤销驳回决定。

3）复审请求人陈述的意见和提交的申请文件修改文本不足以使驳回决定被撤销，因而坚持驳回决定。

7. 复审请求的合议审查

针对一项复审请求，国家知识产权局将组成合议组进行复审，通常采取书面审理、口头审理或者书面审理与口头审理相结合的方式进行审查。

根据《专利法实施细则》第 67 条第 1 款的规定，有下列情形之一的，合议组将发出复审通知书或复审请求口头审理通知书：

1）复审决定将驳回复审请求。

2）需要复审请求人依照《专利法》及其实施细则和审查指南有关规定修改申请文件，才有可能撤销驳回决定。

3）需要复审请求人进一步提供证据或者对有关问题予以说明。

4）需要引入驳回决定未提出的理由或者证据。

针对合议组发出的复审通知书，复审请求人应当在收到该通知书之日起一个月内针对通知书指出的缺陷进行书面答复；期满未进行书面答复的，其复审请求视为撤回。复审请求人提交无具体答复内容的意见陈述书的，视为对复审通知书中的审查意见无反对意见。

针对合议组发出的复审请求口头审理通知书，复审请求人应当参加口头审理或者在收到该通知书之日起一个月内针对通知书指出的缺陷进行书面答复；如果该通知书已指出申请不符合《专利法》及其实施细则和审查指南有关规定的事实、理由和证据，复审请求人未参加口头审理且期满未进行书面答复的，其复审请求视为撤回。

8. 复审请求审查决定的类型

复审请求审查决定分为下列三种类型：

1）复审请求不成立，驳回复审请求。

2）复审请求成立，撤销驳回决定。

3）专利申请文件经复审请求人修改，克服了驳回决定所指出的缺陷，在修改文本的基础上撤销驳回决定。

复审决定撤销原驳回决定的，有关的案卷返回审查部门，继续进行审查程序。审查部门将执行复审决定，不会再以同样的事实、理由和证据作出与该复审决定意见相反的决定。

9. 复审程序的终止

导致复审程序终止的情形包括三种，具体为复审请求因期满未答复而被视为撤回、在作出复审决定前复审请求人撤回其复审请求，以及已受理的复审请求因不符合受理条件而被驳回请求的情形。

二、专利权无效宣告程序

专利权无效宣告程序是专利公告授权后依当事人请求而启动的、通常为双方当事人参加的程序。自国家知识产权局公告授予专利权之日起，任何单位或者个人认为一项专利权的授予不符合《专利法》有关规定的，均可以请求国家知识产权局宣告该专利权无效。国家知识产权局对宣告专利权无效的请求进行审查后作出决定，并通知请求人和专利权人。宣告专利权无效的决定，由国家知识产权局登记和公告。对国家知识产权局宣告专利权无效或者维持专利权的决定不服的一方当事人，可以自收到通知之日起三个月内向人民法院起诉。人民法院将通知专利权无效宣告请求程序的对方当事人作为第三人参加诉讼。

请求人办理专利权无效宣告请求时应特别关注以下几个方面：

1. 专利权无效宣告请求客体

专利权无效宣告请求的客体是已经公告授权的专利，包括已经终止或者放弃（自申请日起放弃的除外）的专利。宣告专利权全部或者部分无效的审查决定作出后，针对已被该决定宣告无效的专利权提出的无效宣告请求不予受理，但是该审查决定被人民法院的生效判决撤销的除外。

2. 专利权无效宣告请求人资格

任何单位或个人均可以提出专利权无效宣告请求，但请求人属于下列情形之一的，其无效宣告请求不予受理：

1）请求人不具备民事诉讼主体资格的。

2）以授予专利权的外观设计与他人在申请日以前已经取得的合法权利相冲突为理由请求宣告外观设计专利权无效，但请求人不能证明是在先权利人或者利害关系人的。其中，利害关系人是指有权根据相关法律规定就侵犯在先权利的纠纷向人民法院起诉或者请求相关行政管理部门处理的人。

3）专利权人针对其专利权提出无效宣告请求且请求宣告专利权全部无效、所提交的证据不是公开出版物或者请求人不是共有专利权的所有专利权人的。

4）多个请求人共同提出一件无效宣告请求的，但属于所有专利权人针对其共有的专利权提出的除外。

3. 专利权无效宣告请求范围以及理由和证据

专利权无效宣告请求书中应当明确无效宣告请求的范围，无效宣告理由仅限于《专利法实施细则》第69条第2款规定的理由，并且应当以《专利法》及其实施细则中有关的条、款、项作为独立的理由提出。无效宣告理由不属于《专利法实施细则》第69条第2款规定的理由的，不予受理。

请求人应当具体说明无效宣告理由，有证据的，应当结合提交的所有证据具体说明。对于发明或者实用新型专利需要进行技术方案对比的，应当具体描述涉案专利和对比文件中相关的技术方案，并进行比较分析；对于外观设计专利需要进行对比的，应当具体描述涉案专利和对比文件中相关的图片或者照片表示的产品外观设计，并进行比较分析。以授予专利权的外观设计与他人在申请日以前已经取得的合法权利相冲突为理由请求宣告外观设计专利权无效的，必须提交证明权利冲突的证据。

4. 文件形式

无效宣告请求书及其附件应当一式两份，并符合规定的格式，不符合规定格式的，国家知识产权局将通知请求人在指定期限内补正；期满未补正或者在指定期限内补正但经两次补正后仍存在同样缺陷的，无效宣告请求视为未提出。

5. 缴纳费用

请求人需自提出无效宣告请求之日起一个月内缴纳无效宣告请求费，发

明专利权无效宣告请求费为 3000 元，实用新型和外观设计无效宣告请求费为
1500 元，以上的无效宣告请求费均不能减缴。未按规定缴纳或缴足无效宣告
请求费的，专利权无效宣告请求视为未提出。

6. 无效宣告请求的合议审查范围

在无效宣告程序中，合议组通常仅针对当事人提出的无效宣告请求的范
围、理由和提交的证据进行审查，必要时可以对专利权存在其他明显违反
《专利法》及其实施细则有关规定的情形进行审查，但不承担全面审查专利
有效性的义务。

请求人在提出无效宣告请求时没有具体说明的无效宣告理由以及没有用
于具体说明相关无效宣告理由的证据，且在提出无效宣告请求之日起一个月
内也未补充具体说明的，合议组不予考虑。

7. 无效宣告理由的增加

请求人在提出无效宣告请求之日起一个月内增加无效宣告理由的，应当
在该期限内对所增加的无效宣告理由具体说明；否则，合议组不予考虑。

请求人在提出无效宣告请求之日起一个月后增加无效宣告理由的，合议
组一般不予考虑，但下列情形除外：

1）针对专利权人以删除以外的方式修改的权利要求，在合议组指定期
限内针对修改内容增加无效宣告理由，并在该期限内对所增加的无效宣告理
由具体说明的。

2）对明显与提交的证据不相对应的无效宣告理由进行变更的。

8. 无效宣告程序中专利文件的修改

发明或者实用新型专利文件的修改仅限于权利要求书，且应当针对无效
宣告理由或者合议组指出的缺陷进行，同时应遵守以下原则：

1）不得改变原权利要求的主题名称。

2）与授权的权利要求相比，不得扩大原专利的保护范围。

3）不得超出原说明书和权利要求书记载的范围。

4）一般不得增加未包含在授权的权利要求书中的技术特征。

外观设计专利的专利权人不得修改其专利文件。

在满足上述修改原则的前提下，修改权利要求书的具体方式一般限于权
利要求的删除、技术方案的删除、权利要求的进一步限定、明显错误的修正。

在审查决定作出之前，专利权人可以删除权利要求或者权利要求中包括的技术方案。仅在下列三种情形的答复期限内，专利权人可以以删除以外的方式修改权利要求书：

1）针对无效宣告请求书。

2）针对请求人增加的无效宣告理由或者补充的证据。

3）针对合议组引入的请求人未提及的无效宣告理由或者证据。

9. 无效宣告请求审查决定的类型

无效宣告请求审查决定分为下列三种类型：

1）宣告专利权全部无效。

2）宣告专利权部分无效。

3）维持专利权有效。

被宣告无效的专利权视为自始即不存在。宣告专利权无效的决定，对在宣告专利权无效前人民法院作出并已执行的专利侵权的判决和调解书、已经履行或者强制执行的专利侵权纠纷处理决定，以及已经履行的专利实施许可合同和专利权转让合同不具有追溯力。

10. 无效宣告程序的终止

请求人在合议组对无效宣告请求作出审查决定之前，撤回其无效宣告请求的，无效宣告程序终止，但合议组认为根据已进行的审查工作能够作出宣告专利权无效或者部分无效的决定的除外。

请求人未在指定的期限内答复口头审理通知书，并且不参加口头审理，其无效宣告请求被视为撤回的，无效宣告程序终止，但合议组认为根据已进行的审查工作能够作出宣告专利权无效或者部分无效的决定的除外。

已受理的无效宣告请求因不符合受理条件而被驳回请求的，无效宣告程序终止。

第二节　专利复审和专利权无效宣告请求的预审

目前，专利确权预审服务处于试点阶段，一些预审机构按照 2018 年专利预审机构建设之初的设想，制定了专利复审和专利权无效宣告请求预审的服务规范标准，逐步探索开展专利复审和专利权无效宣告请求预审工作，例如南京市知识产权保护中心❶、新乡市知识产权维权保护中心等。以下结合现有的服务规范标准，对专利复审和专利权无效宣告请求预审的提交和审查作进一步的介绍，但需要说明的是，各个预审机构会有一些特殊要求和特别的服务，创新主体可具体关注相关预审机构的管理办法。

一、专利复审和专利权无效宣告请求预审的提交

1. 请求人资格

专利复审和无效宣告请求预审的请求人一般为第一复审请求人、第一无效宣告请求人或第一专利权人，其必须为登记地在相关预审机构所在行政区域内、具有独立法人资格的企事业单位。

2. 受理的条件

相关专利申请或专利所属领域一般应属于当地预审机构预审的领域范围。对于专利复审请求来说，还会对预审请求的提交日作进一步规定，通常是在收到国家知识产权局作出驳回决定之日起两个月内。

3. 提交的材料

请求对专利复审和专利权无效宣告请求进行预审，通常需提交的材料包括以下内容：

1）专利复审和专利权无效宣告请求预审审查请求书，需加盖公章。

2）专利复审和专利权无效宣告请求相关文件，专利复审请求一般需要提供完整的专利复审请求书、驳回决定及相关专利申请文本等，专利权无效宣告请求一般需要提交专利授权公告文本以及完整的无效宣告请求文件等。

3）预审机构要求提交的其他文件，例如承诺书、相关证明文件等。

二、专利复审和专利权无效宣告请求预审的审查

预审机构对于专利复审和专利权无效宣告请求预审的审查一般包括非正常申请核查、形式审查以及专利复审和专利权无效宣告理由和证据审查等。

---

❶ 傅启国，赵晗，韩月等. 我国知识产权保护中心确权服务现状与完善发展对策探讨［J］. 中国发明与专利，2023，20（11）：38-44.

其中，形式审查主要包括对请求客体、请求人资格、期限、文件形式及委托手续等方面的审查。

对于符合相关要求的请求，预审机构发出预审通过通知书。请求人一般需要在收到专利复审和专利权无效宣告请求预审通过通知书后，按照预审机构的要求及时向国家知识产权局提交与预审通过文件一致的请求文件，足额缴纳请求费，并及时向预审机构反馈请求信息。预审机构核实相关信息后，在业务系统中标识快速标记，该请求进入快速审查程序。

第三节 专利复审和专利权无效宣告请求的优先审查通道

在开展专利复审和专利权无效案件多模式审理试点工作的 16 家保护中心中，多数保护中心开通了专利复审和专利权无效宣告请求的优先审查通道，例如北京市知识产权保护中心（以下简称北京市保护中心）❶、深圳保护中心❷等。以下以北京市保护中心为例，具体介绍通过优先审查通道提交专利复审和专利权无效宣告请求的相关要求。

一、优先审查请求的提交

1. 请求人资格

第一复审请求人、第一无效宣告请求人或专利权人应为注册或登记地在北京市行政区域、具有独立法人资格的企事业单位。

2. 受理的条件

专利复审案件应已在国家知识产权局立案，且未在实质审查或初步审查程序中进行优先审查，并符合下列情形之一：

1）涉及节能环保、新一代信息技术、生物、高端装备制造、新能源、

---

❶ 北京市知识产权保护中心. 北京市知识产权保护中心关于开通专利复审无效宣告案件优先审查通道试点工作的通知［EB/OL］.（2023－04－19）［2024－02－18］http：//www. bjippc. cn/general/cms/news/info/news/eb8a2ea0dbaa4c508ac12301d72fae4d. html？id＝eb8a2ea0dbaa4c508ac12301d72fae4d.

❷ 深圳知识产权保护中心. 专利确权预审服务（试行）［EB/OL］.（2024－02－18）［2024－02－18］http：//www. sziprs. org. cn/szipr/ywzn_123183/bhzx/zlys/content/post_239141. html.

新材料、新能源汽车、智能制造等国家重点发展产业。

2）涉及各省级和设区的市级人民政府重点鼓励的产业。

3）涉及互联网、大数据、云计算等领域且技术或者产品更新速度快。

4）复审请求人已经做好实施准备或者已经开始实施，或者有证据证明他人正在实施其发明创造。

5）就相同主题首次在中国提出专利申请又向其他国家或者地区提出申请的该中国首次申请。

6）其他对国家利益或者公共利益具有重大意义需要优先审查。

无效宣告案件应已在国家知识产权局立案，并符合下列情形之一：

1）针对无效宣告案件涉及的专利发生侵权纠纷，当事人已请求地方知识产权局处理、向人民法院起诉或者请求仲裁调解组织仲裁调解。

2）无效宣告案件涉及的专利对国家利益或者公共利益具有重大意义。

3. 提交的材料

请求优先审查，需要提交的材料包括以下内容：

1）《北京市知识产权保护中心专利复审或无效宣告案件优先审查请求书》，需加盖公章。

2）国家知识产权局出具的《复审请求受理通知书》或者《无效宣告请求受理通知书》。

3）符合优先审查请求理由的相关证明文件。

二、优先审查请求的审查

北京市企事业单位可以对符合《专利优先审查管理办法》（国家知识产权局令第76号）相关规定的专利复审案件、无效宣告案件向北京市保护中心提出优先审查请求。北京市保护中心为专利复审案件、无效宣告案件进入优先审查通道提供服务，并为进入优先审查通道的无效宣告案件在北京市保护中心进行远程视频口头审理提供便利。

目前，各保护中心并未明确说明对于优先审查请求的审查具体包括哪些内容，但根据提出优先审查请求的相关要求，可以确定其审查内容主要涉及形式审查，可能还包括非正常申请核查，并不包括对专利复审和专利权无效宣告理由和证据的审查。

第四章

专利权评价报告预审

自 2021 年起，国家知识产权局推动在深圳保护中心、四川省保护中心和南通家纺知识产权快速维权中心（以下简称南通快维中心）开展专利权评价报告预审的试点工作，其中深圳保护中心和南通快维中心提供外观设计专利权评价报告预审服务，四川省保护中心提供实用新型专利权评价报告预审服务，均取得了较好的效果。

本章将首先对专利权评价报告制度作概括性介绍，以帮助创新主体了解这一制度的主要作用和办理的重点事项；而后分别对专利权评价报告预审的提交和审查作具体说明，为创新主体更好地利用专利权评价报告预审服务加快相关进程提供支撑。

第一节　专利权评价报告概述

一、专利权评价报告制度简介

我国对于实用新型和外观设计专利申请采用初步审查制，即专利申请授权前只进行初步审查，不进行实质审查，从而提高了专利审查的效率，使得实用新型和外观设计专利具有授权快、程序简单、费用低等优点，受到申请人的青睐。但同时，初步审查制也会导致实用新型和外观设计专利权处于相对不稳定的状态。因此，我国设置了专利权评价报告制度，对实用新型和外观设计专利权稳定性进行评价，该制度是对初步审查制的补充和完善。具体来说，根据《专利法》第 66 条的规定，专利侵权纠纷涉及实用新型专利或者外观设计专利的，人民法院或者管理专利工作的部门可以要求专利权人或者利害关系人出具由国家知识产权局对相关实用新型或外观设计进行检索、分析和评价后作出的专利权评价报告，作为审理、处理专利侵权纠纷的证据；专利权人、利害关系人或者被控侵权人也可以主动出具专利权评价报告。同时，实用新型或者外观设计专利权进行转让、质押、专利实施许可、海关备案时，相关单位也可能要求提交专利权评价报告。总之，专利权评价报告可以帮助专利权人和社会公众正确认识相关专利的法律稳定性，对于专利权人而言，可以避免盲目采取不适宜的行使其专利权的行为，从而减少对其自身利益的损害；对于公众而言，可以避免就权利不稳定的专利权进行没有价值的交易行为。但需要注意的是，专利权评价报告并不是行政决定，因此请求人不能就此提起行政复议和行政诉讼，并且专利权评价报告也不是判断专利权有效性的证据，专利权是否有效只能由无效宣告程序来确定。❶

二、专利权评价报告的办理

1. 专利权评价报告的请求客体

专利权评价报告的请求客体是已经授权公告的实用新型专利或者外观设计专利，包括已经终止或者放弃的实用新型专利或者外观设计专利。针对下列情形提出的专利权评价报告请求视为未提出：

1）未授权公告的实用新型专利申请或者外观设计专利申请，申请人在办理登记手续时提交专利权评价报告请求的除外。

2）已被宣告全部无效的实用新型专利或者外观设计专利。

3）已作出专利权评价报告的实用新型专利或者外观设计专利。

2. 专利权评价报告的请求主体

授予实用新型或者外观设计专利权的决定公告后，专利权人、利害关系人或者被控侵权人可以请求国家知识产权局作出专利权评价报告。

申请人可以在办理专利权登记手续的同时请求作出专利权评价报告。实用新型或者外观设计专利权属于多个专利权人共有的，请求人可以是部分专利权人。利害关系人是指有权根据《专利法》第66条的规定就专利侵权纠纷向人民法院起诉或者请求管理专利工作的部门处理的人，例如，专利实施

---

❶ 魏保志. 实用新型专利权评价报告实务手册［M］. 北京：知识产权出版社，2013.

独占许可合同的被许可人和由专利权人授予起诉权的专利实施普通许可合同的被许可人。收到专利权人发出的律师函、电商平台投诉通知书等的单位或者个人属于被控侵权人，可以请求国家知识产权局作出专利权评价报告。

3. 专利权评价报告请求的提出

在请求作出专利权评价报告时，请求人应当提交专利权评价报告请求书及相关文件。

专利权评价报告请求书应当采用国家知识产权局规定的表格。请求书中应当写明实用新型专利或者外观设计专利的申请号或者专利号、发明创造名称、申请人或者专利权人、请求人名称或者姓名。每一请求仅限于一件实用新型或者外观设计专利。

请求人是利害关系人的，在提出专利权评价报告请求的同时应当提交相关证明文件。例如，请求人是专利实施独占许可合同的被许可人的，应当提交与专利权人订立的专利实施独占许可合同或其复印件；请求人是专利权人授予起诉权的专利实施普通许可合同的被许可人的，应当提交与专利权人订立的专利实施普通许可合同或其复印件，以及专利权人授予起诉权的证明文件。如果所述专利实施许可合同已在国家知识产权局备案，请求人可以不提交专利实施许可合同，但应在请求书中注明。

请求人是被控侵权人的，在提交专利权评价报告请求的同时应当提交相关证明文件。例如人民法院、专利行政执法部门以及调解仲裁机构出具的立案类通知书或其复印件，专利权人发出的律师函或其复印件，电商平台投诉通知书或其复印件等。

4. 缴纳费用

请求人应当自提出专利权评价报告请求之日起一个月内缴纳专利权评价报告请求费 2400 元，该请求费不可以减缴，未缴纳或者未缴足专利权评价报告请求费的，专利权评价报告请求视为未提出。

5. 作出专利权评价报告

根据《专利法实施细则》第 63 条的规定，国家知识产权局应当自收到专利权评价报告请求书后 2 个月内作出专利权评价报告，申请人在办理专利权登记手续时请求作出专利权评价报告的，自公告授予专利权之日起 2 个月内作出专利权评价报告。对于同一项实用新型或者外观设计专利权，有多个请求人请求作出专利权评价报告的，国家知识产权局仅作出一份专利权评价报告。

从专利权评价报告评价的内容上看，实用新型专利权评价的内容包括：

1）实用新型是否属于《专利法》第 5 条或者第 25 条规定的不授予专利权的情形。

2）实用新型是否属于《专利法》第 2 条第 3 款规定的客体。

3）实用新型是否具备《专利法》第 22 条第 4 款规定的实用性。

4）实用新型专利的说明书是否按照《专利法》第 26 条第 3 款的要求充分公开了专利保护的主题。

5）实用新型是否具备《专利法》第 22 条第 2 款规定的新颖性。

6）实用新型是否具备《专利法》第 22 条第 3 款规定的创造性。

7）实用新型是否符合《专利法》第 26 条第 4 款的规定。

8）实用新型是否符合《专利法实施细则》第 23 条第 2 款的规定。

9）实用新型专利文件的修改是否符合《专利法》第 33 条的规定。

10）分案的实用新型专利是否符合《专利法实施细则》第 49 条第 1 款的规定。

11）实用新型是否符合《专利法》第 9 条的规定。

12）实用新型是否符合《专利法实施细则》第 11 条的规定，其评价标准适用《规范申请专利行为的规定》。

外观设计专利权评价的内容包括：

1）外观设计是否属于《专利法》第 5 条或者第 25 条规定的不授予专利权的情形。

2）外观设计是否属于《专利法》第 2 条第 4 款规定的客体。

3）外观设计是否符合《专利法》第 23 条第 1 款的规定。

4）外观设计是否符合《专利法》第 23 条第 2 款的规定。

5）外观设计专利的图片或者照片是否符合《专利法》第 27 条第 2 款的规定。

6）外观设计专利文件的修改是否符合《专利法》第 33 条的规定。

7）分案的外观设计专利是否符合《专利法实施细则》第 49 条第 1 款的规定。

8）外观设计是否符合《专利法》第 9 条的规定。

9）外观设计是否符合《专利法实施细则》第 11 条的规定，其评价标准适用《规范申请专利行为的规定》）。

专利权评价报告作出后将发送给请求人，请求人不是专利权人的，国家知识产权局将专利权评价报告出具情况告知专利权人。

6. 专利权评价报告的更正

专利权评价报告中存在著录项目信息或文字错误、作出专利权评价报告的程序错误、法律适用明显错误、结论所依据的事实认定明显错误等错误时，可以进行更正。请求人认为作出的专利权评价报告存在需要更正的错误的，可以在收到专利权评价报告后两个月内提出更正请求，请求人不是专利权人的，专利权人可以在上述期限内提出更正请求。提出更正请求的，应当以意见陈述书的形式书面提出，写明需要更正的内容及更正的理由，但不得修改专利文件。

更正程序启动后，国家知识产权局将成立由组长、主核员和参核员组成的三人复核组，对原专利权评价报告进行复核。复核组认为更正理由不成立，原专利权评价报告无误、不需更正的，发出专利权评价报告复核意见通知书，说明不予更正的理由，更正程序终止。复核组认为更正理由成立，原专利权评价报告有误、确需更正的，发出更正的专利权评价报告，并在更正的专利权评价报告上注明以此报告代替原专利权评价报告，更正程序终止。

7. 专利权评价报告的查阅与复制

国家知识产权局在作出专利权评价报告后，任何单位或者个人均可以请求查阅或复制专利权评价报告，请求人需要提出书面请求并缴纳规定费用，具体办理流程可关注国家知识产权局相关规定。

第二节 专利权评价报告请求预审的主要内容

一、专利权评价报告请求预审的提交

1. 请求人资格要求

预审请求人一般需满足以下条件：

1）请求人已在相关预审机构备案。

2）请求人为专利权人或者利害关系人。

2. 提交的材料

预审请求人需提交的材料包括以下内容：

1）专利权评价报告请求预审请求书。

2）专利案卷相关信息，包括从专利电子申请系统 CPC 客户端或交互式平台导出的 XML 格式案卷包、准备向国家知识产权局提交的评价报告请求书，以及委托手续等。

3）其他相关证明文件。

3. 受理的条件

预审请求被受理的条件通常包括以下内容：

1）预审请求涉及的专利应属于相关预审机构的预审技术领域。

2）请求人为预审机构备案主体。

3）国家知识产权局未就该专利作出过专利权评价报告。

4）符合其他相关规定要求。

二、专利权评价报告请求预审的审查

专利权评价报告请求的预审主要是资格审查，具体审查内容包括：

1）审核专利权评价报告请求的客体、请求人资格及委托手续等是否符合相关要求。

2）审核专利权评价报告请求书及相关证明文件是否符合相关要求。

预审机构对预审请求进行审查后给出预审结论，通过预审的，请求人向国家知识产权局正式提交专利权评价报告请求书，完成网上缴费，并于当日内将缴费凭证提交至预审机构；未通过预审的，请求人可按照普通程序向国家知识产权局提交请求。预审机构对正式提交的专利权评价报告请求进行审核，审核合格后进行标注并提交至国家知识产权局。

第五章

专利预审机构介绍

第一节　专利预审机构建设背景

2016 年 11 月 23 日，国家知识产权局发布《关于开展知识产权快速协同保护工作的通知》，决定在有条件地方的优势产业集聚区，依托一批重点产业知识产权保护中心，开展集快速审查、快速确权、快速维权于一体，审查确权、行政执法、维权援助、仲裁调解、司法衔接相联动的产业知识产权快速协同保护工作。通知中明确了完善快速维权工作、深化快速审查及快速确权工作、推进知识产权保护协作、推动专利导航与知识产权运营工作四项工作内容，并强调了省知识产权局应积极推进保护中心各项建设，对保护中心的建设和工作情况进行指导与检查、加大对保护中心的扶持力度等的工作要求。❶ 2019 年 11 月，中共中央、国务院联合印发《关于强化知识产权保护的意见》，明确我国将进一步加快知识产权保护中心布局，在优势产业集聚区布局建设一批知识产权保护中心，提供快速审查、快速确权、快速维权的"一站式"纠纷解决方案。2021 年 9 月，中共中央、国务院发布《知识产权强国建设纲要（2021—2035 年)》，要求健全统一领导、衔接顺畅、快速高效的协同保护格局。2022 年 1 月，国务院发布《知识产权强国建设纲要和"十四五"规划实施年度推进计划》，明确 2021—2022 年度贯彻落实《知识产权强国建设纲要（2021—2035 年)》和《"十四五"国家知识产权保护和运用规

---

❶ 国家知识产权局．国家知识产权局将大力推进产业知识产权快速协同保护工作［EB/OL］．(2016 - 11 - 30)［2024 - 03 - 08］．https：//www. cnipa. gov. cn/art/2016/11/30/art_53_116668. html.

划》，加快并加大知识产权保护速度与力度，逐步建设知识产权保护中心网络。

2020 年 8 月 25 日，国家知识产权局印发《关于进一步加强知识产权快速维权中心建设工作的通知》，优化快速维权中心布局。通知中提出了到 2023 年的工作目标：形成以保护中心为基础、快速维权中心为延伸，国家、省、市、县协调发展的知识产权快速协同保护体系。❶ 知识产权快速维权中心是国家知识产权局针对外观设计快速维权需求强烈、产品周期更新较快的集聚产业而专门设立的，将快速确权与快速维权有机结合，将行政保护与司法保护有效衔接，通过建立专利快速授权、快速确权和快速维权的"绿色通道"来大幅压缩专利申请授权时间与专利纠纷案件结案时间，高效、快捷地满足企业发展的实际需求。❷

近年来，国家知识产权局在优势产业集聚区布局建设了一批知识产权保护中心（以下简称保护中心）和快速维权中心（以下简称快维中心），截至 2024 年 1 月，在建和已建成运行的保护中心有 70 家、快维中心有 42 家，总数达到 112 家，累计备案企事业单位超过 12 万家，其中 80% 以上是中小微企业。

第二节　保护中心介绍

保护中心是国家知识产权局大力推进知识产权快速协同保护工作的一项重要举措，由国家知识产权局和地方政府共建。保护中心将重点围绕完善快速维权工作、深化快速审查和快速确权工作、推进知识产权保护协作、推动专利导航与知识产权运营工作等重点，全力推动相关工作。保护中心将全面开展举报投诉工作，积极构建优势产业线上维权机制，切实加大对失信行为惩戒力度；有序拓展快速审查的权利类型，合理延伸快速审查的产业领域，协同提升专利质量，快速出具专利权评价报告；推进完善行政与司法衔接机

---

❶　国家知识产权局. 国家知识产权局印发《关于进一步加强知识产权快速维权中心建设工作的通知》. ［EB/OL］. （2020－08－27）［2023－8－15］. https://www. cnipa. gov. cn/art/2020/8/27/art_53_151221. html.

❷　中国保护知识产权网. 山东青岛西海岸新区获批建设知识产权快速维权中心. ［EB/OL］. （2022－08－02）［2023－8－15］. http://ipr. mofcom. gov. cn/article/gnxw/zfbm/zfbmdf/sd/202208/1972261. html.

制，促进建立社会调解与仲裁机制；建立专利导航产业发展工作机制，推动产业知识产权运营。❶

通过快速维权和协同保护机制，指导企业通过多种形式共同应对可能发生的产业重大知识产权纠纷与争端，增强风险防范和处置能力，保障产业发展安全，出现知识产权纠纷时，使企业有能力进行快速有效的应对，降低维权的时间成本。通过快速审查，能够帮助手握核心技术但急需专利保护的高新技术企业进入快速审查通道，大幅缩短高质量专利申请的审查周期，充分激发全社会的创新创造创业热情，从而引导人才和生产要素向区域流动，更好地支撑创新驱动发展。通过专利的导航预警和重点产业的运营服务，以及高价值专利培育机制，能够对重点产业核心技术的发展态势进行跟踪，预警并规避可能涉及的知识产权风险，发现产业的技术空白和盲点，规划产业创新方向和产业结构调整及升级路径，为相关政府部门提供信息参考和决策支撑，打造专业性知识产权智库，对通过保护中心快速审查通道授权的专利进行专利价值评估，加速高价值专利转移转化，推动行业知识产权协同创造、联合保护、集中管理和集成运营。❷

一、服务的产业领域

经过深入调研，我们发现国内一些创新主体对于保护中心所提供的服务并不充分了解。他们可能对自己的研发领域是否与保护中心的服务领域相匹配感到疑惑，同时也可能对保护中心能够提供的具体服务类型缺乏清晰的认识。为了帮助这些创新主体更好地理解和利用保护中心的资源，我们特别汇总了全国范围内 70 家保护中心所服务的产业领域。此外，我们还统计了这些保护中心在官方网站或微信公众号上公开的联系电话，以便创新主体能够直接进行咨询，统计截止日为 2024 年 1 月。这些信息的收集旨在帮助创新主体识别与自身研发领域相适应的保护中心，并了解这些保护中心能够提供哪些类型的服务，确保他们能够有效地利用保护中心的专业服务，从而促进自身的创

---

❶ 国家知识产权局. 国家知识产权局将大力推进产业知识产权快速协同保护工作［EB/OL］.（2016－11－30）［2024－03－08］. https：//www.cnipa.gov.cn/art/2016/11/30/art_53_116668.html.

❷ 王丹华. 知识产权保护中心服务区域经济发展的研究［J］. 河南科技，2022（24）：123－127.

新发展和技术进步。各保护中心服务的产业领域和联系电话参见表5-1。通过这一汇总，我们希望能够加强创新主体与保护中心之间的沟通与合作，共同构建更加完善的知识产权保护体系。

表5-1　保护中心服务的产业领域及联系电话汇总表

保护中心	服务的产业领域	联系电话
常州市保护中心	机器人及智能硬件、新能源产业	0519-88010807 业务咨询：0519-88010326
烟台市保护中心	现代食品、高端装备制造、化工产业	办公室：0535-6722556 预审：0535-6722579，0535-6722508
长沙市保护中心	智能制造、新材料、新一代信息技术产业	预审：0731-82275658
上海浦东保护中心	高端装备制造、生物医药产业	021-50801165
广东省保护中心	新一代信息技术、生物产业	020-31608608
佛山市保护中心	智能制造装备、建材产业	0757-82212330
四川省保护中心	新一代信息技术、装备制造产业	窗口：028-86058635
南京市保护中心	新一代信息技术、生物医药、节能环保产业	025-58188227
北京市保护中心	新一代信息技术、高端装备制造产业	预审：010-62544288-853 维权：010-62544288-860
中关村保护中心	新材料、生物医药产业	010-83454100
东营市保护中心	石油开采及加工、橡胶轮胎产业	0546-8336503
宁波市保护中心	汽车及零部件产业	窗口：0574-87978966
南昌市保护中心	生物医药、电子信息、汽车制造产业	0791-82222088
潍坊市保护中心	机械装备、光电、化工、生物医药产业	综合科：0536-7907662
沈阳市保护中心	高端装备制造产业	预审：024-23897701
浙江省保护中心	新一代信息技术、新能源产业	预审：0571-56788309 维权：0571-56788315
武汉市保护中心	光电子信息产业	027-65697004
西安市保护中心	高端装备制造产业	预审：029-89296220 维权：029-89296280 办公室：029-86218501

保护中心	服务的产业领域	联系电话
深圳市保护中心	新能源、互联网技术产业	预审：0755 - 86268052 中心业务：0755 - 86268087 投诉、维权：12330，0755 - 86268059 "一站式"协同保护平台：0755 - 86268069
新乡市保护中心	起重设备、电池产业	预审：0373 - 3553059 值班：0373 - 3050960
天津市滨海新区保护中心	高端装备制造、生物医药产业	办公室：022 - 66387666 预审：022 - 66387917（高端装备制造），022 - 66387921（生物医药）
苏州市保护中心	新材料、生物制品制造、电子信息、数字智能制造产业	0512 - 88182705
济南市保护中心	高端装备制造、生物医药产业	0531 - 82988720
山东省保护中心	海洋、新一代信息技术产业	0531 - 88198585
河北省保护中心	高端装备制造、节能环保产业	预审：0311 - 85801027 维权：0311 - 86043434 公共服务：0311 - 85898108
南通市保护中心	智能制造装备、现代纺织产业	0513 - 85361605
黑龙江省保护中心	装备制造、生物产业	综合管理：0451 - 87916678 预审：0451 - 87916667（装备制造），0451 - 87916681（生物） 导航：0451 - 87916635 流程：0451 - 87916615 维权：0451 - 87916665
徐州市保护中心	智能制造装备产业	业务：0516 - 87787817 办公室：0516 - 87787869
汕头市保护中心	化工、机械装备制造产业	综合管理：0754 - 88986551 预审：0754 - 88988261 维权：0754 - 88988262 综合运用：0754 - 88986533
泉州市保护中心	智能制造、半导体产业	0595 - 22558701

保护中心	服务的产业领域	联系电话
克拉玛依市保护中心	石油开采加工、新材料产业	预审：0990 – 6258033， 0990 – 6236395
宁德市保护中心	新能源产业	综合运用：0593 – 2223523 预审：0593 – 2223520
三亚市保护中心	海洋、现代化农业产业	咨询大厅：0898 – 88890089 预审：0898 – 88890084
江苏省保护中心	高端装备产业、新型功能和结构材料产业	400 – 8869 – 661
天津市保护中心	新一代信息技术、新材料产业	022 – 23768809
合肥市保护中心	新一代信息技术、高端装备制造产业	预审：0551 – 62066611 维权：0551 – 62066655 综合运用：0551 – 62066602
杭州市保护中心	高端装备制造产业	备案：0571 – 85237509 预审：0571 – 87076331
山西省保护中心	新能源、现代装备制造产业	备案：0351 – 7030289 预审：0351 – 7030318 维权：0351 – 7030286 导航：0351 – 7030285 公共服务：0351 – 7030297
甘肃省保护中心	先进制造、节能环保产业	0931 – 8707783
内蒙古自治区保护中心	生物、新材料产业	对外咨询：0471 – 3912330 预审：0471 – 3592928
珠海市保护中心	高端装备制造、家电电气产业	0756 – 2622097
广州市保护中心	高端装备制造、新材料产业	办公室：020 – 33971776 预审：020 – 33971837
昆明市保护中心	智能制造装备、生物制品制造产业	对外咨询/预审：0871 – 63210026
福建省保护中心	机械装备、电子信息产业领域	备案：0591 – 23510275 维权：0591 – 23510637 预审：0591 – 87517570， 0591 – 86390302 导航：0591 – 23510780

保护中心	服务的产业领域	联系电话
德州市保护中心	新材料、生物医药产业	预审：0534－2665196（新材料），0534－2665197（生物医药）
淄博市保护中心	新材料产业	0533－3881082，0533－3881069
辽宁省保护中心	新材料、新一代信息技术产业	注册及备案：18524107879，024－57819116 预审：024－57819115
吉林省保护中心	高端装备制造、生物和医药产业	信息运用：0431－80785260 预审：0431－80785259
长春市保护中心	新一代信息技术、现代化农业产业	综合管理：0431－80785155 预审：0431－80785185
无锡市保护中心	物联网、智能制造产业	综合管理：0510－88727828 预审：0510－88722618
赣州市保护中心	新型功能材料、装备制造产业	0797－8089576
成都市保护中心	生物、新材料领域	运用服务：028－63907645 预审：028－89139938
上海市保护中心	新材料、节能环保产业	021－53394000
贵阳市保护中心	高端装备制造、新一代信息技术产业	综合管理：0851－84867935 预审：0851－84433312（高端装备制造），0851－84416811（新一代信息技术）
大连市保护中心	高端装备制造、新能源产业	备案：0411－65850198
泰州市保护中心	先进装备制造、医药产业	备案：0523－86881198
洛阳市保护中心	先进装备制造、新材料产业	办公室：0379－61500096 预审：0379－61500092，0379－61500093
安徽省保护中心	新材料、节能环保产业	0551－66185262，0551－66185239，0551－66183729
湖南省保护中心	先进制造、新材料产业	维权：0731－84812330
湘潭市保护中心	智能制造、生物医药产业	综合管理：0731－52183669 预审、确权：0731－52183668（生物医药），0731－52183666（智能制造）

续表

保护中心	服务的产业领域	联系电话
陕西省保护中心	新一代信息技术、新能源产业	办公室：029 – 81101916 预审：029 – 81028191（新一代信息技术），029 – 81114356（新能源）
湖北省保护中心	生物、新材料产业	快维中心：027 – 84852366 预审：027 – 84855662
连云港市保护中心	医药、智能制造产业	18036612399
嘉兴市保护中心	高端装备制造产业	0573 – 83607671
台州市保护中心	高端装备制造、节能环保产业	0576 – 81820387
南宁市保护中心	新能源、新材料产业	在建
景德镇保护中心	陶瓷材料、高端装备制造产业	0798 – 2090888
温州市保护中心	高端装备制造产业	0577 – 88122107
厦门市保护中心	新材料、生物工程设备制造产业	在建
青岛市保护中心	高端装备制造、家用电器产业	在建

根据表 5 – 1 汇总的全国保护中心服务的产业领域及联系电话，创新主体可以根据自身的研发需求和知识产权保护的实际需求，选择合适的保护中心进行咨询和沟通。保护中心不仅能够帮助创新主体更有效地管理和运用知识产权，还能够为其创新发展提供强有力的支持。创新主体可以积极与保护中心沟通，了解如何最大化地利用这些资源，从而让知识产权成为推动企业发展和增强竞争力的重要资产，让知识产权为自身赋能。

二、专利预审分类号

对专利预审分类号的研究，一方面可以提高保护中心公益服务与当地产业发展匹配度，另一方面为科学拓展保护中心服务产业领域提供技术支撑。在保护中心投入运行前，会基于国家知识产权局批复的产业领域，提出专利预审分类号核定请求。保护中心可依据相关规定申请调整预审分类号，或申请调整或拓展预审服务产业领域。在新调整或拓展的产业领域投入运行前，也需提出分类号核定请求。在请求核定或调整预审分类号的过程中，保护中心需提交一份正式的请求书，并附带相关的说明材料。这些材料包括所请求预审分类号与批复的产业细分领域的对应关系、当地相关产业领域在过去五年的专利申请情况、主要专利申请人等信息。这样的流程确保了保护中心的服务能够更加精准地满足当地产业发展的需求，同时也为保护中心提供了一个灵活的机制，以适应不断变化的市场和技术发展需求。

（一）专利预审分类号的调整

为了更好地服务创新主体并激发企业的科技创新活力，保护中心通过调整专利预审服务分类号，将更多创新主体纳入其备案范围，从而扩大服务的覆盖面和影响力。保护中心会主动面向专利代理机构以及所在行政区域内的创新主体征集关于实际专利分类号的需求，确保专利预审资源得到合理分配和有效利用，构建更加完善的知识产权保护和服务体系，为地方优势特色产业的高质量发展提供有力支撑。

2022 年 6 月，国务院办公厅发布的《关于对 2021 年落实有关重大政策措施真抓实干成效明显地方予以督查激励的通报》中，北京市、上海市、江苏省、浙江省、湖北省知识产权创造、运用、保护、管理和服务工作成效突出，获得表扬激励，扩大预审服务领域是激励措施之一。为用足用好督查激励举措，发挥专利预审对技术创新发展的支撑作用，提升专利预审服务覆盖面，北京市知识产权局积极开展专利预审服务分类号扩展研究工作，围绕集成电路、量子科技、航空航天、生物信息学等重点技术领域向国家知识产权局申请扩大专利预审服务分类号范围。❶ 2022 年 10 月 25 日，经国家知识产权局办公室审定，北京市保护中心发布调整专利预审分类号的通知，专利预审服务分类号范围确定为：属于新一代信息技术和高端装备制造产业领域的共 49 个国际专利分类（IPC）主分类小类和 6 个洛迦诺分类（含大类和小类），新增了 5 个国际专利分类（IPC）主分类小类和 4 个洛迦诺分类小类，具体请参见表 5 – 2。

---

❶ 北京市知识产权局. 北京扩大专利预审服务领域，新增 55 个服务分类号［EB/OL］.（2022 – 10 – 18）［2024 – 02 – 27］. https：//zscqj. beijing. gov. cn/zscqj/zwgk/mtfb/325965133/index. html.

表 5 - 2　北京市保护中心新增专利预审分类号说明

产业领域	分类号类型	新增小类	分类号说明
新一代信息技术	IPC	H03M	一般编码、译码或代码转换
		H04K	保密通信
高端装备制造	IPC	B61C	机车；机动有轨车
		F02C	燃气轮机装置；喷气推进装置的空气进气道；空气助燃的喷气推进装置燃料供给的控制
		G08G	交通控制系统
	洛迦诺分类	1007	测量仪器、检测仪器和信号仪器的外壳、盘面、指针和所有其他零部件及附件
		1509	机床、研磨和铸造机械
		1606	光学制品
		2606	交通工具发光装置

北京市保护中心新增的专利预审分类号对创新主体具有多重助益。一是行业契合度高，新增的专利预审分类号紧密对接了北京市乃至全国的重点发展行业，使得企业在其所属的细分技术领域内能够更便捷地寻求专利保护，从而精准引导和鼓励相关行业的技术研发和创新活动。这种高度的行业契合度有助于企业更加精准地把握市场需求和发展趋势，推动行业整体技术水平的提升。二是激励创新产出，新增的专利预审分类号会让更多创新主体满足专利预审服务的领域要求，高效的专利预审制度可以激发更多企业更大的创新热情，增强企业申请专利的积极性，推动产学研深度融合，促进更多具有自主知识产权的创新成果的产生，使企业能够更快地利用专利权进行各种知识产权运营活动，如融资、许可、转让等，实现知识产权的有效运营和价值转化，从而优化资源配置，提升企业的经济效益和市场竞争力。

北京市保护中心对专利预审分类号的扩充，是深度契合北京市重点产业发展方向的重大举措，贴合了北京市主要发展产业的需求，对优化区域创新环境、提升企业创新能力和国际竞争力起到了积极推动作用。通过大幅缩短专利授权周期，企业得以在第一时间抓住市场机遇，借助知识产权的保驾护航，实现稳健快速发展，形成以知识产权驱动创新、创新带动产业发展的良性循环，为北京市乃至全国的科技创新和产业升级注入强劲动力。

（二）专利预审分类号表

在《山东省国家知识产权保护中心专利快速预审服务备案管理办法（试行）》中，对于创新主体申请备案的要求明确指出，其主要生产、研发或经营方向需属于海洋或新一代信息技术产业领域，这些产业领域是以山东省保护中心在国家知识产权局备案的国际专利分类（IPC）分类号和洛迦诺分类号为准的。其中，新一代信息技术产业作为国家战略性新兴产业之一，其对应的专利预审服务的国际专利分类（IPC）主分类小类在全国不同保护中心之间存在差异，例如，北京市保护中心有 16 个，天津市保护中心有 30 个，浙江省保护中心有 44 个，合肥市保护中心有 53 个，山东省保护中心有 50 个，长沙市保护中心有 20 个，广东省保护中心有 64 个，长春市保护中心有 66 个，辽宁省保护中心有 44 个，四川省保护中心有 78 个，贵阳市保护中心有 34 个，陕西省保护中心有 54 个。这些差异反映了不同地区在新一代信息技术产业的发展重点和产业布局。因此，创新主体在请求专利预审服务时，必须准确了解保护中心对应的专利预审服务的分类号，以确保其专利申请能够得到快速审查、快速确权、快速维权等高效服务。

54 家保护中心的专利预审服务分类号表可以在官网、官方微信公众号或其他网站上查询到，查询路径参见表 5 - 3；湖北省保护中心、连云港市保护中心、嘉兴市保护中心、台州市保护中心、南宁市保护中心、景德镇保护中心、温州市保护中心、厦门市保护中心和青岛市保护中心等 9 家保护中心正在建设中，尚未核定专利预审服务分类号（统计截至 2024 年 1 月）。

表 5 - 3　保护中心专利预审分类号表查询路径

序号	保护中心	专利预审分类号表查询路径
1	常州市保护中心	中心官网（https：//www.czipcenter.com）"快速预审 - 专利申请 - 申请人备案流程 - 附件 2《常州市知识产权保护中心专利预审服务分类号表》"
2	烟台市保护中心	中心微信公众号"业务办理 - 预审确权 - 6 文件下载《烟台市知识产权保护中心专利预审服务分类号表（2022 年 7 月最新版）》"
3	长沙市保护中心	中心官网（http：//csipo.changsha.gov.cn）"办事服务 - 资料下载 - 《长沙知识产权保护中心专利快速预审可受理的分类号》（2022 年 4 月 22 日）"
4	广东省保护中心	中心官网（https：//www.gippc.com.cn）"专利预审 - 资料下载 - 《广东省知识产权保护中心专利快速预审服务分类表（2023 年）》"

续表

序号	保护中心	专利预审分类号表查询路径
5	佛山市保护中心	中心官网（http：//www.fs12330.cn）"资料下载－快速预审－《佛山市知识产权保护中心专利预审服务分类号表》（2022年7月28日）"
6	四川省保护中心	中心官网（http：//www.scippc.com）"快速预审－预审申请－IPC分类查询/洛迦诺分类查询"
7	南京市保护中心	中心微信公众号"业务职能－预审业务－受理分类号（2022年11月15日）"
8	北京市保护中心	中心官网（https：//www.bjippc.cn）"通知公告－北京市知识产权保护中心关于调整专利预审服务分类号的通知－附件《北京市知识产权保护中心专利预审服务分类号表》（2022年10月25日）"
9	中关村保护中心	中心官网（https：//www.bjhd.gov.cn/ippc）"快速预审－业务介绍－常用材料下载－《中关村知识产权保护中心可受理分类号》"
10	东营市保护中心	中心微信公众号"业务指南－文件下载－《东营保护中心分类号清单》"
11	宁波市保护中心	宁波知识产权公共服务平台（https：//www.nbippc.cn）"综合体服务大厅－窗口一览－专利快速预审－预审材料与学习课件－《宁波知识产权保护中心专利IPC分类号选取说明与分类号清单（发明、实用新型）》和《宁波知识产权保护中心专利洛迦诺分类号选取说明与分类号清单（外观设计）》"
12	南昌市保护中心	中心微信公众号"快速授权－最新分类号－《专利预审分类号汇总表》（2023年3月26日）"
13	潍坊市保护中心	中心微信公众号"业务指南－文件下载－附件《潍坊市知识产权保护中心各产业领域专利预审分类号汇总（2022年10月）》"

续表

序号	保护中心	专利预审分类号表查询路径
14	沈阳市保护中心	中心官网（http：//www. syippc. cn）"新闻资讯 - 工作通知 - 沈阳保护中心关于调整高端装备制造产业专利预审服务分类号的通知（2023 年 3 月 22 日）- 附件 1《专利预审服务分类号表（IPC 分类号）》和附件 2《专利预审服务分类号表（洛迦诺分类号）》"
15	浙江省保护中心	中心官网（https：//zjippc. zjamr. zj. gov. cn）"下载专区 -《浙江省知识产权保护中心快速预审服务分类号表》（2024 - 1 - 15）"
16	武汉市保护中心	中心官网（https：//www. whippc. org. cn）"新闻中心 - 通知公告 - 关于调整光电子信息产业专利预审服务专利分类号的通知（2021 年 9 月 23 日）- 附件《中国（武汉）知识产权保护中心可受理的 IPC 分类号（光电子信息领域）》"
17	西安市保护中心	中心官网（http：//www. xaippc. com）"预审服务 - IPC 分类号、洛迦诺分类号 - 西安市知识产权保护中心关于调整专利预审服务分类号的通知 - 附件《西安市知识产权保护中心专利预审领域分类号表》"
18	深圳市保护中心	中心官网（http：//www. sziprs. org. cn）"资料下载 -《深圳知识产权保护中心快速预审服务技术领域（IPC 分类号）》和《中国（深圳）知识产权保护中心快速预审服务技术领域（洛迦诺分类号）》"
19	新乡市保护中心	中心官网（https：//www. xxipa. org. cn）"新闻宣传 - 中心动态 - 新乡市知识产权维权保护中心关于调整专利预审服务分类号的通知（2024 年 1 月 2 日）- 附件《新乡市知识产权维权保护中心专利预审服务分类号表》"
20	天津市滨海新区保护中心	中心官网（https：//zscq. scjgj. tjbh. gov. cn）"下载专区 - 专利预审业务相关文件下载 -《天津市滨海新区知识产权保护中心预审服务 IPC 分类号和洛迦诺分类号（2022 年 7 月 6 日批复）》"

续表

序号	保护中心	专利预审分类号表查询路径
21	苏州市保护中心	中心官网（https：//samr. scjgj. suzhou. com. cn /ippc）"快速预审－专利申请预审服务（试行）－附件1《中国（苏州）知识产权保护中心专利预审服务分类号受理范围表（2022）》"
22	济南市保护中心	中心官网（https：//jinan. cnippc. com. cn）"预审服务－资料下载－关于公布济南市知识产权保护中心预审服务分类号的通知及附件（2020年9月17日）－附件《中国（济南）知识产权保护中心专利快速预审技术领域分类号》"
23	山东省保护中心	中心微信公众号"主要业务－专利预审－山东省国家知识产权保护中心关于调整专利预审服务分类号的通知（2023年1月4日）－附件《山东省国家知识产权保护中心专利预审服务分类号》"
24	河北省保护中心	中心官网（https：//www. hebeiippc. com）"新闻中心－公告通知－河北省知识产权保护中心关于调整专利预审服务分类号的通知（2023年11月17日）－附件《河北省知识产权保护中心专利预审服务分类号表》"
25	黑龙江省保护中心	中心官网（https：//hljippc. cn）"新闻动态－通知公告－黑龙江省知识产权保护中心关于新增专利预审服务分类号的通知（2023年10月23日）－附件《黑龙江省知识产权保护中心专利预审服务分类号表》"
26	徐州市保护中心	中心微信公众号"业务服务－IPC及LOC分类号"
27	汕头市保护中心	中心官网（https：//www. stippc. com）"办事服务－专利快速预审服务－分类号－化工产业IPC分类号、机械装备制造产业IPC分类号、洛迦诺分类号（2021年7月7日）"
28	泉州市保护中心	中心官网（https：//www. qzipr. cn）"资料下载－专利预审－《泉州市知识产权保护中心专利预审服务分类号表》（2023年2月16日）"
29	克拉玛依市保护中心	中心官网（http：//www. klmyippc. com）"文件下载－克拉玛依市知识产权保护中心专利预审服务技术领域－附件《克拉玛依市知识产权保护中心专利预审服务技术领域》"

序号	保护中心	专利预审分类号表查询路径
30	宁德市保护中心	中心官网（https：//www.ndippc.cn）"工作动态－中心动态－《宁德市知识产权保护中心专利预审服务分类号表》（2022年7月29日）"
31	三亚市保护中心	中心官网（https：//syippc.yazhou－bay.com）"通知公告－关于国家知识产权局确定中国（三亚）知识产权保护中心专利预审服务分类号范围的通知（2022年1月7日）－附件《中国（三亚）知识产权保护中心专利预审服务分类号表》"
32	天津市保护中心	中心官网（https：//www.tjippc.cn）"资料下载－《天津市知识产权保护中心专利预审服务分类号表》"
33	合肥市保护中心	合肥市市场监督管理局（合肥市知识产权局）官网（https：//amr.hefei.gov.cn）首页左下栏"知识产权一站式服务平台"链接入口进入合肥市知识产权保护"一站式"综合服务平台"通知公告－合肥市知识产权保护中心关于公布专利预审服务分类号的通知（2022年12月27日）－附件《中国（合肥）知识产权保护中心专利预审服务分类号表》"
34	杭州市保护中心	杭州市市场监督管理局官网（http：//scjg.hangzhou.gov.cn）"下属单位－知识产权保护中心－专利预审－附件2《杭州保护中心受理分类号表》（2024）"
35	山西省保护中心	中心官网（https：//www.sxippc.com）"通知公告－山西省知识产权保护中心关于调整专利预审服务分类号的通知（2024年1月3日）－附件《山西省知识产权保护中心专利预审服务分类号表》"
36	甘肃省保护中心	中心微信公众号"在线服务－分类号及预审资料－快速预审服务资料下载专区－附件1《甘肃省知识产权保护中心专利预审服务分类号表》"
37	内蒙古自治区保护中心	中心官网（https：//www.nmgipup.cn）"资料下载－专利预审－《内蒙古自治区知识产权保护中心专利预审服务分类号》（2023年11月16日更新）"

序号	保护中心	专利预审分类号表查询路径
38	珠海市保护中心	中心官网（https：zhuhai. cnippc. com. cn）"办事服务－快速预审－资料下载－珠海市知识产权保护中心专利预审服务分类号"
39	广州市保护中心	中心官网（https：//www. gzippc. cn）"办事服务－专利预审－资料下载－《广州知识产权保护中心专利预审服务分类号表（2023 年）》"
40	昆明市保护中心	中心官网（https：//kunming. cnippc. com. cn）"办事服务－专利预审－资料下载－《昆明市知识产权保护中心专利预审服务分类号表》"
41	福建省保护中心	中心官网（https：//www. fjsippc. com）"通知公告－福建省知识产权保护中心关于公布中国（福建）知识产权保护中心关于公布中国（福建）知识产权保护中心专利预审服务分类号的通知（2022 年 8 月 8 日）－附件《福建省知识产权保护中心专利预审服务分类号表》"
42	德州市保护中心	德州市市场监督管理局官网（http：//dzscjg. dezhou. gov. cn）"通知公告－德州市知识产权保护中心关于调整专利预审服务分类号的通知（2023 年 10 月 20 日）－附件《德州市知识产权保护中心专利预审服务分类号表》"
43	淄博市保护中心	山东理工大学官网（https：//www. sdut. edu. cn）"机构设置－行政单位－科学技术处－办事事物－知识产权－《中国（淄博）知识产权保护中心专利预审服务分类号表》（2022 年 11 月 30 日）"
44	吉林省保护中心	中心微信公众号"专利预审－预审领域－吉林省知识产权保护中心发布专利预审服务分类号表－附件《中国（吉林）知识产权保护中心专利预审服务分类号表》"
45	长春市保护中心	中心官网（http：//www. ccippc. cn）"资料下载－《长春保护中心现代化农业产业领域分类表》、《长春保护中心新一代信息技术产业领域分类表》和《长春保护中心洛迦诺分类表》（2022 年 12 月 12 日）"
46	无锡市保护中心	中心官网（https：//www. wxippc. cn）"预审服务－无锡市知识产权保护中心专利预审服务受理范围（2022 年 11 月 9 日）"

续表

序号	保护中心	专利预审分类号表查询路径
47	赣州市保护中心	赣州市市场监督管理局（知识产权局）官网（http：//sjj.ganzhou.gov.cn）"公示公告 –《赣州市知识产权保护中心专利预审服务分类号表》（2023 年 1 月 12 日）"
48	成都市保护中心	中心官网（https：//cdiprs.com）"综合资讯 – 成都市知识产权保护中心专利预审服务分类号（2023 年 2 月 27）– 附件《成都知识产权保护中心专利预审服务分类号表》"
49	上海市保护中心	中心官网（https：//ippc.sipa.sh.gov.cn）"专利预审 – 专利预审服务介绍 – 附件《上海市知识产权保护中心专利预审服务分类号表》（2021）"
50	贵阳市保护中心	中心微信公众号"预审服务 – 最新分类号 – 贵阳市知识产权保护中心专利预审服务分类号公布（2022 年 12 – 13 日）– 附件《贵阳市知识产权保护中心专利预审服务分类号表》"
51	大连市保护中心	大连市市场监督管理局（大连市知识产权局）官网（https：//scjg.dl.gov.cn）"政务信息 – 通知公告 – 大连市知识产权保护中心关于公布专利预审服务分类号的通知（2024 年 1 月 31 日）– 附件《大连市知识产权保护中心专利预审服务分类号表》"
52	洛阳市保护中心	中心官网（http：//lyippc.cn）"资料下载 – 洛阳市知识产权保护中心专利预审可受理的分类号 –《洛阳市知识产权保护中心专利预审服务分类号表》"
53	湖南省保护中心	湖南省市场监督管理局官网（http：//amr.hunan.gov.cn）"专题 – 知识产权强省 – 通知公告 – 关于公布湖南省知识产权保护中心专利预审服务分类号的通知（2023 年 12 月 11 日）– 附件《湖南省知识产权保护中心专利预审服务分类号表》"
54	陕西省保护中心	中心官网（http：//www.snippc.cn）"资料下载 – 业务指南 –《陕西省知识产权保护中心专利预审服务分类号表》"

　　有 7 家保护中心的专利预审服务分类号表无法在网络上查询到。为了便于创新主体了解其具体分类号，表 5 – 4 详细列出了其中 6 家保护中心的专利

预审服务国际专利分类（IPC）主分类小类（可根据《国际专利分类表》（2024.01 版）❶ 查看表 5－4 中所列国际专利分类（IPC）主分类小类的中文类名）和洛迦诺分类小类（可根据第 14 版《国际外观设计分类表》❷ 查看表 5－4 中所列洛迦诺分类小类下的产品项）；上海浦东保护中心专利预审服务分类号表暂未对外公布，对于需要在上海浦东保护中心进行专利预审的创新主体，建议直接联系相关部门获取最新的分类号信息，或者定期关注上海浦东保护中心的官方网站和公告，以便及时了解最新的预审服务分类号表。

表 5－4 保护中心专利申请预审分类号表

保护中心	国际专利分类（IPC）主分类小类		洛迦诺分类小类	
	个数	分类号	个数	分类号
南通市保护中心	135	A41B、A42B、A61F、A61L、B01D、B01F、B01J、B02C、B03C、B05B、B05C、B05D、B07C、B08B、B21B、B21C、B21D、B21F、B22D、B22F、B23B、B23D、B23K、B23P、B23O、B24B、B25B、B25J、B26D、B27M、B29B、B29C、B30B、B32B、B60L、B62B、B63B、B65B、B65D、B65G、B65H、B66C、B66D、B66F、C01B、C02F、C03B、C03C、C04B、C08G、C08J、C08K、C09J、C21D、C22C、C22F、C23C、C25D、D01D、D01F、D01H、D02G、D03D、D04B、D04H、D05B、D06B、D06C、D06L、D06M、D06P、D07B、D21H、D21J、E02D、E04B、E04C、E04D、E06B、E21B、F15B、F16C、F16F、F16H、F16K、F16L、F16M、F24F、F24S、F26B、F27D、F41H、G01B、G01C、G01D、G01K、G01L、G01M、G01N、G01R、G01S、G02B、G05B、G05D、G06F、G06K、G08B、G08C、G08G、G09F、G21F、H01B、H01C、H01F、H01G、H01H、H01L、H01M、H01P、H01Q、H01R、H02B、H02G、H02H、H02K、H02J、H02M、H02S、H04B、H04J、H04L、H04Q、H04W、H05B、H05K	32	0201、0202、0203、0204、0205、0206、0502、0504、0505、0506、0609、0610、0611、0613、0801、0805、0808、0905、1004、1005、1302、1303、1401、1499、1509、1599、2304、2501、2502、2604、2605、3001

---

❶ 国家知识产权局. 国际专利分类表（2024.01 版）. ［EB/OL］. （2023－11－10）［2024－04－03］. https：//www. cnipa. gov. cn/art/2023/11/10/art_ 3161_ 188497. html.

❷ 国家知识产权局. 第 14 版《国际外观设计分类表》大类和小类表. ［EB/OL］. （2023－02－16）［2024－04－03］. https：//www. cnipa. gov. cn/col/col3163/index. html.

保护中心	国际专利分类（IPC）主分类小类		洛迦诺分类小类	
	个数	分类号	个数	分类号
江苏省保护中心	134	A61L、B01F、B01J、B02C、B07B、B09B、B0ID、B21B、B21C、B21D、B21F、B21H、B21J、B21K、B22F、B23C、B23K、B23P、B23Q、B24B、B25H、B25J、B26F、B29B、B29C、B29D、B32B、B41F、B60B、B60H、B60J、B60K、B60L、B60N、B60P、B60Q、B60R、B60S、B60T、B62D、B64C、B64D、B65H、B66B、B66F、C01B、C01C、C01D、C01F、C01G、C03B、C03C、C04B、C07F、C07J、C08F、C08G、C08J、C08K、C08L、C09B、C09C、C09D、C09J、C09K、C10B、C10G、C10J、C10L、C11B、C12M、C21B、C21C、C21D、C22B、C22C、C22F、C23C、C23F、C23G、C25B、C25C、C25D、D01D、D01F、D02G、D06B、D06C、D06M、D06P、E02B、E02D、E04B、E04C、E04D、E04G、E06B、E21B、F04B、F04D、F16F、F16J、F16M、F21V、F28F、G01C、G01D、G01K、G01M、G01R、G01S、G02B、G02F、G05B、G05D、G08G、G0IN、H01C、H01F、H01G、H01H、H01M、H01P、H01R、H02G、H02H、H02J、H02K、H02N、H02P、H02S、H04B、H04W、H05K	52	0505、0506、0609、0611、0613、0701、0801、0803、0805、0806、0807、0808、0903、0905、1004、1005、1203、1205、1206、1207、1208、1211、1216、1301、1302、1303、1401、1402、1403、1404、1501、1502、1503、1504、1505、1507、1509、1601、1606、1906、2102、2301、2304、2401、2402、2404、2501、2502、2603、2605、2606、2803
辽宁省保护中心	98	A61B、A61L、B01D、B01F、B01J、B21B、B21C、B21D、B21F、B21J、B22C、B22D、B22F、B23B、B23C、B23D、B23K、B29B、B29C、B41J、B65H、C01B、C04B、C07C、C07D、C08F、C08G、C08J、C08K、C08L、C09D、C12M、C21D、C22B、C22C、C22F、C23C、C25C、C25D、E02D、E04B、E04C、E04D、E04G、F16C、F21S、G01B、G01C、G01D、G01F、G01G、G01J、G01K、G01L、G01M、G01N、G01R、G01S、G02B、G02F、G05B、G05D、G06F、G06K、G06N、G06Q、G06T、G07C、G07F、G08B、G08C、G08G、G09B、G09F、G09G、G10L、G11B、G16H、H01B、H01F、H01G、H01J、H01L、H01M、H01Q、H01R、H01S、H02J、H03K、H04B、H04L、H04M、H04N、H04Q、H04W、H05H、H05K、C09K	28	0202、0506、0601、0604、0805、0901、0902、0903、0905、1004、1005、1101、1216、1302、1303、1401、1402、1403、1404、1906、2001、2002、2303、2304、2401、2402、2501、2605

保护中心	国际专利分类（IPC）主分类小类		洛迦诺分类小类	
	个数	分类号	个数	分类号
泰州市保护中心	111	A01B、A01N、A23N、A61B、A61C、A61D、A61F、A61G、A61H、A61J、A61K、A61M、A61N、B01L、B04B、B05B、B05C、B07C、B08B、B22C、B22D、B23B、B23D、B23F、B23G、B23H、B24C、B24D、B25B、B25F、B26B、B26D、B27B、B27C、B27G、B27M、B28B、B28C、B28D、B30B、B31B、B41J、B44B、B60G、B61D、B61H、B63B、B63C、B63H、B63J、B65B、B65C、B65D、B65G、B66C、B66D、B67D、C07B、C07C、C07D、C07H、C07K、C08B、C12N、C12P、C12Q、C40B、D01G、D01H、D03D、D05B、E01B、E01C、E01D、E01F、E01H、E02F、E21D、E21F、F01D、F01L、F01N、F01P、F02B、F02F、F02M、F03D、F03G、F04C、F16B、F16C、F16D、F16G、F16H、F16K、F16L、F24F、F24H、F24S、F25B、F25C、F25D、F26B、G01B、G07B、G09B、G16B、G16H、H01Q、H02B、H02M	46	0802、0809、0909、1001、1003、1006、1007、1101、1103、1202、1204、1209、1210、1212、1213、1215、1217、1304、1405、1406、1506、1510、1604、1701、1702、1703、1705、1801、1802、1804、2001、2002、2303、2403、2499、2604、2705、2801、2802、2805、2901、2902、3003、3010、3011、3100
安徽省保护中心	111	A23B、A23N、A61L、B01D、B01F、B01J、B02C、B03B、B03C、B05B、B05C、B05D、B07B、B08B、B09B、B09C、B21B、B21C、B21F、B28B、B28C、B28D、B29B、B32B、B65D、B65F、B65H、B66B、C01B、C01F、C01G、C02F、C03B、C03C、C04B、C05F、C07C、C07D、C07F、C08B、C08F、C08G、C08J、C08K、C08L、C09B、C09C、C09D、C09J、C10B、C10G、C10M、C21B、C21C、C21D、C22B、C22C、C22F、C23C、C23F、C25C、C25D、C30B、D01D、D01F、D04H、D06M、D06N、D21C、D21H、E02D、E03B、E03F、E04B、E04C、E04D、E04F、E04H、E21F、F01D、F01K、F01N、F02B、F04C、F04D、F16B、F21V、F22B、F22D、F23B、F23D、F23G、F23J、F23K、F24F、F24H、F24S、F26B、F27B、F27D、F28B、F28D、F28F、G01D、G01F、G01G、H01B、H01R、H02K、H02S、H05B	13	0202、0301、0506、0901、0903、0905、1102、1302、2303、2304、2501、2502、2605

保护中心	国际专利分类（IPC）主分类小类		洛迦诺分类小类	
	个数	分类号	个数	分类号
湘潭市保护中心	85	A01N、A41D、A47L、A61B、A61C、A61F、A61G、A61H、A61J、A61K、A61L、A61M、A61N、B23K、B23P、B23Q、B24B、B25J、B28B、B28C、B29C、B32B、B60L、B60M、B61B、B64G、B65B、B65D、B65F、B65G、B66C、B66F、C02F、C07C、C07D、C07F、C07H、C07J、C07K、C12M、C12N、C12P、C12Q、C22B、C22C、C22F、C23C、E01C、E01D、E02D、E04B、E04G、E06B、E21B、E21D、E21F、F03D、F04D、F15B、F16K、F16M、F24F、F27B、G01B、G01C、G01M、G01R、G01S、G05B、G05D、G06F、G08B、G08G、G09B、H01B、H01L、H02B、H02G、H02H、H02J、H02K、H02M、H02P、H02S、H04W	14	0202、0702、0903、0905、1004、1005、1303、1599、2301、2303、2304、2401、2402、2605

三、专利申请预审

专利申请预审，是指对发明、实用新型和外观设计专利申请的预先审查，在专利申请向国家知识产权局正式提交之前，由承担预审服务的保护中心或快维中心对专利申请文件进行预先审查，经预审合格的专利申请会标注加快标记，进入快速审查通道，大幅缩短专利申请审查时间，有助于创新主体获取竞争优势和降低试错成本。通过保护中心的专利申请预审服务，能够帮助企业更好地规划和管理知识产权，助力企业对创新成果进行合理的知识产权布局，制定长远的知识产权战略。

（一）专利申请预审制度文件

2023 年 6 月，国家知识产权局印发《专利申请预审业务管理办法（试行）》，从工作内容、主体备案要求、领域确定和规范化管理等方面对专利预审工作提出要求，共包括二十五条具体内容，保障预审工作平稳顺畅运行，提高专利申请预审质量效能。该办法规定保护中心需制定专利预审备案管理制度，建立并实施梯度化预审请求量额度管理制度并完善专利预审请求指南。

2023 年 12 月，国家知识产权局印发《知识产权保护中心和快速维权中心管理办法》，从管理对象的职能设置、国家知识产权局与地方知识产权管理部门的职责分工、中心各项业务的开展要求、考核与惩戒等方面对中心的建设和运行作出规范，共包括十八条具体内容，进一步规范保护中心和快维中心的建设和运行，促进服务水平和能力双提升。

为了规范专利申请预审业务，提高服务质量和效率，各保护中心纷纷出台了一系列管理办法和操作指南。这些制度的制定和实施，旨在确保预审工作的标准化、规范化和透明化，从而更好地服务于创新主体，促进知识产权的快速保护和高效运用。例如，北京市保护中心制定《北京市知识产权保护中心专利申请预审服务管理办法》、《北京市知识产权保护中心专利申请预审请求指南》和《北京市知识产权保护中心优化专利申请预审提交工作实施方案（试行）》等文件，涵盖了预审服务的申请条件、审查流程、质量控制等多个方面，为预审服务提供了明确的操作流程和管理规范，确保了预审工作的有序进行。天津市保护中心通过印发《天津市知识产权保护中心专利申请预审服务管理办法（试行）》和《天津市知识产权保护中心专利快速预审备案单位和代理机构管理办法（试行）》等文件，明确预审服务的管理职责、规范备案主体和代理机构的行为、优化预审流程，确保预审服务的高效运行。潍坊市保护中心通过制定《专利预审期限管理制度》、《专利预审流程管理制度》、《专利预审质量管理制度》和《备案主体及专利代理机构管理制度》等文件，确保了预审服务的各个环节都有明确的规范和标准可依。这些制度的实施，有助于提升预审服务的质量和效率，也为创新主体提供了更加专业、便捷的服务，进一步推动了知识产权保护工作的深入发展。

（二）专利申请预审服务开展情况

专利申请预审服务是保护中心的核心职责之一，通过建立规范化的服务制度，提升专利申请的质量，缩短专利授权周期，同时聚焦重点领域，创新服务模式，主动服务创新主体，培育高价值专利。以下是几个典型保护中心（以保护中心获批同意建设的时间为序）在专利申请预审服务方面的工作开展情况（除特殊说明外，数据均为 2023 年数据）。

1. 北京市保护中心

北京市保护中心自 2017 年 11 月获得国家知识产权局批准建设以来，一直致力于提升知识产权服务的质量和效率。2019 年 4 月，北京市保护中心正式投入运行，成为全国首批知识产权纠纷快速处理试点单位、专利申请批量预审审查试点单位、专利复审无效案件多模式审理试点单位。近年来，北京市保护中心先后获得全国青年文明号、国家知识产权局青年文明号、北京市青年文明号、北京市三八红旗集体、北京市司法行政系统先进集体等多项荣誉称号。❶

（1）专利申请预审服务整体情况

2023 年，北京市保护中心接收专利预审服务案件 19524 件，同比增长 30.7%；专利预审合格案件 14403 件，同比增长 52.5%；专利授权案件 11812 件，同比增长 57.3%；新增备案主体 2212 家，累计备案主体 6971 家，专利预审接收量、合格量及授权量均居全国首位。❷

（2）专利申请预审制度建设

北京市保护中心通过制定一系列管理办法和规程，确保了专利申请预审业务的高效运行和服务质量。《北京市知识产权保护中心专利申请预审服务管理办法》为预审服务提供了总体的管理框架和基本原则，确保预审服务的规范性和有效性。《北京市知识产权保护中心专利申请预审请求指南》为申请预审的创新主体提供了详细的操作指引，规范了专利申请预审请求程序，明确了专利申请预审请求接受、审查以及加快审查资格核查等相关要求及标准，帮助创新主体更加便捷地进行预审申请。《北京市知识产权保护中心专利申请预审流程管理规程（试行）》《北京市知识产权保护中心专利申请预审质量管理规程（试行）》《北京市知识产权保护中心专利申请预审周期管理规程（试行）》为专利申请预审工作规范化管理提供了工作遵循。通过这些规范化管理措施，北京市保护中心不仅提高了专利预审工作的效率和质量，也为创新主体提供了更加专业和便捷的服务。

2023 年 8 月，北京市保护中心实施备案主体专利预审请求量周额度管理。2023 年 10 月，北京市保护中心发布《北京市知识产权保护中心优化专利申请

❶ 北京市知识产权保护中心. 北京市知识产权保护中心情况介绍［EB/OL］.（2022 – 04 – 26）［2024 – 03 – 28］. https：//www. bjippc. cn/general/cms/news/view/3881f4a7c00342ee8362254037971c7d. html.

❷ 北京市知识产权保护中心. 数说 2023 北京保护中心这一年［EB/OL］.（2024 – 01 – 16）［2024 – 03 – 21］. https：//mp. weixin. qq. com/s/nwocTH8GuRMRGZ66GBQ5nQ.

预审提交工作实施方案（试行）》，分级设置备案主体年度额度，引导备案主体筛选高质量专利申请提交预审请求。预审合格率和审结授权率均为95%以上的备案主体提交量不限制年额度，专利申请批量预审不受年度提交量限制，可追加属于"卡脖子"关键核心技术领域的专利申请预审请求量；预审合格率和审结授权率均为85%以上的备案主体提交量为前三年专利申请预审合格量的最大值；预审合格率或审结授权率低于85%的备案主体提交量为前三年专利申请预审合格量的最大值与上一年底预审合格后专利累计审结授权率的乘积。

（3）"1＋N"快速协同保护格局

北京市保护中心聚焦产业优势明显、知识产权保护需求旺盛的自贸试验区所在区和"三城一区"，采用多种模式建设区级知识产权保护分中心。各分中心共辅导企事业单位预审备案1600余家，提供各类咨询16900余次，受理商标业务3700余件，举办知识产权业务宣讲培训80余期，开展"一对一"调研服务90余家。❶ 截至2023年12月，北京经济技术开发区、大兴区、怀柔区、顺义区4个保护分中心已经投入运营，石景山区、通州区、昌平区等保护分中心在积极筹建中，形成了1家市级保护中心指导N家区级保护分中心开展快速协同保护的新格局，不断完善推动市区联动的"1＋N"快速协同保护格局，将知识产权保护相关服务精准输送到重点园区。

（4）批量预审审查试点

北京市保护中心自2022年成为全国首批专利申请批量预审审查试点单位以来，聚焦关键核心技术领域，突出质量导向，为创新主体核心技术攻关、全方位专利布局提供了有力支撑。一是规范批量预审审查工作流程，严格批量预审审查请求材料的审核；二是加大批量预审政策支持力度，批量预审请求不受年度提交量限制；三是重点服务关键核心技术，采用"走出去送服务"与"请进来做交流"相结合的方式，深入服务"卡脖子"技术领域创新主体；四是严格批量预审审查质量，采用"一案一议"的工作模式，成立批量预审工作组，统筹开展批量预审审查工作。2023年，北京市保护中心共接

---

❶ 北京市知识产权保护中心. 北京市知识产权保护中心召开2023年分中心工作总结暨表彰会. [EB/OL]. （2024－01－30）[2024－03－21]. https://mp. weixin. qq. com/s/76LRhwHMF82TLzEG9SMdwg.

收 23 个批次 313 件专利申请批量预审请求，其中芯片、光刻机、环境保护等领域的 11 个批次 146 件专利申请进入国家知识产权局批量审查通道，109 件专利申请经批量审查获得快速授权，审结授权率 96%。[1]

（5）知识产权宣讲服务

北京市保护中心针对不同创新主体的需求，积极开展了一系列专利申请预审相关业务培训和服务，以提升企业的知识产权意识和专利申请质量，进一步推动知识产权保护工作的发展。为重点企业、首台套企业、专精特新企业等不同群体举办了 25 次专项培训，旨在帮助企业了解和掌握专利申请预审的相关要求，提高专利申请的质量。针对有特殊需求的 27 家企业，开展了"一对一"专利申请预审服务，提供定制化的指导和建议，帮助企业解决在专利申请过程中遇到的问题，提升企业的创新能力和市场竞争力。持续提升北京市保护中心分中心预审服务支撑能力，依托分中心为区域内的创新主体提供专利申请预审咨询，举办知识产权相关业务宣讲培训，这些培训活动不仅涉及专利预审，还包括知识产权的创造、运用、保护和管理等多个方面，全面提升了创新主体的知识产权管理能力。

（6）预审绿色通道

北京市保护中心为备案主体中的专精特新企业、上市企业开通专利预审绿色通道。通过绿色通道，这些企业能够享受到更加快速、高效的专利申请预审服务，从而加速创新成果的专利化进程，增强企业的市场竞争力和行业影响力。2023 年，北京市保护中心为 285 家专精特新"小巨人"企业的 2278 件专利申请提供预审服务，为 1319 家北京市专精特新中小企业的 6884 件专利申请提供预审服务，为上市企业的 957 件专利申请提供预审服务。这些企业往往在特定领域具有较强的创新能力和市场潜力，通过绿色通道，有助于提升这些企业的知识产权管理水平和专利申请质量，为不同类型的企业提供了有力的知识产权支持。

（7）数据知识产权登记

北京市保护中心积极参与《北京市数据知识产权登记管理办法（试行)》

---

[1] 北京市知识产权局. 北京保护中心再次获批国家级发明专利申请批量预审审查试点单位 [EB/OL]. （2024 – 02 – 19）［2024 – 03 – 06］. https：//zscqj. beijing. gov. cn/zscqj/zwgk/tpxw/436362883/index. html.

制订，2023 年 6 月 19 日，北京市数据知识产权登记平台上线试运行，实现在线申请、在线审核、在线发证等功能。2023 年，共接收 32 个申请人的 82 项数据知识产权登记申请，其中 50 项已获得登记证书。开展 10 余场数据知识产权登记工作政策宣讲及实务培训。2023 年 11 月 18 日，完成北京市首笔数据知识产权质押登记。2023 年 12 月 14 日，全国首例涉及行政机关《数据知识产权登记证》效力认定案件在北京市保护中心公开审理。❶

2. 中关村保护中心

中关村保护中心自 2017 年 11 月获得国家知识产权局批准建设以来，一直致力于为中关村一区十六园内的新材料和生物医药产业领域的创新主体提供全面的知识产权服务。自 2019 年 8 月正式运行以来，中关村保护中心通过其专业的服务和高效的运作模式，已经成为中关村行政区域内创新主体知识产权保护的重要支撑。经国家知识产权局评审，中关村保护中心获批 2024 年发明专利申请批量预审审查试点单位。

（1）专利申请预审服务整体情况

2023 年，中关村保护中心接收专利预审服务案件 8678 件，同比增长 60%；专利预审合格案件 6357 件，同比增长 49%；专利授权案件 5132 件，同比增长 73%。❷ 2023 年，中关村保护中心新增备案主体 930 家，累计备案主体 2931 家，其中含上市企业 128 家，国家级专精特新"小巨人"企业 187 家，省级专精特新企业 655 家，国家实验室等国家战略科技力量 9 家。专利申请预审案件平均处理时间为 3.78 个工作日。经预审合格的发明最快授权时间 29 天，实用新型最快授权时间 3 天，外观设计最快授权时间 3 天。

（2）专利申请预审制度建设

中关村保护中心修订《中关村知识产权保护中心专利申请预审服务管理办法》，明确对国家级专精特新中小企业、上市企业、新型研发机构等研发潜力强的备案主体专利预审需求给予重点支持与服务，新增动态管理制度，

---

❶ 北京市知识产权保护中心. 数说 2023 北京保护中心这一年［EB/OL］.（2024 - 01 - 16）［2024 - 03 - 21］. https：//mp. weixin. qq. com/s/nwocTH8GuRMRGZ66GBQ5nQ.

❷ 中关村知识产权保护中心. 中关村知识产权保护中心获批国家级发明专利申请批量预审审查试点单位.［EB/OL］.（2024 - 02 - 21）［2024 - 03 - 06］. https：//www. bjhd. gov. cn/ippc/general/cms/news/view/498e4cfe7d144592bc6a0f3926a4c57f. html.

将预审合格率纳入管理条款；制定并发布《中关村知识产权保护中心专利申请预审请求指南》，明确专利申请预审请求接受、审查以及加快审查资格核查等环节的相关要求及标准，方便备案主体规范化预审申请操作；优化《中关村知识产权保护中心专利申请预审服务内部管理规范》，进一步明确流程管理、质量管理、周期管理以及预审审查能力提升相关要求，提升内部专利预审工作规范性。

（3）知识产权宣讲服务

中关村保护中心累计开展了近 40 场次的生物医药产业调研培训，逾千人受益，不仅提升了企业和研究机构的知识产权管理能力，也为促进生物医药产业的创新发展提供了人才和智力支持；为 4 家企业提供了多次"一对一"服务，这种深度的服务不仅有力推进了企业知识产权相关工作的进展，也促进了企业知识产权战略的制定和实施，为其提供了全方位的知识产权服务，提高了企业的市场竞争力。

（4）业务拓展

中关村保护中心积极探索和推动知识产权服务与区域创新发展深度融合，通过提供专业的知识产权服务，不仅帮助企业解决实际问题，还促进了企业知识产权管理能力的提升，为区域经济的高质量发展注入了新的活力。

中关村保护中心通过与国家知识产权局专利局专利审查协作北京中心（以下简称专利审查协作北京中心）的紧密合作，开展"知识产权服务海淀行"活动，特别是走访并跟踪服务了 30 家"卡脖子"技术企业。这些企业往往处于关键技术攻关和产业升级的关键阶段，对知识产权服务的需求尤为迫切。中关村保护中心以企业实际需求为导向，依托专家力量，为这些企业提供了专业的知识产权技术支持，促进了企业技术创新和高质量发展。

中关村保护中心与北京航天长峰股份有限公司合作，建立了专利预审员实践基地。这一基地的建立，有助于推动专利预审资源与区域创新资源的有效对接，加快专业技术知识的更新迭代。通过实践基地，专利预审员能够提升专利实务技能，从而更好地服务于企业的知识产权工作。

3. 潍坊市保护中心

潍坊市保护中心于 2017 年 12 月 28 日经国家知识产权局获批同意建设，于 2018 年 12 月底正式挂牌运行。2020 年 12 月，在服务机械装备、光电两个产业领域平稳运行的基础上，正式获批开通化工和生物医药产业领域，成为全国首家面向四个产业开展知识产权快速协同保护服务的保护中心，实现中心服务领域与当地产业链发展高度契合。目前，潍坊市保护中心获批专利预审服务分类号202个，其中国际专利分类（IPC）主分类小类176个，洛迦诺分类小类26个，机械装备领域包括汽车发动机、变速箱、农用机械、轮胎模具、环保设备、机床等；光电领域包括音响设备、VR产品、微型麦克风、传感器、数据和图像处理等；化工领域包括化工产品、材料、化学制备方法等；生物医药领域包括中医药、西医药、微生物等。

潍坊市保护中心在第三届全国快速协同保护业务竞赛中荣获优秀奖；在第四届全国知识产权快速协同保护业务竞赛中荣获三等奖；荣获省级文明单位称号；获批2024年发明专利申请批量预审查试点单位；获批全国第一批知识产权纠纷快速处理试点地区，创新建立"三级多向"快速处理工作机制，搭建形成"市县站（所）三级联动、部门协同多向发力"工作体系；获批首批国家级专利导航服务基地，光刻胶导航项目入选潍坊市"揭榜挂帅"改革创新试点任务和优秀案例。

（1）专利申请预审服务整体情况

从潍坊市保护中心成立以来，截至2023年底，累计备案主体3286家，代理机构540家，接收专利预审服务案件22593件，专利预审受理量20134件，专利预审合格量13690件，专利预审授权量11491件。[1] 2023年，全市1296家创新主体共提交专利预审申请6078件、合格4290件、授权3436件，其中，发明专利授权2278件，同比增长100%，占全市发明专利授权总量的46%，创历史新高。[2]

（2）专利申请预审制度建设

潍坊市保护中心通过制定一系列管理制度和规定，全面加强了专利申请

[1] 潍坊市市场监督管理局（知识产权局）．深耕专利预审 助推创新发展 潍坊市知识产权保护中心19件预审专利获市专利奖．［EB/OL］．（2024－01－04）［2024－03－06］．https：//scjgj．weifang．gov．cn/55359/1742826752994054145．html．

[2] 潍坊市市场监督管理局（知识产权局）．潍坊市知识产权保护中心获批国家级发明专利申请批量预审查试点单位．［EB/OL］．（2024－02－08）［2024－03－22］．https：//scjgj．weifang．gov．cn/55359/1755398046151217152．html．

预审全流程的质量管控。这些制度和规定包括《专利预审期限管理制度》、《专利预审流程管理制度》、《专利预审质量管理制度》、《关于规范专利预审服务的规定》和《备案主体及专利代理机构管理制度》，旨在从知识产权创造的源头提升专利预审申请的质量。这些制度不仅规范了预审流程，还提高了预审案件的提交效率和公平性，确保了专利申请预审工作的服务质量。此外，潍坊市保护中心还搭建了预审管理平台，并推出了案件预约功能模块，进一步优化了流程服务，使得创新主体能够更加便捷、科学地进行专利申请的规划和布局，为创新主体提供了有力的知识产权服务。

（3）探索"链式预审"创新服务

潍坊市保护中心聚焦市关键核心技术创新发展布局，"请进门" + "走出去"开展批量专利专项预审服务，累计服务 200 余件专利，持续提升产业链龙头企业、重点企业、科创企业高价值专利培育能力。按照"审前对接 + 审中合议 + 审后追踪"的专项申请预审策略，同步开展企业技术人员、专利撰写人员、专利预审员"线上 + 线下"三方专项合议，现场提出意见建议，并安排专人追踪，及时反馈案件审查状态。通过"链式预审"服务，为龙头企业在内燃机等重点领域布局，发明专利授权近百件；帮助重点企业在工业母机等领域布局两批高质量发明专利，结案授权率近 100%，平均授权周期50.2 天；精准对接专精特新企业，助力企业在大马力拖拉机领域实现专利快速布局；化"小创新"为"大创造"，帮助某科创企业提升专利布局质量，结案授权率达 100%。

（4）开展"助企上市"专项服务

潍坊市保护中心在推进企业上市倍增工程方面采取了一系列积极措施。深入研究并制定了针对上市后备企业的知识产权帮扶工作方案，帮助企业强化知识产权管理，提升专利申请的质量，为企业上市提供坚实的知识产权支撑。组织专业团队赴全市各区、县进行调研座谈，分析研判企业的创新点和专利申请布局情况，摸清 103 家上市后备企业的知识产权现状，为企业提供更加精准的服务。举办科创板上市知识产权合规培训，针对上市过程中知识产权板块的常见问题进行了深度解析，帮助企业了解和掌握上市过程中知识产权的相关要求和策略。积极推动上市后备企业通过预审通道提交专利申请，加快了专利的审查和授权速度，为企业的快速上市提供了有力支持。中心通过一系列切实有效的措施，为拟上市企业提供了全面的知识产权支持和服务，助力企业顺利走上上市高速路，也为潍坊市的经济发展注入了新的活力。

（5）业务拓展

潍坊市保护中心通过实施"预审＋"多元化服务模式，有效地拓展了专利申请预审服务的深度和广度，为企业提供了一系列知识产权保护服务。

"预审＋分析预警"，开展专利预警项目，通过对专利信息的深入分析，帮助重点企业及时发现潜在的知识产权风险，从而在研发进程中做出相应的调整和优化。这种服务不仅帮助企业挖掘和布局更多专利，还有助于企业合理规划专利保护范围，增强企业的核心竞争力。

"预审＋质押融资"，针对科技型中小企业的融资难题，通过专利申请预审服务，加快专利的授权进程。这使得企业能够利用其专利资产进行质押融资，从而获得必要的资金支持。据统计，通过这种方式，企业共获得专利质押融资额达 9648 万元，有效缓解了中小企业的资金压力。

"预审＋宣传培训"，为了提升公众和企业的知识产权保护意识，开发了"知保中心大讲堂"系列培训课程。这些课程根据不同产业的发展需求进行分类细化，营造良好知识产权保护氛围和科技创新氛围，目前累计举办 49期，培训近 5000 人次。

4. 河北省保护中心

河北省保护中心自 2019 年 9 月 29 日获得国家知识产权局批复同意建设以来，一直致力于提供全面的知识产权服务，以支持和促进河北省乃至京津冀地区的知识产权保护和创新发展。河北省保护中心的主要职能包括专利申请预审、快速维权、专利导航和高价值专利培育等，同时还承担着专利和商标受理、知识产权事务办理等委托服务。河北省保护中心获批成为 2024 年发明专利申请批量预审查试点单位。

京津冀地区的保护中心（包括北京市保护中心、天津市保护中心、中关村保护中心、天津滨海新区保护中心和河北省保护中心）共建京津冀快速协同保护机制，探索区域知识产权保护的新模式，为京津冀协同发展提供强有力的支持。通过这种协同合作，三地的保护中心能够共享资源、互补优势，为加快发展京津冀新质生产力，高质量服务京津冀协同发展提供强大动力。2024 年 3 月 6 日，河北省保护中心作为轮值单位，组织召开京津冀知识产权快速协同保护座谈会，围绕"4·26 京津冀知识产权联合行动"、"数据知识产权保护"、"专利导航服务"、"纠纷快速处理"和"专利批量预审"等工作深入研讨交流，并达成联合开展京津冀快速协同保护行动、续签合作备忘录、发布京津冀协同保护成果等多项共识，进一步强化了京津冀知识产权协同互助共享。❶

（1）专利申请预审服务整体情况

2023 年，河北省保护中心累计接收专利预审服务案件 6015 件，同比增长 81.6%；专利预审服务受理案件 5063 件，同比增长 88.1%；专利预审合格案件 3310 件，同比增长 75.1%。2023 年 1—9 月，经预审进入快速审查通道的案件，初审缺陷率 0.09%，较 2022 年同期下降近 60%，预审质量取得较大提升。❷ 河北省保护中心新增备案主体 2708 家，累计备案主体达 7249 家。

（2）专利申请预审制度建设

河北省保护中心通过制定和修订一系列管理办法和规范，进一步加强了对备案主体和代理机构的管理，规范了专利预审服务的流程、质量和周期管理，从而提升了预审服务的整体质量和效率。制定《备案主体、代理机构分级分类管理办法》和《备案主体、代理机构预审服务管理办法》，明确了对备案主体和代理机构进行分级分类管理，确保其在预审服务中的专业性和规范性。修订完善《预审审查周期管理办法》、《预审流程处理规范》和《预审审查质量管理办法》等相关工作制度，明确预审审查各个环节的要求，确保预审工作的高效运行，同时保证预审案件的审查质量，缩短审查周期，为创新主体提供更快速的专利保护。印发《快速预审分级分类工作实施方案（试行）》，更好地满足不同类型创新主体的需求，提供更加精准和高效的预审服务。建立《发明专利申请批量预审审查工作管理办法》，通过规范批量预审审查的工作流程和要求，确保了发明专利申请批量预审审查试点工作的高标准和高质量推进。

---

❶ 河北省知识产权保护中心. 京津冀知识产权快速协同保护座谈会成功举办［EB/OL］.（2024 – 03 –07）［2024 –03 –22］. https：//mp. weixin. qq. com/s/L1zjeGTQqDn8p6rBi3e – Sg.

❷ 河北省知识产权保护中心. 河北省知识产权保护中心获批国家级发明专利申请批量预审审查试点单位.［EB/OL］.（2024 – 02 – 18）［2024 – 03 – 06］. https：//mp. weixin. qq. com/s/ng7Ih Y1nQLTBY2kM2CFwDQ.

（3）知识产权宣讲服务

2023 年，河北省保护中心充分利用"4·26"知识产权宣传周和全国科技活动周的契机，开展了丰富多样的宣传活动，组织了 13 场专题活动，制作并发布了 1000 余个主题视频、公益广告和宣传海报，旨在提升知识产权保护的公众影响力。举办了 50 余场海外知识产权保护、人民调解、体系建设等专题宣讲活动，累计受众过万人次，提升企业和公众对知识产权保护策略重要性的认识。采取纸媒、广播电视、新媒体、社会面宣传、媒体见面会等多种渠道宣传快速协同保护工作，确保信息覆盖面广泛，触及不同群体。聚焦各市、县的重点产业、重点园区和相关企业需求，充分利用"京津冀知识产权人才智库"资源，深入开展了 60 次"一站服务助企行"活动，包括 36 场宣传活动和 24 次入企服务，累计服务企业 9000 余家。

（4）业务拓展

河北省保护中心通过线上和线下两种渠道，推广国家知识产权公共服务网、专利检索及分析系统等，引导和帮助创新主体了解、使用知识产权信息公共服务资源，帮助创新主体熟悉和掌握专利检索及分析系统，提高在知识产权领域的信息检索和分析能力。开展专利信息公共服务项目，为企业提供关键技术的专利信息分析服务，帮助企业在研发和市场布局中做出更加科学的决策。

为了加强区域知识产权公共服务的可及性和便利性，河北省保护中心在唐山、沧州等地设立了代办处工作站。这些工作站作为知识产权服务的前沿阵地，为当地企业提供了便捷的知识产权咨询和维权等服务，有效打通了知识产权服务的"最后一公里"，完善了区域知识产权服务体系，推动区域经济的高质量发展。

5. 合肥市保护中心

合肥市保护中心于 2020 年 8 月 5 日经国家知识产权局同意获批建设，2021 年 12 月正式运行，面向合肥市新一代信息技术和高端装备制造产业开展知识产权快速协同保护工作，提供以知识产权快速审查、快速维权、快速确权为核心服务，导航运营、知识产权宣传培训为补充服务的"一站式"知识产权综合服务。

合肥市保护中心获评 2022 年度安徽省知识产权行政保护成绩突出集体，

连续两年获得安徽省知识产权维权援助工作考核优秀等次；先后荣获第一届和第二届全国知识产权公共服务机构专利检索分析大赛三等奖和二等奖、第四届全国知识产权快速协同保护业务竞赛团体优秀奖；获批安徽省导航服务基地和知识产权信息服务网点；获批首批国家专利导航服务基地；获批第二期第一批技术与创新支持中心（TISC）筹建机构。

（1）专利申请预审服务整体情况

截至 2023 年 12 月，合肥市保护中心共完成主体备案 1761 家、代理机构注册 735 家，已为全市 1008 家创新主体的 6852 件专利申请提供了预审服务，累计授权 4187 件，发明预审授权率为 88%。预审合格后获得授权的专利中，有 700 多件涉及多个"卡脖子"关键技术领域，4 件专利获得第十届安徽省专利奖，其中 1 件获得银奖。2023 年度发明专利预审后授权量占全市发明专利授权总量的 20% 以上，有效增强市场主体发展动力。❶

（2）专利申请预审制度建设

合肥市保护中心制定《合肥市知识产权保护中心专利预审申请流程和周期管理制度（试行）》，确保预审各个环节顺利流转；修订发布《合肥市知识产权保护中心专利申请预审业务管理办法（试行）》、《合肥市知识产权保护中心备案主体、代理机构分级分类管理办法（试行）》和《关于持续严格规范专利预审申请行为的通知》等文件，加强对各类主体的管理和引导。

（3）知识产权宣讲服务

合肥市保护中心通过开展"知识产权服务万里行"活动，积极推进知识产权保护和服务工作，针对当地创新主体的需求，深入全市 13 个县区进行专题宣讲，以实际行动支持和促进地方经济的创新发展。自运行以来，合肥市保护中心共开展了 20 余场各类培训和宣讲活动，受众达 2.5 万余人次，帮助创新主体更好地利用知识产权促进创新发展。合肥市保护中心还为 120 余家企业提供了知识产权"一对一"辅导服务，为企业提供了一系列实际有效的知识产权服务，帮助企业解决在知识产权管理和运用过程中遇到的问题。

---

❶ 合肥市市场监督管理局（合肥市知识产权保护中心）．合肥市知识产权保护中心正式运行两周年．［EB/OL］．（2023 - 12 - 23）［2024 - 03 - 28］．https：//mp. weixin. qq. com/s/duALmJmlcLodET-kjQ2x6vw.

（4）创新工作

合肥市保护中心一是创新开展备案主体和注册代理机构精准"画像"，"用数据说话、用数据决策"，以系统性的思维通过多维度分析搭建数据资源档案，成功搭建包含多维参数的专利预审申请分级排审模型，绘制能够精准定义企业创新实力与信用质量等级的数字"全景式画像"，让审查工作有据可依，让市场主体心服口服。二是创新开展优先预审，对涉及"卡脖子"技术、国家战略产业、重大项目、原始创新、基础研究及重要发明创造的专利案件给予优先审查。三是创新开展预审备案主体研发能力匹配入库资格审核、号源配给、额度配给，把紧缺的预审资源精准匹配给对创新最有需求的优质市场主体、重点发明创造。四是创新按季度发布预审分析报告，从中心正式运行起按季度发布《专利预审分析报告》，对优质创新主体和代理机构依据审查数据进行公示激励，引导提交高质量专利申请。五是创新建立与市场主体常态化沟通机制，开展各类培训会、沟通会与说明会，每月定期举行线下问需解惑专场接访会，实地走访、现场调研，加强与市场主体的链接，确保各项举措的有效实施。

6. 天津市保护中心

天津市保护中心于 2020 年 10 月 9 日经国家知识产权局同意获批建设，于 2021 年 3 月 31 日通过国家知识产权局验收并对外开展服务。2021 年，天津市保护中心获批第四批技术与创新支持中心（TISC），致力于引导企业充分利用专利信息资源，为企业的产品研发与成长提供坚实的信息支撑。2022 年，天津市保护中心先后获批天津市首批专利导航服务基地、首批国家级专利导航服务基地，不断完善专利导航工作体系，为关键核心技术攻关提供支持，确保产业链供应链的稳定与安全。经国家知识产权局评审，天津市保护中心获批 2024 年发明专利申请批量预审审查试点单位。

天津市保护中心面向新一代信息技术和新材料产业开展知识产权快速协同保护服务，与北京、中关村、滨海新区、河北等保护中心共同织就了京津冀地区知识产权保护"一张网"，通过综合提升知识产权保护水平，塑造良好营商环境、优化产业结构，创新产业发展模式，助力京津冀协同发展。❶

---

❶　天津市知识产权保护中心. 天津市知识产权保护中心简介［EB/OL］.（2023－10－23）［2024－03－22］. https：//mp. weixin. qq. com/s/p2mVeWYQniwsY_qNxhzoZw.

（1）专利申请预审服务整体情况

2023 年，天津市保护中心累计接收专利申请预审案件 5209 件，同比增长 31%；专利预审合格案件 3433 件，同比增长 36%；预审合格后获得专利授权案件 2417 件，同比增长 38%。❶ 天津市保护中心累计备案主体 2414 家，新材料领域备案主体 1059 家，新一代信息技术领域备案主体 1355 家，注册登记的知识产权代理机构 658 家。

天津市保护中心建立了发明专利申请批量预审审查制度，专注于高校、科研院所涉及的关键技术专利申请，全年累计提供批量预审服务 21 次，审查案件 252 件。

（2）专利申请预审制度建设

天津市保护中心在预审制度建设上不断深化，修订《天津市知识产权保护中心专利申请预审服务管理办法（试行)》《天津市知识产权保护中心优化专利申请预审提交工作实施方案》《天津市知识产权保护中心专利预审流程处理规范》《天津市知识产权保护中心预审质量管理办法》《天津市知识产权保护中心预审周期管理办法》《天津市知识产权保护中心专利申请预审能力提升工作方案》等一系列管理办法和操作规程，确保预审工作的标准化、规范化。制定《天津市知识产权保护中心专利预审操作规程》，确保预审标准执行的一致性，从而提高专利预审的质量和效率。

（3）知识产权宣讲服务

2023 年，天津市保护中心举办了 3 期以"助企业知识产权保护，促津门科技创新发展"为主题的专利预审质量提升培训。邀请专利审查协作北京中心专家对预审员开展关于《发明专利申请的初步审查及预审常见问题解析》专题培训，提升了预审员的审查能力。同时，天津市保护中心还开展了 3 次知识产权走进高校活动，对全校师生进行专利预审质量提升等业务的宣讲，并制定了专项帮扶措施，利用专利预审制度为高校知识产权的高质量发展赋能。

（4）创新工作

2023 年，天津市保护中心组织召开京津冀知识产权保护中心快速协同保

---

❶ 天津市知识产权保护中心. 天津市知识产权保护中心获批国家级发明专利申请批量预审审查试点单位［EB/OL］. （2024 - 02 - 22）［2024 - 03 - 22］. https：//mp. weixin. qq. com/s/8me1 - VQcVeazFt - yW5H_iQ.

护业务交流会，围绕《天津市知识产权保护中心专利预审操作规程》进行深入探讨，促进了京津冀区域内保护中心预审标准的一致性。此外，天津市保护中心联合专利审查协作天津中心开展了关于知识产权保护协作机制的研究，分析了保护中心和专利审查协作天津中心的发展现状、定位与发展、协作机制，构建了两者之间高效、顺畅的协作机制，合力强化知识产权全链条保护。

（5）业务拓展

天津市保护中心制定了《天津市知识产权保护中心关于上市企业知识产权保护联盟成员预审服务管理办法（试行）》，确保联盟成员能够优先享受专利申请预审服务。天津市保护中心设立了知识产权服务专员，与联盟成员建立了密切联系，随时提供知识产权咨询服务，高效解决联盟成员的需求。自2022年以来，天津市保护中心为联盟成员举办了20余次知识产权相关培训；2023年举办了9期共计400余人次参加的知识产权多维度培训服务，显著提升了上市企业的知识产权保护意识。同时，天津市保护中心邀请科创板上市辅导专家对联盟成员在知识产权诉讼、管理、信息披露等方面进行指导，并对上市后企业开展系统性的知识产权保护和防御培训。此外，天津市保护中心还将服务覆盖范围扩展至非联盟成员单位，将专利申请预审和快速维权等相关资料邮寄给天津市所有70家上市企业，全面培育上市企业的知识产权保护意识，实现了上市企业的全覆盖服务。

7. 上海市保护中心

上海市保护中心于2021年10月14日由国家知识产权局批复同意建设，于2022年11月正式揭牌，为上海全市新材料和节能环保产业提供全面的知识产权服务。2023年，上海市知识产权保护"一件事"集成服务项目完成建设，依托一网通办，将国家知识产权局平台、上海市知识产权信息服务平台、上海市保护中心平台、上海市知识产权交易中心平台接入"一件事"集成服务平台。上海市知识产权保护"一件事"集成服务平台拥有一窗口统办、一平台交易、一链条保护、一站式管理、一体化服务、一键式咨询等"六大功能"，提供集行政执法、司法保护、维权援助、仲裁调解、信用监管五位一体的数字化服务体系。❶上海市保护中心不断优化预审备案、预审申请、海

外维权援助、一般维权援助等端口，接入上海市知识产权保护"一件事"集成服务平台，为企业提供多元化信息服务。

上海市保护中心荣获上海市知识产权服务行业协会颁发的"2022 年度人才专项奖"；在国家知识产权局主办的第四届全国知识产权快速协同保护业务竞赛和第二届全国知识产权公共服务机构专利检索分析大赛中获得优秀奖。

（1）专利申请预审服务整体情况

2023 年，上海市保护中心新增备案主体 1119 家，其中新材料产业 536 家，节能环保产业 583 家，注册代理机构 720 家，预审通过的发明专利最短授权周期 20 个工作日、平均授权周期 36.5 个工作日、授权率达到 92%。

（2）专利申请预审制度建设

上海市保护中心制定《上海市知识产权保护中心专利预审服务备案主体、代理机构管理办法》，全面提升预审服务的质量和效率。制定《专利申请预审流程管理规范（试行）》《备案主体管理操作细则》等文件，建立案件跟踪管理机制，定期更新管理预审案件审查状态。通过建立健全预审工作考核制度，强化预审员业务能力量化考评，完善激励措施和激励手段，确保预审工作的标准执行一致，提高专利申请预审的专业性和效率。

（3）知识产权宣讲服务

2023 年，上海市保护中心充分利用各类媒介，组织了 7 次大型宣传活动，深入宣传快速预审、快速维权等知识产权协同保护服务。通过举办"一带一路"知识产权保护论坛、知识产权保护政策专题培训活动、专精特新"小巨人"企业专题宣讲会等，累计举办培训推介活动 27 次，服务 9 万多人次，为产业发展增智赋能。此外，上海市保护中心还举办了专利预审培训会、知识产权纠纷多元化解机制论坛等系列活动，线上线下参与人次超过 4 万，参与单位达 400 多个，有效提升了知识产权保护的社会认知度。

（4）业务拓展

上海市保护中心成功入选首批国家级专利导航服务基地，举办了为期 3 天的"专利导航分析实务研修班"，培训受众人数近 300 人。中心还启用了业务受理大厅，提供面对面咨询服务，累计接受热线咨询及现场接待 6808 次，制定窗口服务规范，全力服务企业创新发展。通过制定《上海市知识产权保护中心分中心建设与运行指南（试行）》，推动分中心申报建设工作，支撑优势产业高质量发展。

四、快速确权

2021 年，国家知识产权局在北京市保护中心、上海浦东保护中心、南京市保护中心、浙江省保护中心等 4 家保护中心启动首批专利复审无效案件多模式审理试点工作，开通专利复审无效案件优先审查通道，建立远程审理规范，组成知识产权快速确权工作队伍，探索专利复审无效案件多模式审理方式，为专利确权、侵权纠纷行政裁决等工作提供及时、有效的技术支撑，形成可复制、可推广的工作模式。在上海浦东保护中心、四川省保护中心、深圳保护中心和南通（家纺）快维中心启动实用新型和外观设计专利权评价报告试点工作，全面推进快速确权业务拓展，强化全链条保护能力。

2022 年 9 月 23 日，国家知识产权局办公室发布《关于在国家级知识产权保护中心开展第二批专利复审无效案件多模式审理试点工作的通知》，组织已建设国家级知识产权保护中心的省（自治区、直辖市）、城市知识产权管理部门进行申报。2022 年 11 月 4 日，国家知识产权局办公室发布《关于确定第二批专利复审无效案件多模式审理试点单位的通知》，按照各地申报情况并统筹考虑知识产权工作基础和区域布局，确定北京市保护中心、吉林市保护中心、浦东保护中心、江苏省保护中心、南京市保护中心、苏州市保护中心、浙江省保护中心、宁波市保护中心、南昌市保护中心、山东省保护中心、烟台市保护中心、长沙市保护中心、广东省保护中心、深圳市保护中心、四川省保护中心、甘肃省保护中心等 16 家保护中心为第二批专利复审无效案件多模式审理试点单位。其中，北京市保护中心可以开展专利复审无效案件立案审查、开通专利复审无效案件优先审查通道、开展无效案件远程视频审理、推进专利确权案件与行政裁决/司法审判案件联合审理四项试点工作，其他 15 家保护中心可以开通专利复审无效案件优先审查通道、开展无效案件远程视频审理、推进专利确权案件与行政裁决/司法审判案件联合审理三项试点，试点期限为 2 年。

关于专利权评价报告请求的相关介绍请参见本书第四章内容，本章将不再赘述。下文以北京市保护中心和浙江省保护中心为例，详细介绍专利复审无效案件多模式审理试点工作。

（一）专利复审无效案件立案审查

试点保护中心可对所在地或周边地区的专利复审请求、宣告专利权无效的请求开展受理、立案审查工作。试点保护中心保障专人专岗，相关业务工作人员需完成国家知识产权局专利复审和无效审理业务培训且合格后方能上岗。试点期间，国家知识产权局开展业务培训、审查指导，并负责质量把控。

2023 年，北京市保护中心启动专利复审立案审查工作，接收专利复审请求立案审查 956 件，结案 763 件。❶ 2023 年 6 月 27 日，北京市保护中心作出的首件专利复审请求受理通知书颁发给企业代表。作为首批复审无效多模式试点单位以及首个承担复审无效案件立案审查试点的中心，北京市保护中心不断优化立案审查业务办理，发挥引领示范作用。

（二）专利复审无效案件优先审查

试点保护中心可对专利复审无效案件提出优先审查请求。通过优先审查通道进入的案件按照《专利优先审查管理办法》开展审理。优先审查预审人员需完成国家知识产权局专利复审和无效审理业务培训且合格后方能上岗。

2022 年 8 月，浙江省保护中心专利复审无效案件多模式审理试点第一期工作圆满结束，取得阶段性成果。以数字化改革为引领，根据专利复审无效多模式审理试点工作要求，结合浙江省实际，开发完成专利复审无效案件优先审查通道审查系统，入驻"浙江知识产权在线一窗口统办"平台。2021 年7 月至 2022 年 8 月，完成专利复审案件优先审查请求 29 件，完成专利无效宣告案件优先审查请求 20 件。浙江省保护中心专利复审无效案件多模式审理试点第二期时间为 2022 年 8 月至 2024 年 7 月，优先审查通道的复审案件数量扩容到 100 件，无效案件数量 20 件，其中，涉行政裁决或司法诉讼的无效宣告案件优先受理。❷

---

❶ 北京市知识产权保护中心. 数说 2023 北京保护中心这一年［EB/OL］.（2024－01－16）［2024－03－21］. https：//mp. weixin. qq. com/s/nwocTH8GuRMRGZ66GBQ5nQ.

❷ 浙江省知识产权保护中心. 浙江保护中心专利复审无效案件多模式审理试点取得阶段性成效.［EB/OL］.（2022－11－17）［2024－03－25］. https：//zjippc. zjamr. zj. gov. cn/web/details/3f85345fbc39467f95bb8af3d5e0f66a. html.

（三）无效案件远程视频审理

按照便利当事人的原则，同时保障远程口头审理的视频质量和规范性，对一方或双方当事人属地的案件，在试点保护中心集中开展无效案件远程视频口头审理。试点保护中心在国家知识产权局专利局复审和无效审理部（以下简称复审和无效审理部）的指导下建立保护中心远程审理指引，并在公共平台进行发布；提供远程口头审理硬件和软件支持，安排专人负责远程设备的调试和维护。口头审理过程中，安排专人作为案件审理辅助人员协助合议组维护审理秩序、核实身份、展示证据。案件审理辅助人员需完成国家知识产权局专利复审无效业务培训且合格后方能上岗，并对案件审理负有保密责任。

2022 年 9 月，复审和无效审理部实用新型处联合浙江省保护中心开展远程审理，依托无效案件远程审理，面向高校知识产权青年开展口头审理旁听教学活动，中国计量大学法学院（知识产权学院）30 余名师生参加。活动中，合议组以一件实用新型专利权无效宣告请求案为教学案例，审理前，组织学生集中学习涉案专利授权文本、了解无效案件的审理流程；审理中，一方案件当事人在浙江省保护中心参加审理；审理结束后，合议组与中国计量大学法学院（知识产权学院）的师生进行了在线交流和答疑，详细解答了旁听人员提出的无效理由如何确定、证据的用途、如何开展审理工作等问题。通过"审前准备，就近观摩，交流讲解"的方式，促进了知识产权理论教学和工作实践的融合，取得了良好的知识产权普法宣传效果。❶

（四）确权案件与行政裁决/司法审判案件联合审理

试点保护中心需积极推进专利确权案件与侵权纠纷行政裁决案件的联合审理，加强专利确权案件和侵权纠纷行政裁决案件的信息衔接，为联合审理提供必要的场地和设备支持。

2022 年 7 月 28 日上午，复审和无效审理部和杭州市中级人民法院（以下简称杭州中院）知识产权庭在浙江省保护中心审理庭就同一件专利分别开

---

❶ 国家知识产权局．复审无效部联合中国（浙江）知识产权保护中心开展远程审理和知识产权宣传．[EB/OL]．（2022 – 09 – 26）[2024 – 03 – 25]．https：//www.cnipa.gov.cn/art/2022/9/26/art_2633_179047.html.

展了无效宣告请求远程视频审理和专利侵权诉讼联合审理。联合审理首先由复审和无效审理部合议组在北京就一件实用新型专利无效宣告请求进行远程审理，请求人和被请求人在浙江省保护中心现场参加审理，杭州中院合议庭人员在合议庭旁听。经审理，复审和无效审理部当庭宣布涉案专利无效的决定。随后，专利权人在侵权纠纷案件审理中提出撤诉申请，杭州中院合议庭当庭裁定予以准许。在案件审理之前，浙江省保护中心同复审和无效审理部、杭州中院知识产权庭就案件基本情况、审理时间等信息进行了多番交流，最终促成专利确权与维权程序的"无缝衔接"。高效的联合审理模式加强了行政与司法的对接和交流，大幅提高了无效请求案件和专利侵权案件的审理效率，降低了当事人的维权时间和成本。❶

五、知识产权协同保护

为认真落实中共中央、国务院印发的《知识产权强国建设纲要（2021 - 2035）》、国务院印发的《"十四五"国家知识产权保护和运用规划》和中共中央办公厅、国务院办公厅印发的《关于强化知识产权保护的意见》，2023年2月，最高人民法院、国家知识产权局联合印发了《关于强化知识产权协同保护的意见》。意见要求加强知识产权管理部门和人民法院协作配合，推动专利侵权纠纷行政裁决申请强制执行相关工作有效开展，推动重大专利侵权纠纷相关行政诉讼案件快速办理，充分总结推广知识产权纠纷诉前调解经验，推动构建知识产权多元化纠纷解决机制，共同指导推进地方知识产权快速协同保护相关工作，加强各级人民法院与地方知识产权保护中心和快速维权中心业务交流，共享知识产权保护中心审理庭资源，提升协同保护质效。

除少部分保护中心可以正式开展行政执法外，大部分保护中心均是协助地方相关部门开展行政执法，如侵权判定及技术调查、假冒专利查处、为展会提供知识产权服务等。2023年，全国保护中心共协助办理知识产权行政执法案件4.6万件，受理知识产权纠纷调解案件5.2万件。下文以几个典型保

---

❶ 浙江省知识产权保护中心. 专利复审无效案件多模式审理新突破——浙江首次开展专利确权和司法诉讼联合审理. ［EB/OL］.（2022－07－28）［2024－03－25］. https：//zjippc. zjamr. zj. gov. cn/web/details/1820e75d68cc4bb48087f648cded0cac. html.

护中心为例，介绍保护中心知识产权协同保护业务开展情况（除特殊说明外，数据均为 2023 年数据）。

（一）协助行政执法

北京市保护中心不断深化知识产权行政保护，优化行政裁决立案窗口服务，协助办理了 87 件专利侵权纠纷行政裁决案件，为行政执法部门、电商平台 1384 件专利、商标纠纷出具侵权判定咨询意见，为服贸会、科博会等 9 次展会提供知识产权保护服务。❶ 这些举措加强了知识产权的保护力度，优化了营商环境，提升了知识产权保护的整体效能，为促进公平竞争的市场环境作出了贡献。

河北省保护中心通过多方面举措，加强知识产权行政执法力度，协助办理行政执法案件 704 件，累计接受委托开展专利、商标侵权判定咨询 215 件次，派出技术调查官参与司法审判和行政执法 28 人次，开展专利行政裁决远程、巡回审理 17 场次。中心还与公安机关、检察部门开展了联合行动，共同打击专利侵权和假冒注册商标案件，这种跨部门合作的模式便于形成知识产权保护的强大合力。在区域合作方面，河北省保护中心与北京市保护中心、天津市保护中心联合开展了电商领域知识产权侵权判定 210 件，这不仅加强了区域间的知识产权保护合作，也提高了电商领域的知识产权保护水平。同时，河北省保护中心与黑龙江省保护中心的专家联合开展专利侵权判定 36 件，这种跨区域的专家合作模式，有助于提升侵权判定的专业性和准确性。

合肥市保护中心强化与法、检、公、司部门合作共建，知识产权法庭巡回审判点、市人民检察院知识产权工作室、市公安局知识产权保护警务联络室、公证法律服务窗口等先后挂牌落户合肥市保护中心，建成了一个多方位、立体化的知识产权保护网络，不仅加强了知识产权保护的协同性，也为当事人提供了更加便捷、高效的服务。运行两年来，合肥市保护中心累计完成专利侵权判定咨询 34 件，累计支撑合肥市市场监督管理局（合肥市知识产权局）和全市各县（市）区、开发区完成专利、商标、电商等各类行政执法、行政裁决案件 1062 件，促进了市场秩序的规范和创新环境的优化。

---

❶　北京市知识产权保护中心. 数说 2023 北京保护中心这一年［EB/OL］.（2024 – 01 – 16）［2024 – 03 – 21］. https：//mp. weixin. qq. com/s/nwocTH8GuRMRGZ66GBQ5nQ.

天津市保护中心通过与天津市知识产权局、各区市场监督管理局的紧密合作，共同推动了知识产权协同保护工作的深入开展。在专利侵权纠纷行政裁决案件的处理上，上海市保护中心协助处理了 43 起案件，并且中心工作人员作为合议组成员参与了其中的 9 起案件，全程参与案件证据审查、案情研究、口头审理、合议组合议等环节。此外，天津市保护中心还接受天津市知识产权局及各区市场监督管理局委托，提供专利侵权判定咨询意见 42 件；与津南区市场监督管理局充分发挥市区协同保障作用，协助行政执法，提供维权咨询服务，现场共处理专利权侵权纠纷 74 件。在区域合作方面，上海市保护中心落实了京津冀联合开展电商领域知识产权侵权判定的相关工作方案，与北京市保护中心联合开展了针对京东、快手等电商平台的知识产权侵权判定咨询工作，提供了 658 件专利侵权判定的咨询意见。

上海市保护中心充分发挥高质量人才队伍在技术、法律方面的优势，协助行政执法，拓宽多元化解知识产权矛盾纠纷的保护渠道，营造良好营商环境。上海市保护中心选派预审员作为技术调查官参与专利侵权纠纷案件，以专业技术人才帮助行政执法部门准确高效认定技术事实，切实提升行政裁决工作效能。上海市保护中心协助市知识产权局开展专利侵权纠纷案件的口头审理，共进行了 15 次口头审理。在电商平台专利侵权判定方面，上海市保护中心为大型电商平台出具了 1901 件快速知识产权侵权咨询报告。此外，上海市保护中心持续加强展会知识产权保护力度，制定驻展"三一一"工作机制，加强展前培训、展中服务、展后复盘，形成一张清单、做好一站式服务，入驻第六届进博会等 23 个大型展会，协调解决知识产权侵权纠纷共计 191件，主动为参会企业提供知识产权维权援助。

（二）纠纷多元调解

2022 年，为了更好地发挥知识产权快速协同保护效能，满足社会公众和创新主体需求，国家知识产权局确定北京、天津、吉林、上海、江苏、浙江、安徽、山东、四川；南京、苏州、常州、宁波、济南、烟台、潍坊、郑州、武汉、长沙、广州、深圳、佛山、珠海、三亚、昆明；义乌、绍兴市柯桥、晋江等 9 省 16 市 3 县为第一批知识产权纠纷快速处理试点地区。2023 年，有序扩大试点范围，确定河北、内蒙古、黑龙江、福建、甘肃；沈阳、南通、徐州、杭州、温州、厦门、泉州、赣州、景德镇、东营、西安、克拉玛依；海宁、温岭、桐乡、云和、安吉等 5 省 12 市 5 县为第二批知识产权纠纷快速处理试点地区。试点工作开展以来，各试点地区以业务标准化、程序规范化为抓手，发挥国家级知识产权保护中心、快速维权中心专业人才和资源汇聚优势，促进纠纷前段化解，强化部门沟通协作，推动调解、仲裁等多元力量参与，推进多部门、各环节高效衔接，从"单赛道"升级为"多赛道"。多个试点地区探索充分利用数字化、信息化手段，加强线上线下联动，有效提高纠纷处理效率。截止到 2023 年 7 月，累计快速处理各类知识产权侵权纠纷案件超过 4000 件，平均办理周期相比法定时限压缩 50% 以上。❶

北京市保护中心制定《2023 年北京市知识产权纠纷多元调解工作要点》，发布 2022 年调解工作年报及十大典型案例。北京市保护中心指导多个知识产权纠纷人民调解委员会（以下简称调委会）多元调解工作，各调委会受理纠纷 16397 件，调解结案 8434 件，调解成功 6627 件，调解成功率 78.57%，创历年新高。北京互联网法院首个法官工作站、北京知识产权法院"法护创新"普法驿站先后落地中心。北京市保护中心持续发挥巡回审理庭作用，联合各级法院举办巡回审理旁听、研讨交流活动 10 余次；建成知识产权纠纷处理"一点通"服务系统，线上集成各类维权渠道资源，构建线上线下相结合的"一站式"纠纷解决机制；深度参与各级法院诉源治理工作，指导调解组织与北京知识产权法院建立诉中委托调解机制，成功调解 16 件二审案件；与朝阳区人民法院等签署《"朝知云调解平台"合作框架协议》，建立在线"诉前指导＋案件调解＋司法确认"的"互联网＋"纠纷化解新模式，实现诉前、诉中调解全覆盖。❷

河北省保护中心在知识产权纠纷调解领域取得了显著成效，受理 1220 件人民调解案件，完成调解 1240 件（含 2022 年案件），涉案金额达到 2.408 亿元。河北省保护中心组织召开河北省知识产权多元化纠纷调解协调指导委员

❶ 中华人民共和国中央人民政府. 知识产权局确定第二批知识产权纠纷快速处理试点地区.［EB/OL］.（2023 － 07 － 28）［2024 － 03 － 25］. https：//www. gov. cn/lianbo/bumen/202307/content_6895098. html.

❷ 北京市知识产权保护中心. 数说 2023 北京保护中心这一年［EB/OL］.（2024 － 01 － 16）［2024 － 03 － 21］. https：//mp. weixin. qq. com/s/nwocTH8GuRMRGZ66GBQ5nQ.

会年度工作推进会，进一步加强了纠纷多元化解的协同配合，有助于构建更加完善的知识产权纠纷解决机制。河北省保护中心还注重调解员队伍的建设和能力提升，向 171 名调解员发放了新版《调解员培训教材》，规范了调解案件处理流程，为确保调解工作的规范化和标准化打下了坚实的基础。

合肥市保护中心通过与法、检、公、司等 9 个单位的紧密合作，建立纠纷多元化解决机制。合肥市保护中心牵头印发了《关于加强知识产权快速协同保护的合作框架意见》，为知识产权保护工作提供了明确的指导。同时，合肥市保护中心组建了全市首支知识产权纠纷人民调解员队伍，并扩充至164 人，推动全市各县区共建设 14 支知识产权人民调解组织并入驻法院"总对总"平台，通过定期组织专业培训，持续提升调解员的业务水平和能力，确保了调解工作的质量和效果。此外，合肥市保护中心强化了跨部门协同配合，完善了行政裁决先行调解创新机制，通过发挥"集中人民调解 + 司法确认"、"先行行政调解 + 司法确认"和"调解 + 仲裁确认"等创新模式效用，提升了纠纷化解的质量和速度，有效降低了维权成本。运行两年来，合肥市保护中心累计接受合肥市知识产权法庭、高新区法院等单位诉前、诉中委托调解案件 236 件，化解成功率超 90%，累计平均处理周期 27.7 天，整体案件纠纷化解周期压缩 50% 以上，大幅降低了当事人的维权成本。

天津市保护中心通过与法院的紧密合作，深入推进知识产权协同保护工作。天津市保护中心落实与天津市第三中级人民法院（以下简称天津三中院）的合作机制，定期与天津三中院知识产权法庭开展知识产权保护协作座谈交流，不断深化合作内容，创新合作方式，积极协助天津三中院知识产权法庭开展知识产权纠纷案件巡回审理工作；为发挥人民调解委员会在知识产权多元解纷中的作用，天津市保护中心工作人员加入天津三中院诉前联合人民调解委员会成为特邀调解员，接受天津三中院诉前委托调解知识产权纠纷46 起。天津市保护中心持续推进与天津市和平区人民法院（以下简称和平法院）知识产权纠纷诉前调解工作，接受和平法院委托调解知识产权纠纷案件333 起；联合和平法院开展企业知识产权法律风险防范主题讲座，以及知识产权案件巡回审理工作，有效提高市场主体知识产权保护意识，护航企业高效发展。

上海市保护中心与上海知识产权法院、上海市高级人民法院、上海市仲裁委积极构建司法行政保护衔接机制，为企业提供便捷的维权途径。上海市保护中心受理法院诉前委派或诉中委托案件4852件，调解成功1519件，调解成功率达31%，进一步压缩了企业维权成本和周期，有效提升纠纷化解效率。与上海知识产权法院联合编撰并发布《上海市知识产权诉调对接调解指引及典型案例》（1.0版），有助于统一调解标准，提高调解工作的专业性和规范性。此外，上海市保护中心还举办了知识产权纠纷多元化解决机制论坛，线上观看人数达1.98万人次，汇集了行业权威组织机构的建言献策和经验，推动了诉调工作建设。

六、快速维权

2020年6月，国家知识产权局印发《关于进一步加强知识产权维权援助工作的指导意见》，对维权援助工作作出全面部署。2022年，全国维权援助机构共办理知识产权维权援助申请7.1万件。2023年2月，国家知识产权局制定《知识产权维权援助工作指引》，明确维权援助工作体系构建的方式和路径，规范维权援助机构运行管理，细化并统一了维权援助工作程序和业务标准。快速维权是保护中心的重要服务工作之一，为创新主体和社会公众的知识产权维权需求提供公益援助。2023年，全国保护中心共受理知识产权维权援助请求2.4万余件。下文以几个典型保护中心为例，介绍保护中心快速维权业务开展情况（除特殊说明外，数据均为2023年数据）。

河北省保护中心按照《知识产权维权援助工作指引》要求，征集知识产权维权援助工作站41家、合作单位54家，设立河北省（邢台）知识产权维权援助分中心，形成覆盖省、市、县三级立体式、专业化知识产权保护服务体系，受理并结案维权援助案件602件。获批设立海外知识产权纠纷应对指导中心河北分中心，构建起海外纠纷应对指导"一站式"平台，发送海外纠纷应对指导提示函并开展应对指导工作86件，为企业提供全方位海外知识产权纠纷应对指导6次。设立首家河北省海外知识产权保护（美国）服务工作站、海外知识产权纠纷应对指导邢台工作站，进一步扩展服务链条。为了提升服务质量，河北省保护中心聘任了美国、德国等国的8名外籍专家，充实了河北省海外维权保护服务专家库，为河北省的企业提供了一个更加国际化、专业化的知识产权保护咨询服务平台。同时，针对监测到的海外知识产权纠纷,河北省保护中心能够提供专业的应对指导方案,并与京、津专家召开技术分析交流会,帮助企业在产品出海前做好前瞻性预警,有效规避潜在的知识产权风险。

合肥市保护中心加强维权援助机构建设和管理,组织县区、科研院所、重点企业成立各类维权保护工作站近30家。制定《合肥市知识产权维权援助工作手册》,指导全市维权援助机构工作,编织高效、便捷的知识产权协同保护联动网,延伸服务资源到基层一线。挂牌中国(安徽)知识产权维权援助中心合肥分中心、国家海外知识产权纠纷应对指导中心安徽分中心合肥工作站,指导企业有效应对知识产权维权及海外风险诉讼难题。运行两年来,累计完成知识产权维权援助100件、海外知识产权纠纷应对指导18件。

天津市保护中心制定《天津市知识产权保护中心2023年度知识产权维权援助工作方案》,修订《天津市知识产权保护中心维权援助工作流程》,确保了维权援助工作的规范性和有效性。天津市保护中心共受理知识产权维权援助171起,针对咨询人提出的维权援助申请提供咨询意见,解读知识产权相关法律法规,进行专利技术特征比对,介绍经验做法和扶持政策,切实指导企业充分利用知识产权制度激励创新,不断强化知识产权保护意识。此外,天津市保护中心主动面向重点创新主体开展了2次维权援助专项活动,提升企业的知识产权保护能力,增强知识产权纠纷的应对能力。针对海外知识产权纠纷,中心向7家企业发送了《海外知识产权纠纷应对提示函》,为企业在知识产权海外纠纷的应对处理方面提供了规范化、制度化的指导建议,为企业的国际化发展提供了有力的法律支持。借助京津冀知识产权协同保护机制,天津市保护中心联合北京市知识产权维权援助中心、河北省保护中心、天津滨海新区保护中心开展了六期"海外知识产权保护问题研讨交流"活动,内容涉及美国"337"调查程序及最新动态、欧洲专利布局与维权、涉外标准必要专利诉讼等,为京津冀地区的创新主体提供了全面、高效的知识产权保护服务。

上海市保护中心在知识产权侵权多发的重点企业和行业协会设立了维权援助机构,新增了新材料行业协会等6家维权援助工作站,出台《上海市知识产权保护中心维权援助工作站"特派员"管理暂行规定》,打通知识产权服务企业"最后一公里",通过"特派员"制度,能够更精准地对接企业需求,提供个性化、定制化的服务。针对海外知识产权纠纷,上海市保护中心组建了由 67 名维权援助专家、91 名调解员、78 名技术专家组成的海外纠纷应对指导专家库，为创新主体提供高质量、高效率的维权援助服务；与第三方专业机构建立海外知识产权案件监控长效合作交流机制，开展海外案件的监测、跟踪及分析调查，及时为企业提供预警服务，加强应对策略指导；与上海国际仲裁中心签署合作备忘录，探索海外多元纠纷化解新模式；与浙江省、江苏省保护中心和安徽省知识产权事业发展中心联合签署了《海外知识产权纠纷应对指导合作框架协议》，一体推进长三角海外知识产权纠纷应对合作；建立首批海外知识产权维权援助机构库，覆盖日本、美国、德国等纠纷频发的重点国家；整理编撰有关海外知识产权纠纷应对实务操作规定性和指导性文件，发布《海外"一带一路"专利及商标申请实务指引》；积极为上海市企业提供涉外知识产权援助，在海外纠纷应对中融入调解机制。

七、专利导航与专利转化运用

2013 年 4 月，国家知识产权局发布《关于实施专利导航试点工程的通知》，提出专利导航是以专利信息资源利用和专利分析为基础，把专利运用嵌入产业技术创新、产品创新、组织创新和商业模式创新，引导和支撑产业实现自主可控、科学发展的探索性工作。2021 年 6 月，用于指导规范专利导航工作的《专利导航指南》（GB/T 39551—2020）系列国家标准正式实施。2021 年 7 月，国家知识产权局办公室印发《关于加强专利导航工作的通知》，要求各地区要结合本地实际，指导保护中心等公益事业单位，以支撑政府部门组织实施专利导航专项政策、支撑政府部门规划实施专利导航项目、承担政府部门专利导航业务联动机制日常工作等为主要工作职责，为推进服务基地建设做好服务。

2023 年 10 月，国务院办公厅印发《专利转化运用专项行动方案（2023—2025 年)》，要求各地区各部门结合实际，充分发挥知识产权制度供给和技术供给的双重作用，着力打通专利转化运用的关键堵点，推动一批高价值专利实现产业化，推进一批主攻硬科技、掌握好专利的企业成长壮大，梳理盘活高校和科研机构存量专利，以专利产业化促进中小企业成长，推进多元化知识产权金融支持，加强促进转化运用的知识产权保护工作。

推动专利导航与专利转化运用工作是保护中心重要工作内容之一，下文以典型保护中心为例，详细介绍保护中心推进专利导航和专利转化运用工作开展情况（除特殊说明外，数据均为 2023 年数据）。

中关村保护中心持续推进专利转化运用工作。一是与驻区高校院所、央企、代理机构积极对接，联合驻区高校院所、产业园区等创新主体组织 10 余场先使用后付许可等新一轮科技成果转化先行先试政策解读活动，组织动员驻区 17 家高校院所参与试点，联合高校和科研院所围绕生物医药、现代农业、智能制造等重点产业领域组织 15 场"火花"路演、成果推介等活动。二是推进"先使用后付费"专利许可试点案例落地，走访调研 30 余家驻区高校和科研院所，梳理专利运用、科技成果转化面临困难及建议需求，鼓励更多高校和科研院所参与试点工作。截至 2023 年，先使用后付费许可落地海淀案例 7 项。三是开展科技成果信息汇交工作，组织驻区创新主体汇交科技成果信息，截至 2023 年，累计汇交全区科技成果 259 项，涉及专利 1200 余项，为区域推进成果供需匹配、转化交易奠定良好基础。加强与高校院所、科技企业、技术转移代理机构的协同合作，通过中国技术交易所"专利开放许可信息发布和交易服务平台"公开发布 60 余家驻区创新主体 2500 余项开放许可专利。四是推进知识产权综合运用公共服务，开展知识产权运营办公室建设等知识产权运营工作，专项支持高校和科研院所知识产权运营办公室能力建设，截至 2023 年共挂牌 30 家高校院所知识产权运营办公室，协助海淀区知识产权局推进海淀区高价值运营培育中心建设以及协助举办"2023 中国·海淀高价值专利培育大赛"。

河北省保护中心强化专利导航服务，促进知识产权转化运用。一是开展国家级专利导航服务基地建设，结合向相关部门征集的专利导航项目需求，确定 2023 年度 6 个专利导航服务项目，开展 5 场"专利导航指南"系列国家标准的宣贯活动，举办 2 场专利导航项目成果发布会，为县域特色产业集群未来的发展提供了重要的参考和帮助。二是助力河北省专利开放许可试点工作，对各地市报送的专利开放许可材料进行信息采集、形式审查及内容核查，对符合条件的 624 件进行了公开发布，达成开放许可 286 项。三是开展知识产权金融服务工作，配合河北省知识产权局推进专利权质押贴息和专利保险补助项目，对补助申报材料进行形式审查及补正材料的复核，起草河北省知识产权金融联盟筹建方案，启动河北省知识产权金融联盟建设工作。

合肥市保护中心充分发挥导航服务基地平台的优势，针对合肥市的重点战略性新兴产业，将专利导航作为知识产权支撑产业创新的重要手段。一是树牢"产业所需即是导航所向"工作理念，以服务产业创新和政府决策为己任，与市直重点经济部门建立工作对接机制，通过电话询访、登门拜访和实地走访，积极主动对接重点产业园区、重点经济部门和重点企业，建立专利导航合作机制。二是建成以专利数据库为核心，以商标、地理标志数据库为补充的数据库集群，为导航项目实施提供数据支撑。面向重点企业、产业园区、知识产权服务机构开展"专利导航指南"和知识产权快速协同保护专题培训，有效推广专利导航相关知识。三是主动对接合肥市重点产业链专班和重点经济部门，推送重点产业规划类导航分析报告，为企业经营决策、产业发展规划和政府决策提供实用的参考和支持，确保项目成果具有实际应用价值。

上海市保护中心充分发挥专利导航及理论研究引领职能，开展专利导航服务及重大课题研究，加快专利转化效率，推动创新成果向现实生产力转化，为上海实施创新驱动发展战略提供有力保障。一是加快专利导航基地建设，上海市保护中心成功入选首批国家级专利导航服务基地。根据基地建设要求，举办了为期3天的"专利导航分析实务研修班"，提升了技术人员的业务素质和专业能力，为专利导航服务的质量提供了保障。二是推广《专利导航指南》系列国家标准，充分发挥专利导航对创新发展的引领作用，先后举办了3次以专利导航为主题的公益培训，受众近300人，提高了企业知识产权从业人员的专业水平，加强了专利导航服务的专业性和实效性。

第三节 快维中心介绍

快维中心的重点任务在于强化快速维权，优化快速预审，加强统筹协调。快维中心的主要职责包括：一是快速预审，建立外观专利预审快速通道，针对行政区域内备案企事业单位提出的专利申请开展预审服务；二是知识产权协同保护，支持执法协作，推进与司法衔接、仲裁合作，快速调解各类知识产权纠纷；三是快速维权，开展知识产权维权援助，提供专利侵权判定咨询等服务，构建知识产权信用体系；四是综合服务，提供知识产权政策咨询、宣传培训、专利导航及运营、专利分析预警等综合服务。

一、专利预审分类号表

截至 2024 年 1 月，全国在建和已建成运行的国家级知识产权快速维权中心数量达到 42 家。其中，32 家快维中心的专利预审分类号表参见表 5 - 5，可根据第 14 版《国际外观设计分类表》❶ 查看表 5 - 5 中所列洛迦诺分类小类下的产品项；上海奉贤（化妆品）快维中心、禹州（钧瓷）快维中心和邳州（生态家居）快维中心未核定分类号；宜兴（陶瓷）快维中心、常熟（纺织服装）快维中心、南通海安（家具）快维中心、台州黄岩（塑料制品）快维中心、金华永康（五金）快维中心、湖州吴兴（童装和丝绸）快维中心和广州番禺（珠宝和动漫）快维中心仍在建设中。

表 5 - 5　快维中心专利预审分类号表

编号	中心名称	洛迦诺分类号
1	中山（灯饰）快维中心	2601；2602；2603；2604；2605；2606；2699
2	南通（家纺）快维中心	0201；0202；0205；0301；0502；0503；0504；0505；0506；0609；0610；0611；0612；0613；0903；0905
3	北京朝阳（设计服务业）快维中心	0201；0202；0203；0204；0205；0206；0207；0299；0601；0602；0603；0604；0605；0606；0607；0608；0609；0610；0611；0612；0613；0699；1101；1102；1103；1104；1105；1199；1401；1402；1403；1404；1406；1499；2101；2102；2103；2104；2199
4	杭州（制笔）快维中心	1901；1902；1903；1904；1905；1906；1907；1908；1999
5	东莞（家具）快维中心	0601；0602；0603；0604；0605；0606；0607；0608；0609；0610；0611；0612；0613；0699
6	顺德（家电）快维中心	0702；1507；2304；3100；2301；2303；1505
7	广州花都（皮革皮具）快维中心	0301；0302；0303；0304；0399；0305
8	景德镇（陶瓷）快维中心	0701；2306；2307；2308；1102；0901；2501

❶ 国家知识产权局. 第 14 版《国际外观设计分类表》大类和小类表．［EB/OL］.（2023 - 02 - 16）［2024 - 04 - 03］. https：//www. cnipa. gov. cn/col/col3163/index. html.

续表

编号	中心名称	洛迦诺分类号
9	镇江丹阳（眼镜）快维中心	1606
10	阳江（五金刀剪）快维中心	0801；0802；0803；0804；0805；0899；2803；0709
11	厦门（厨卫）快维中心	2301；2306；2307；2308
12	温州（服饰）快维中心	0201；0202；0203；0204；0205；0206；0207；0299
13	郑州（创意产业）快维中心	不限制分类号
14	重庆（汽车摩托车）快维中心	0601；0609；0611；0806；0807；0808；1004；1005；1208；1211；1216；1301；1302；1303；1401；1402；1403；1404；1501；1502；1908；2304；2606
15	汕头（玩具）快维中心	2101
16	成都（家居鞋业）快维中心	0204；0602；0601；0603；0604；0605；0606；0607；0608；0609；0610；0611；0612；0613；0699
17	潮州（餐具炊具）快维中心	0701；0702；2306；2307；2308
18	义乌（小商品）快维中心	0201；0204；0206；0301；0401；0607；0608；0611；0613；0701；0702；0705；0804；1101；1102；1904；1906；1908；2101；2104；2602；2802；2803；2804
19	武汉（汽车及零部件）快维中心	0505；0506；0601；0603；0609；0610；0611；0710；0806；0807；0808；0809；0810；0908；0909；1003；1004；1005；1006；1007；1201；1208；1210；1213；1214；1215；1216；1299；1301；1302；1303；1304；1399；1401；1402；1403；1404；1405；1406；1499；1501；1502；1505；1507；1508；2301；2303；2304；2606；2703；2803；2901；2902；3100
20	宁津（健身器材和家具）快维中心	0601；0602；0603；0604；0605；0606；0607；0608；0609；0610；0611；0612；0613；0702；0801；0802；0803；0804；0805；0806；0807；0808；0809；0810；0811；0901；0902；0903；0904；0905；0906；0907；0908；0909；0910；1102；1205；1216；1501；1502；1503；1504；1505；1506；1507；1509；1510；2102；2104；2301；2303；2304；2401；2501；2502；2503；2504；3002；3003；3011；3100

编号	中心名称	洛迦诺分类号
21	绍兴柯桥（纺织）快维中心	0201；0202；0203；0204；0205；0206；0207；0299；0303；0304；0501；0502；0503；0504；0505；0506；0599；0609；0610；0611；0612；0613；0699；0903；1505；1506；3001；3006
22	晋江（鞋服和食品）快维中心	0101；0103；0104；0201；0202；0203；0204；0205；0206；0207；0301；0305；0399；0504；0505；0506；0701；0704；0799；0901；0902；0903；0905；0907；1506；1509；1908；3001；3100
23	安吉（绿色家居）快维中心	0201；0202；0204；0301；0304；0501；0505；0601；0602；0603；0604；0605；0606；0607；0608；0609；0610；0611；0612；0613；0699；0701；0703；0904；1102；2101；2502；3002；3006
24	桐乡（现代服饰）快维中心	0201；0202；0203；0204；0205；0206；0207；0299；0301；0303；0304；0501；0502；0503；0504；0505；0506；0599；0609；0610；0611；0612；0613；0699；0705；0905；0906；1104；1105；1505；1506；1802；2003；2104；2706；2804；3001；3006；3200
25	海宁（纺织服装与家居）快维中心	0201；0202；0203；0204；0205；0206；0207；0301；0399；0501；0502；0503；0504；0505；0506；0601；0602；0603；0604；0605；0606；0607；0608；0609；0610；0611；0701；0702；0704；0705；0706；0710；0799；1102；1505；1506；2301；2303；2304；2306；2308；2501；2502；2599；2604；2605；2902
26	云和（木制玩具）快维中心	0301；0604；0606；0701；0903；1102；1906；1907；2101；2102
27	霸州（家具）快维中心	0601；0602；0603；0604；0605；0606；0607；0608；0609；0806；0809；2002；3006
28	曹县（演出服装和林产品）快维中心	0202；0203；0204；0205；0206；0207；0299；0303；0304；0601；0602；0603；0604；0605；0606；0607；0608；0609；0610；0699；0702；0703；0706；0707；0709；0902；0903；0904；0909
29	漯河经济开发区（食品）快维中心	0101；0102；0103；0104；0105；0106；0199；0506；0701；0702；0704；0706；0707；0709；0803；0805；0901；0902；0903；0905；0907；0999；1509；1599；1908；2002；3100

编号	中心名称	洛迦诺分类号
30	温岭（通用机械）快维中心	0702；0801；0803；0804；0805；0806；0807；0808；0899；0903；0905；0909；1004；1005；1007；1205；1208；1211；1216；01301；1302；1303；1501；1502；1503；1504；1505；1506；1509
31	宁波鄞州（智能电器）快维中心	0603；0604；0702；0705；0710；0801；0802；0803；0807；1001；1004；1005；1006；1301；1302；1303；1304；1401；1402；1403；1404；1405；1406；1505；1506；1507；1509；1601；1602；1603；1604；1801；1802；2301；2303；2304；2401；2402；2602；2603；2604；2605；2803；2901
32	青岛西海岸新区（机电产品）快维中心	0702；1005；1007；1202；1205；1206；1207；1208；1213；1216；1301；1302；1303；1399；1401；1402；1403；1404；1501；1502；1503；1504；1505；1506；1507；1509；1510；1599；2001；2003；2301；2303；2304；2401；3100

二、专利申请预审

下文以典型快维中心（以快维中心获批同意建设的时间为序）为例，详细介绍各快维中心专利申请预审工作开展情况（除特殊说明外，数据均为2023年数据）。

（一）义乌（小商品）快维中心

义乌市知识产权维权服务中心成立于2018年11月，集聚了义乌（小商品）快维中心（以下简称义乌快维中心）、国家知识产权局商标业务义乌受理窗口、上海商标审查协作中心马德里商标国际注册义乌联络部、义乌市版权保护中心，配套义乌市知识产权诉调对接中心等知识产权服务资源，一揽子解决国内商标注册、马德里商标国际注册、变更、转让和版权登记、小商品外观设计专利快速授权、快速确权、快速维权等34个事项，打造知识产权"一件事"平台，实现知识产权"一站式"服务。打造知识产权"一件事"服务平台相关做法相继入选2020年度浙江省市场监督管理局二十大改革案例、浙江省2021年度县乡法治政府建设"最佳实践"项目、2022年中国

（浙江）自由贸易试验区金义片区最佳制度创新案例、2023 年浙江自贸试验区第一批省级制度创新成果案例。

1. 专利申请预审制度建设

（1）完善预审工作制度体系

围绕主体备案管理、预审领域确定、预审的实施和规范化管理四项预审工作，对照国家知识产权局《专利申请预审业务管理办法（试行）》，细化完善备案主体预审服务管理办法，完善预审员预审能力提升体系建设方案，健全备案规范化管理、预审质量管理、业务流程管理、周期管理等各项制度。

（2）强化创新源头，提升预审质量

在备案主体管理上，义乌快维中心实施备案主体名单动态管理，对于违反预审规定或未能达到预审质量要求的备案主体，中心将采取暂停预审服务或取消备案主体资格等方式维护专利预审工作秩序。在专利预审的规范化管理上，完善专利预审请求指南，明确预审请求的接受范围、文件要求和提交程序，便于备案主体理解和遵循。在预审质量管理上，明确案件接受、初步预审和实质性预审等方面的预审质量要求，确保预审结果的准确性和有效性。

2. 知识产权宣讲服务

（1）组织开展对外公益培训

义乌快维中心致力于服务创新主体，组织开展"专利预审服务系列培训"，帮助企业更好地理解和运用专利申请预审服务。培训采用"普适宣讲＋重点座谈"相结合的方式，围绕专利申请预审业务流程及规范、备案程序、审查领域的国际专利分类（IPC）分类号、典型案例等内容，重点对专利预审管理平台使用、专利预审受理条件与材料等进行了针对性讲解，并对参训企业提出的问题进行详细解答，确保培训内容既有广度又有深度。

（2）开展知识产权宣讲活动

义乌快维中心定期组织以"高价值专利培育和申请""外观设计专利高质量申请"为主题的讲座，为企业提供一系列知识产权方面的专业指导和实践建议。专家从挖掘高价值专利、申请主体备案流程及管理、提升专利申请质量等多个角度，理论结合实际，帮助在场企业强化知识产权意识，促进创新成果的有效保护和商业化运用。

（3）拓展预审服务范围

为了更好满足市场主体需求，义乌快维中心积极向国家知识产权局争取扩大小商品外观设计专利预审范围，2024 年 1 月 23 日，国家知识产权局正式批复义乌快维中心专利预审服务权限由原先的内衣、袜子、饰品、工艺品、玩具 5 个小商品产业领域拓展至手套、箱包、化妆品等 24 个小商品产业领域。此次专利预审服务权限增项，将惠及义乌市更多的小商品产业、企业在外观设计专利方面获得快速授权，为义乌小商品产业原创企业参与市场竞争赢得时间、抢占先机，助推义乌产业升级和经济结构优化。

3. 拓展业务

在义乌苏溪镇设立的知识产权维权服务分中心，是义乌快维中心为了更好地服务地方企业和推动地区经济发展而采取的重要举措。通过将商标注册、小商品外观专利预审受理服务窗口前移，分中心为当地企业提供各类知识产权业务办理、信息查询、智能提醒等"一站式服务"。分中心工作人员通过完成流程咨询、政策宣传、材料预审、代缴费用等服务环节，让企业在家门口就能享受高效、便捷的知识产权服务。

（二）安吉（绿色家居）快维中心

安吉（绿色家居）快维中心（以下简称安吉快维中心）于 2021 年 1 月由国家知识产权局批复同意建设，自 2022 年 12 月正式运行。安吉快维中心面向全县范围内绿色家居产业的申请主体免费提供外观设计专利预先审查服务，通过预审后进入快速审查通道，审查周期缩短至 10 个工作日；受理知识产权纠纷调处申请，推进知识产权纠纷多元化解机制，在行政执法、司法审判、多元调解、维权援助等业务中提供政策咨询、法律援助等服务；提供知识产权公共存证、质押融资、知识产权预警、专利导航、业务培训等公共服务，提供商标、版权、地理标志等咨询服务，打造全门类、一站式、全链条知识产权综合服务。安吉快维中心在第四届全国知识产权快速协同保护业务竞赛中夺得团体一等奖，获 2023 年度浙江省市场监管平安建设工作成绩突出集体称号，安吉知识产权维权援助工作获评全省知识产权维权援助工作绩效评价优秀。

1. 专利申请预审制度建设

安吉快维中心在完善专利申请预审制度方面采取了一系列措施，以确保专利申请预审业务的规范性、高效性开展。建立《专利申请预审业务管理办法》，包括预审操作流程管理工作、预审质量与周期管理工作、预审能力提升工作，对涉及非正常申请的企业及合格率低的企业，采取约谈、暂停预审资格等措施。根据国家知识产权局《专利申请预审业务管理办法》文件精神，制定《备案主体、代理机构预审服务管理办法》，严格审核备案主体与代理机构，规范备案主体与代理机构提交预审请求。

2. 知识产权宣讲服务

安吉快维中心线上线下累计举办知识产权业务培训会 9 场，受众达 1500 余人次，加强了企业对知识产权重要性的认识，提升了企业知识产权管理能力。从知识产权相关政策背景、知识产权的概念和种类、知识产权之专利、专利保护案例以及知识产权快速协同保护工作等几个方面进行宣讲介绍，帮助企业了解当前知识产权保护的法律环境和政策导向，增强企业的知识产权保护意识，快速应对知识产权侵权纠纷。邀请中国专利信息中心、浙江省保护中心、浙江省研究服务中心专家授课，课程涵盖外观设计专利预审系统业务知识、外观设计专利申请及预先审查、海外知识产权侵权纠纷应对等多门实操性课程，让企业能够更加精准地了解自身需求，获得针对性的知识产权服务。

3. 拓展业务

安吉快维中心主动服务创新主体，对重点企业采用台账式管理，与企业研发人员面对面交流，针对企业在专利申请中的疑问、创新研发中的困惑进行深入探讨，提供针对性的解决方案和建议。发挥中心专利人才资源优势，组织专业的知识产权团队，"一对一"为企业提供知识产权咨询和服务，增强企业的知识产权运用能力。

（三）桐乡（现代服饰）快维中心

2021 年 1 月，国家知识产权局批复同意建设桐乡（现代服饰）快维中心（以下简称桐乡快维中心）。桐乡快维中心于 2022 年 11 月通过验收，主要承担外观设计专利申请预审、外观设计专利侵权纠纷行政裁决和知识产权维权援助等服务。

1. 专利申请预审制度建设

（1）完善主体备案工作

桐乡快维中心完善《备案主体、代理机构预审服务管理办法》，规范预审请求程序和要求，明确预审请求文件要求和提交程序，实施预审请求的规范化管理。在备案初审阶段严格审查企业备案，对企业研发投入与知识产权占比有一定数量要求，同时选取相应产业领域内创新实力强、专利质量好、专利工作诚信度高的企业进行主体备案。压缩备案初审时间，对企业提交的备案申请，当日审核，当日提交。协同桐乡市市场监督管理局知识产权科等相关单位实施备案主体名单动态管理，对于需要整改的备案企业，主动暂停其备案资格，并提供"一对一"的指导和整改建议，确保企业能够及时改进并符合备案要求。完善代理机构注册标准，通过培训提高代理机构业务水平，确保代理机构能够为企业提供专业、高效的知识产权服务。

（2）建立完善预审制度

桐乡快维中心制定《预审管理制度（试行）》，并完善《预审流程管理制度》、《预审周期管理制度》、《预审质量管理制度》和《预审能力提升制度》等文件，为预审工作提供了明确的依据和标准，有助于提升预审服务的专业性和效率。这些制度的实施，不仅能够保障预审工作的质量和效率，还能够提高备案主体的满意度和信任度，进而促进桐乡市现代服饰产业的知识产权保护和创新发展。

2. 知识产权宣讲服务

（1）组织开展对外公益培训

桐乡快维中心积极开展 24 场线上线下培训，受众达 1500 余人次，发放宣传册 4200 余份，通过多样化的形式提高培训的吸引力和实效性，大力推广知识产权保护。通过服务进企业、进市场、进园区、进展会等方式，深入企业一线以及市场进行知识产权保护的宣传教育，鼓励企业和个人积极参与知识产权学习和讨论，营造浓厚的知识产权宣传培训氛围。

（2）开展知识产权宣讲活动

桐乡快维中心通过开展"一对一""一对多"精准宣讲服务模式，为企业提供了个性化的知识产权支持。走访重点纺织服装业企业、代理机构等服务对象，在提升企业知识产权保护、管理与运用等能力的同时，也鼓励企业培育新动能，通过技术创新和品牌建设，提升企业的核心竞争力。

3. 拓展业务

桐乡快维中心强化创新源头，优化企业服务，提升申请质量。通过走访企业，对企业设计款式进行"一对一"指导，提高企业预审合格率。针对部分企业在专利业务办理系统操作中遇到的困难，提供远程指导服务，通过手把手教学，帮助企业掌握系统操作。结合企业和市场的实际情况，特别是旺季时间，灵活调整预审放号量，以满足企业的需求。同时，根据实际情况灵活调整预审时间，确保预审工作的高效进行，减少企业等待时间。

4. 创新工作

桐乡快维中心通过自建预审图片库和优化预审流程，显著提高了预审工作的效率和质量。中心建立了自己的预审图片库，将接收到的预审案件图片加入到这个库中，作为预审检索的必要环节，有效地识别和避免重复提交相同案件的情况。实施预审流程管理，通过固定一个统筹案件分配员，中心能够根据案件的实际情况合理分配预审员，提高工作效率。同时，将相似或同一企业的案件分配至同一预审员，有助于预审员更好地理解案件背景和企业需求，提高预审的针对性和准确性。对于疑难案件，桐乡快维中心组织专题讨论，集中专家智慧和经验，共同探讨解决方案。通过上述措施，桐乡快维中心显著提高了预审速度和质量，平均预审周期缩短至 4.08 天。

（四）海宁（纺织服装与家居）快维中心

2021 年 1 月，海宁（纺织服装与家居）快维中心（以下简称海宁快维中心）由国家知识产权局批复同意建设，2022 年 12 月正式运行。自运行以来，海宁快维中心针对纺织、服装以及家居产业的经营主体，提供了快速授权、确权、维权的"绿色通道"，旨在降低企业维权成本，提高维权效率。此外，海宁快维中心还对符合条件的申请人拟提交的专利权评价报告请求进行审核，通过审核的申请将进入快速确权通道。❶

---

❶ 海宁（纺织服装与家居）知识产权快速维权中心. 专利权评价报告证明. ［EB/OL］. （2023 - 03 - 02）［2024 - 04 - 13］. https://39.175.164.94:9092/view/d426c8ab572a4fe6a598f6f0bf54f2f2.html.

1. 专利申请预审制度建设

海宁快维中心制定《备案主体预审服务管理办法（试行）》，明确备案条件、办事程序、材料要求和接收范围等，建立高质量、动态化、精细化备案主体档案。印发《专利预审服务质量管理办法（试行）》《专利预审周期管理制度（试行）》《预审业务操作规范（试行）》等文件，建立质量管理体系，严格遵守外观设计专利审查相关规定，对专利申请文件进行形式缺陷和明显实质性缺陷预审。制定《备案主体专利预审服务配额管理办法（试行）》，针对备案主体 2024 年外观设计专利预审服务案件额度进行规范化管理，研究拟订"N + X"专利预审服务配额模式，推动专利申请预审服务向更高质量产出、更快效率运转、更强资质配置、更优服务供给升级。❶

2. 知识产权宣讲服务

（1）组织开展培训

针对皮革城市场主体多、设计更新快、保护需求强的特点，海宁快维中心组建了知识产权讲师宣传服务队，并在皮革城市场举办了 10 多场知识产权保护专题宣传培训，已为 350 多家企业、800 余人次提供知识产权专业培训，确保企业能够及时了解和掌握知识产权相关的法律法规和保护措施，扫除企业知识产权盲区。

（2）开展宣讲活动

海宁快维中心充分利用"4·26"知识产权宣传周的契机，积极开展了一系列知识产权宣传活动，举办了十余次知识产权进企业、进平台、进镇街等活动，向企业宣传了知识产权的基本知识和法律法规，并推介了海宁快维中心提供的知识产权服务。

3. 能力提升

海宁快维中心制定《预审能力提升管理办法（试行）》，提升预审人员预审能力，鼓励预审员参加全国专利代理师资格考试和国家统一法律职业资格考试，以此提升预审人员的专业知识和法律适用水平，提高处理复杂知识产

---

❶ 海宁（纺织服装与家居）知识产权快速维权中心. 关于 2024 年外观专利快速预审服务申请情况的调查通知．［EB/OL］．（2024－02－27）［2024－04－13］．https：//39.175.164.94：9092/view/6e1dadf04af2473c93d617cdc5d5b1c2. html.

权问题的能力。定期组织召开专利代理机构预审工作会议，讨论预审过程中遇到的疑难问题，共同探讨解决方案，共同推进预审质量的提升。海宁快维中心针对重点、难点、薄弱企业，邀请专利代理机构主动上门服务企业，通过手把手的指导，帮助企业了解如何申请专利、如何开展专利维权，解答企业在申请过程中的具体问题。向企业提供《预审业务百问百答》等资料，帮助企业更好地理解和掌握预审业务的相关知识，持续为企业提供优质服务。

4. 创新工作

（1）数字化专利预审服务系统

海宁快维中心上线的专利预审系统是提供高效知识产权服务的重要举措，该系统为海宁市的企业在专利申请过程中提供快速预审和确权服务，对申请主体开展信息备案，接收预审服务申请。系统对预审过程进行流程管理、痕迹管理和统计管理，便于跟踪审查进度、收集和分析预审工作的各类数据，提高预审工作的规范性和透明度。

（2）知识产权数据服务平台

海宁快维中心开发的"知源码"系统是一个专为时尚产业设计的知识产权数据服务平台，可以实现知识产权的存储、溯源、出证、展示和分析，提升了知识产权服务的质量和效率。该平台上开设了企业专利优先审查管理通道，为企业提供快速、高效的外观设计专利优先审查服务，帮助企业更快地获得专利权，从而加速创新成果的商业化过程。

（五）霸州（家具）快维中心

霸州（家具）快维中心（以下简称霸州快维中心）于 2021 年 8 月由国家知识产权局批复同意建设，于 2023 年 4 月通过国家知识产权局验收正式运行，提供家具产品外观设计专利申请预审、专利费用减缓初审、专利侵权纠纷受理审查、快速调解、维权援助、专利查新等服务。

1. 专利申请预审制度建设

霸州快维中心持续完善各项制度，《备案主体预审服务管理制度》和《备案主体分级动态管理办法（试行）》等文件规定了备案主体的资格要求和备案流程，对备案主体进行分级管理，实施动态调整，激励企业提升知识产权管理水平；《预审流程管理制度》、《预审服务质量管理制度》、《预审周期管理制度》和《预审员能力提升体系建设机制》明确了预审工作的全流程管理规范，确保了预审结果的准确性和权威性，提升了预审服务的整体质量，建立了更加规范化、高效化的知识产权预审服务体系。

2. 知识产权宣讲服务

霸州快维中心组织开展"知识产权企业培训会"、"知识产权促创新培训会"、"高价值专利培育专题培训班"和"加强知识产权法治保障，有力支持全面创新企业培训会"等多次公益培训活动，从专利转化运用、商标品牌培育、知识产权海外维权等多维度，结合典型案例对企业进行政策法规讲解，强化企业创新意识和维权能力。通过开展公益培训，围绕知识产权全链条为企业提供高质量的知识产权公共服务供给，助力企业提高知识产权创造质量，强化知识产权保护综合效能。

3. 拓展业务

霸州快维中心以家具外观设计专利预审领域为重点，预审员深入企业，为企业提供专利申请辅导、外观设计视图内容把关、专利简要说明撰写等服务，确保企业提交的专利申请材料符合规定。为家具企业提供 162 次专利检索服务，帮助企业了解现有技术的发展趋势，避免重复研发。与河北工业设计中心开展座谈交流会，在霸州市成立工业设计中心，为霸州家具企业提供优质设计资源与服务。依托设计院校、设计公司及社会设计爱好人员，构建家具类外观设计素材库，为家具设计和生产企业提供丰富的设计素材。联合国内高等院校的优质设计资源，建立产学研合作基地，为家具企业的产品升级和创新提供智力支持。

（六）漯河经济技术开发区（食品）快维中心

漯河经济技术开发区（食品）快维中心（以下简称漯河快维中心）于2021 年 11 月 24 日由国家知识产权局批复同意建设，于 2023 年 12 月通过国家知识产权局验收正式运行，面向漯河市食品产业市场主体提供集外观设计专利快速预审、快速维权、快速协调于一体的一站式综合服务。

1. 专利申请预审制度建设

漯河快维中心出台了《专利预审服务工作规范（试行）》等八项制度，内容包括专利预审服务工作规范、专利预审服务质量管理办法、申请主体备案管理办法等，对质量管理等进行明确的规定。漯河快维中心还制定了备案规范化、预审服务请求提交、预审周期等管理制度，进一步优化了外观设计专利预审服务流程，压缩预审周期，建立了科学、规范、严谨的工作流程。

2. 知识产权宣讲服务

（1）对外公益培训

为进一步提高社会知晓度，把更多符合条件的市场主体纳入快速预审服务通道，漯河快维中心采取"一对一"小班式培训、重点企业专项培训、邀请专家大规模集中培训等多种形式，组织企业和代理机构开展宣传培训，使漯河市创新主体进一步了解快维中心职能、备案流程、快速预审专利申请流程等业务。

（2）知识产权宣讲活动

漯河快维中心利用"3·15"消费者权益保护日、"4·26"知识产权宣传周和漯河食博会等节假日举行大规模集中宣传活动，通过设置咨询台、发放宣传资料等形式向企业和群众普及宣传知识产权法律法规，营造广大创新主体、社会公众积极参与，共同构建保护创新、尊重知识产权的文化氛围。深入开展"万人助万企"入企帮扶宣讲活动，对企业在知识产权工作中遇到的困难与问题给予解答，不断提高企业的知识产权创新意识和保护意识。

3. 能力提升

漯河快维中心启用预审管理平台，实现预审业务受理、分案、预审意见、质检等全流程业务线上处理，为漯河市申请主体提供了快速、低成本、高效的预审申请服务。积极利用中国外观设计专利智能检索系统和购买的商业数据库，通过在多家电商平台进行对比分析，为企业的专利申请提供详细的检索服务，有效提高外观设计专利的授权率。举行业务培训，邀请专利审查协作北京中心专家对预审人员进行业务培训，及时更新预审专业知识库，提升预审员业务能力。

三、知识产权协同保护

下文以典型快维中心（以快维中心获批同意建设的时间为序）为例，详细介绍各快维中心知识产权协同保护工作开展情况（除特殊说明外，数据均为 2023 年数据）。

（一）协助行政执法

海宁作为第二批知识产权纠纷快速处理试点地区，海宁快维中心通过出台一系列措施，加强了知识产权纠纷的快速处理能力。一是畅通线上线下知识产权纠纷受理渠道，制定了专利侵权案件的繁简分流标准，提速专利侵权判定流程，推进快裁、快结。二是制定先调后裁的机制，积极化解知识产权纠纷，"1 + 2 + 3"的知识产权纠纷化解工作法入选浙江省政法"全省新时代'枫桥式工作法'"名单。三是积极配合海宁市市场监督管理局综合执法大队开展假冒专利检查及执法行动，在处理涉及假冒专利的重大案件时，海宁快维中心通过"共同体"协同机制，与海宁市人民法院、海宁市检察院、海宁市公安局和海宁市市场监督管理局共同研讨案情，实现"行刑衔接"。四是协助开展皮革城知识产权保护巡查、"雷霆"系列知识产权保护专项行动、"双打护企"百日执法行动等，累计出动检查人员 121 人次，共检查商户近2000 家，覆盖从业人员 5000 人。

漯河快维中心在构建市、县（区）联动执法机制中发挥了重要作用，特别是在提供技术支持和强化行政保护方面做出了积极贡献。一是与漯河市市场监督管理局知识产权保护科、综合执法支队深度协作，共同建立起以漯河市市场监督管理局为主导、漯河快维中心为技术支撑的执法联动机制。二是与河南省知识产权维权保护中心进行协调对接，积极参与食品行业电商执法，探索建立电商领域知识产权保护长效机制，以应对网络环境下知识产权保护的新挑战。

（二）衔接知识产权司法保护

义乌快维中心一是开展知识产权纠纷案件巡回审理。2019 年 11 月 27日，国家知识产权局商标局在义乌开展商标巡回评审工作，此次巡回评审委托义乌市市场监督管理局承办，由商标评审部门派员组成两个合议组，对一件商标无效宣告案和一件商标不予注册复审案进行口头审理，两件浙江地区当事人的商标争议在"家门口"得到解决。二是推进知识产权多元解纷，联合多部门成立知识产权纠纷专业调解平台"义乌市知识产权诉调中心"，建立"行政、司法、仲裁、调解"四位一体的知识产权纠纷多元化解决机制，形成"政府主导、社会协同、公众参与"的知识产权多元共治格局。平台节约司法、行政资源，促进知识产权纠纷的繁简分流，起到了知识产权纠纷解决"主渠道"作用，为市场主体提供便捷、专业、高效的知识产权侵权纠纷调解服务。截至2024年1月，平台成功化解各类知识产权纠纷超7000起，标的总额近12亿元。三是建立区域协同保护机制，协同检察院、法院、公安、司法、海关等部门全面深化知识产权保护工作联席会议制度，搭建涵盖知识产权快速审查、确权、维权、司法衔接的全链条知识产权协同保护平台，提供更加快捷、简便、经济的纠纷解决方式和更加优质的法律服务，实现不同救济方式的良性互补和互动，推动知识产权纠纷解决的专业化、社会化、市场化。

安吉快维中心一是与安吉县公安局、县检察院、县法院、县商务局以及湖州海关、湖州仲裁委员会等多家单位签订知识产权快速协作机制备忘录，并出台《关于建立健全知识产权保护协作机制的意见》，通过"集中管辖＋联合会商＋专项行动"的方式，实现行政确权、公证存证、仲裁、调解、行政执法和司法保护之间的有效衔接。❶ 二是联合安吉县法院，通过知识产权纠纷诉调对接机制，成功调解多起侵犯注册商标专用权纠纷案，同时进行了司法确认，实现了知识产权行政调解、司法确认的衔接配合和有机互补。

桐乡快维中心一是高效衔接司法保护，与桐乡市人民法院签署《知识产权领域严重失信主体联合惩戒工作备忘录》，进一步推进桐乡市知识产权领域信用体系建设，加强知识产权行政与司法协同保护，推动构建知识产权大保护格局。打造桐乡市人民法院专线，通过"浙江ODR""共享法庭"等平台，建立起有机衔接、协调联动、高效便捷的知识产权纠纷在线诉调对接工作机制。二是建立保护协作机制，与桐乡市市场监督管理局、公安局、法院、检察院建立"法护知产联盟"，联合发布《关于强化濮院时尚产业知识产权法治协同保护的意见》，密织知识产权快保护网络，通过部门协同转办案件2件，其中一件移送公安机关并立案，另一件没收侵权产品并罚款人民币16万元。三是畅通纠纷仲裁渠道，与嘉兴仲裁委员会签订

---

❶ 中国知识产权维权援助网.安吉县入选第二批国家级知识产权纠纷快速处理试点地区.［EB/OL］.（2023－08－08）［2024－03－29］.https：//www.ipwq.cn/ipwqnew/show－6875.html.

《知识产权纠纷仲裁衔接机制》，充分发挥嘉兴仲裁委员会与桐乡快维中心在化解知识产权纠纷中的作用，进一步完善知识产权纠纷多元化解决机制建设，提高知识产权保护能力和效率。

海宁快维中心一是开展知识产权纠纷案件巡回审理。2023 年 4 月 12 日，海宁法院海宁快维中心巡回审理点正式揭牌启用，开庭审理了与服装款式相关的一起著作权侵权及不正当竞争纠纷案件，皮革城商户代表旁听了案件审理。二是与法院共同设立"共享法庭"，通过"一屏一线一终端"，打破时间和空间上的制约，由法官依托"共享法庭"提供在线咨询、指导调解和法治宣讲等服务，推进知识产权诉调对接。三是以快速维权中心为主阵地，创新打造知识产权"一站式"快速维权平台，形成人民调解、司法保护、行政保护一体化的知识产权多元化解决机制。2023 年，海宁快维中心接收各类纠纷调解案件 276 起，司法确认 39 起，处理周期较法定时限压缩 50%，最快当天完成调解。四是积极探索知识产权协同保护，依托海宁快维中心平台，与市场监管局、法院、检察院等八部门联合成立全省首个县域知识产权保护共同体，共同构建"1＋8＋N"协同保护模式。五是探索长三角知识产权跨区域协同合作，与柯桥、温州、南通三地快维中心共同签署《长三角纺织产业知识产权快速协同保护协议书》，在跨区域侵权线索移送、联动调解、维权互助、联合执法等方面开展全方位立体保护与交流合作。2023 年，成功举办长三角纺织产业国家级快维中心首届座谈交流会，就跨区域一体化建设、资源共享、制度共建、统筹衔接机制等 8 个方面达成进一步合作共识。

霸州快维中心一是实行知识产权纠纷案件巡回审理，霸州快维中心巡回审判站作为第 44 审判庭纳入廊坊市中级人民法院法庭序列，公开审理案件 3 起，已全部结案。二是推动知识产权多元解纷，成立霸州市知识产权纠纷人民调解委员会，受理侵权纠纷案件 5 起，其中 2 起进行了司法确认；与廊坊市中级人民法院、安次区人民法院建立了诉调对接机制，入驻"人民法院调解平台"，受理 49 起注册商标侵权纠纷案件，3 起专利侵权纠纷案件，经过调解，已全部结案。三是建立区域协同保护机制，与山东宁津（健身器材和家具）快维中心签署了《知识产权保护协作框架协议》，建立了跨区域协同保护机制。

漯河快维中心一是与漯河市中级人民法院、召陵区人民法院多次进行诉调对接，加快与法院建立诉调对接机制、企业服务机制、业务与人才研讨交流机制。二是与漯河市中级人民法院签订合作备忘录，进一步健全了漯河市知识产权多元化纠纷解决机制，形成"严保护、大保护、快保护、同保护"的全链条保护合力。目前漯河快维中心已有 7 人纳入法院调解平台。三是在漯河快维中心设立漯河市中级人民法院、召陵区人民法院"知识产权巡回审判点"，进一步强化了知识产权纠纷诉源治理，加强了知识产权行政保护与司法保护的有效衔接。

四、快速维权

下文以典型快维中心（以快维中心获批同意建设的时间为序）为例，详细介绍各快维中心快速维权工作开展情况（除特殊说明外，数据均为 2023 年数据）。

义乌快维中心一是建设知识产权维权援助分站点，在义乌国际商贸城和各镇、街道分批成立 6 个维权援助分中心和工作站，负责知识产权相关政策法规及知识的宣传培训，为企业提供知识产权法律问题咨询服务，受理和调解辖区内知识产权侵权纠纷的投诉等。二是开展专利侵权判定咨询服务，义乌快维中心通过建立专利、商标等知识产权侵权判定咨询机制，为知识产权疑难案件提供侵权判定咨询意见，给相关执法部门快速处理知识产权案件提供技术支撑，2023 年共出具《专利侵权判定咨询报告》156 份。三是大力开展海外维权工作，推进国家海外知识产权纠纷应对指导中心义乌分中心（以下简称义乌分中心）建设，建立健全海外知识产权纠纷应对指导工作体系，加强对区域内企业海外知识产权信息供给，支持企业维护合法权益。通过案件业务指导、海外知识产权信息收集、风险防控培训宣传、纠纷应对资源协调、典型案例库建立，为市场经营户和企业提供了更加高效便捷的海外知识产权风险防范和纠纷应对指导服务，并针对重点行业、重点贸易国家地区谋划对外贸易知识产权预警分析报告和应对指南，护航企业"出海"。2023 年，义乌分中心累计开展指导案件 20 起，发布海外风险预警信息 20 篇，开展知识产权海外维权主题培训 5 次。

桐乡快维中心一是护航企业发展，主动驻点展览会、订货会与购物节，开展维权援助活动 3 次，设立维权援助工作站 2 个。二是提升办案质效，处理电商案件 369 件，办理维权援助案件 36 件，出具专利侵权意见判定书 18 份，接收桐乡市人民法院委托调解案件 62 件，调解成功 22 件，调解总金额 550 余万元。三是聚焦海外服务，联合嘉兴市保护中心设立嘉兴市海外知识产权维权援助服务站，助力企业应对海外知识产权纠纷，维护企业海外合法权益，提高企业海外知识产权纠纷风险防范意识。

五、综合服务

下文以典型快维中心（以快维中心获批同意建设的时间为序）为例，详细介绍各快维中心综合服务工作开展情况（除特殊说明外，数据均为 2023 年数据）。

义乌快维中心一是充分利用"4·26"知识产权宣传周、质量宣传月、"3·15"消费者权益保护日等重大活动，将国家知识产权公共服务网、专利检索及分析系统、商标注册申请查询系统等知识产权信息公共服务资源作为其中一项重要内容开展宣传，并不定期地通过电视台、报刊、政府网、公众号、显示屏等媒介进行推广。二是在办事大厅设置宣传栏、宣传海报及宣传册，方便办事群众及时了解办理知识产权业务的流程和注意事项，指导各类创业主体运用国家知识产权局、浙江省知识产权局公共服务网站开展查询、申报、维权等业务，并在办事大厅专设四个自助窗口，为办事群众提供边培训学习边实际操作利用各类知识产权信息公共服务资源的机会。三是充分运用国家信息公共服务资源的查询、检索、归集、分析等强大功能，结合义乌商标发展现状和经济发展需要，协同义乌市场监督管理局、上海交通大学知识产权研究中心编制发布《义乌商标综合评价指数发展报告》。该报告通过建立一个指标评价体系，对义乌商标的创造、运用、管理、保护状况进行监测和分析，将包括义乌在内的国内有效商标量排前五的县域进行比较，对义乌本地十大行业的商标发展状况进行分析，全面、及时、准确地了解义乌商标工作各方面实况，从而有针对性地制定发展规划、采取应对措施。

漯河快维中心一是开展企业开办事项（设立、变更）与知识产权（商标注册、商标变更）事项联动办理工作，实现企业开办与知识产权服务无缝对接，为企业提供更加便捷、高效的服务，激发经营主体创新活力，推动经济高质量发展。二是开展知识产权"五进"活动，通过开展知识产权进校园、进企业、进单位、进市场、进乡村（社区）活动，持续提升知识产权转化运用效益，不断完善漯河市知识产权保护体系，深入推进知识产权公共服务，全链条推进知识产权创造、运用、保护、管理和服务各项工作。三是积极探索知识产权信用监管工作，漯河市作为全国知识产权信用监管试点，率先建设漯河市知识产权信用分级分类监管系统。该系统包含"一库十系统"，具备企业知识产权信用评价赋分、跨部门协同执法、线上纠纷调解等功能。目前，通过知识产权信用分级分类系统，已归集各类信息 430 万条，筛选出100 家企业纳入漯河市首批知识产权"白名单"，将经营异常与违法失信的965 家企业纳入"黑名单"。

第二部分

专利申请预审后的快速审查

第六章

专利审查程序概述

专利审查程序是申请人向国家知识产权局提出专利申请后，经过一系列法定程序审查，最终决定是否授予专利权的流程。整个程序复杂而严谨，确保了专利权的授予符合相关法律规定，从而保护了创新主体的权益，促进了科技进步和经济社会的高质量发展。

本章将从专利申请的一般审查程序、特殊审查程序以及预审途径快速审查程序中的特殊要求三个方面对专利审查程序进行介绍，对于创新主体来说，全面地了解专利审查程序，不但有助于高效地配合专利审查、获得恰当的权利保护，而且将为充分运用各种审查程序实现最佳的保护策略打下良好的基础。

第一节　专利申请的一般审查程序

发明专利申请的审查程序主要包括受理、保密审查、分类、初步审查、公布、实质审查和授权公告等步骤，如图 6-1 所示。

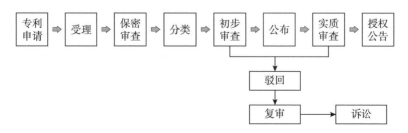

图 6-1　发明专利申请的审查程序

1. 受理

国家知识产权局收到申请人提交的发明专利申请文件后，若文件符合受理的最低要求，则按照以下三个步骤进行：①向申请人发出受理通知书；②确定专利申请日、申请号；③通知申请人缴纳申请费。若文件不符合受理的最低要求，则向申请人发出不受理通知书。

2. 保密审查

根据《专利法》及其实施细则的相关规定，国家知识产权局受理的发明专利申请涉及国防利益需要保密的，将移交国防知识产权局进行审查；受理的发明专利申请涉及国防利益以外的国家安全或者重大利益需要保密的，将作出按照保密专利申请处理的决定，并通知申请人。此外，申请人将在中国完成的发明向外国申请专利的，应当事先报经国家知识产权局进行保密审查，其中在中国完成的发明是指技术方案的实质性内容在中国境内完成的发明。

3. 分类

国家知识产权局采用国际专利分类法（IPC）对每一件发明专利申请的技术主题进行分类，给出完整的、能代表发明信息的分类号，尽可能对附加信息进行分类，并且将最能充分代表发明信息的分类号排在第一位。对专利申请进行分类，可以建立有利于检索的专利申请文档，有利于将专利申请分配给相应领域的审查部门，同时还能实现按照分类号编排专利申请、系统地向公众进行公布或者公告。

4. 初步审查

初步审查主要对以下四个方面进行：①申请人提交的申请文件是否符合《专利法》及其实施细则的规定，其中既包括申请文件的形式审查，也包括明显实质性缺陷审查；②审查申请人在提出专利申请的同时或随后提交的与专利申请有关的其他文件是否符合《专利法》及其实施细则的规定，例如专利申请的手续文件是否符合规定；③审查申请人提交的与专利申请有关的其他文件是否是在专利法及其实施细则规定的期限内或者国家知识产权局制定的期限内提交；④审查申请人缴纳的相关费用的金额和期限是否符合《专利法》及其实施细则的规定。经初步审查，对于申请文件符合《专利法》及其实施细则有关规定并且不存在明显实质性缺陷的专利申请，包括经过补正符合初步审查要求的专利申请，国家知识产权局将发出初步审查合格通知书。申请文件存在明显实质性缺陷，在发出审查意见通知书后，经申请人陈述意见或者修改后仍然没有消除的，或者申请文件存在形式缺陷，针对该缺陷已发出过两次补正通知书，经申请人陈述意见或者补正后仍然没有消除的，国家知识产权局可以作出驳回决定。

5. 公布

发明专利申请经初步审查合格后进行公布程序，公布时间一般为自申请日（或优先权日）起满 18 个月，申请人可以提交提前公布声明，经审查合格后进入公布准备程序。在初步审查程序中被驳回、被视为撤回以及在作好公布准备之前申请人主动撤回或确定保密的发明专利申请不予公布。发明专利申请公布的内容包括：著录事项、摘要和摘要附图，但说明书没有附图的，可以没有摘要附图。著录事项主要包括：国际专利分类号、申请号、公布号（出版号）、公布日、申请日、优先权事项、申请人事项、发明人事项、专利代理事项、发明名称等。

6. 实质审查

实质审查的目的在于确定发明专利申请是否应当被授予专利权，特别是确定其是否符合《专利法》有关新颖性、创造性和实用性的规定。实质审查程序通常由申请人提出请求后启动，申请人在自申请日（或优先权日）起 3 年内可以提出实质审查请求，并缴纳实审费。实质审查包括审查发明专利申请是否符合《专利法》及其实施细则有关实质方面和形式方面的所有规定，审查的重点是说明书和全部权利要求是否存在《专利法实施细则》第 59 条所列的情形。经过实质审查后，对于没有发现驳回理由的发明专利申请，国家知识产权局将发出《授予专利权通知书》；对于申请人根据审查意见进行意见陈述或做出相应修改后仍然不符合《专利法》及其实施细则规定的专利申请，国家知识产权局将作出驳回申请的决定。申请人对驳回申请决定不服的，可以自收到通知之日起三个月内向国家知识产权局请求复审，提交复审请求书，说明复审的理由，缴纳复审费。为了支持复审理由或者消除申请文件中的缺陷，申请人在请求复审时，可以附具有关证明文件或资料，也可以对申请文件进行修改。申请人对复审决定不服的，可以自收到通知之日起三个月内向人民法院起诉。

7. 授权公告

国家知识产权局在发出《授予专利权通知书》的同时会发送《办理登记手续通知书》，申请人应当在规定的期限内办理专利权登记手续。国家知识产权局颁发专利证书，同时予以登记和公告后，专利权生效。国家知识产权局在授予专利权时建立专利登记簿，专利登记簿与专利证书具有同等法律效力。授权之初，专利登记簿与专利证书上记载的内容一致，此后专利的法律状态变更仅记载于专利登记簿上，以专利登记簿上记载的法律状态为准。任何人都可以向国家知识产权局请求出具专利的专利登记簿副本，专利登记簿副本可以作为证明专利法律状态的凭证。

实用新型和外观设计专利的审查程序与发明专利申请的审查程序大致相同，主要区别在于实用新型和外观设计专利申请只进行初步审查，不进行实质审查，在此不再赘述。值得注意的是，实用新型和外观设计专利申请初步审查合格后将被授予专利权，因此其初步审查相较于发明专利申请的初步审查是不同的，尤其对申请文件的明显实质性缺陷审查更加全面。

第二节 专利申请的特殊审查程序

为了满足创新主体的不同需求，支持对科技创新成果的保护，除专利申请的加快审查程序之外，我国还制定了其他特殊审查程序，主要包括集中审查、巡回审查和延迟审查。为了帮助创新主体了解并充分运用这些特殊审查程序，本节对这三种特殊审查程序进行简单的介绍。

一、集中审查

集中审查是围绕同一项关键技术的专利申请组合集中进行审查的专利审查模式，其一方面有助于专利申请人对关键技术的全面布局，另一方面能够提升专利审查的质量和效率。

1. 集中审查的适用条件

根据《专利申请集中审查管理办法（试行）》第 3 条的规定，开展集中审查要满足以下四个方面的条件：①同批次内所有发明专利申请均已进入实质审查阶段，且实审生效日期跨度不超过一年，其中就同样的发明创造同日申请了实用新型的发明专利申请不纳入集中审查范围。②出于国家需求考虑，集中审查主要针对涉及国家重点优势产业或对国家利益、公共利益具有重大意义的申请。③请求同批次进行集中审查的申请数量不低于 50 件。④为避免重复配置审查资源，已享受优先审查等其他审查政策的申请不再纳入集中审查。

2. 集中审查的请求主体

集中审查依请求而启动，专利申请人或省级知识产权管理部门都可以提出。当涉及多个申请人时，应当经全体申请人同意才可提出集中审查请求。

3. 集中审查请求需要提交的材料

集中审查请求人需要提交《专利申请集中审查请求书》、专利申请清单以及需要的其他材料。请求书中应详细说明请求集中审查的理由，专利申请清单中应当写明每件专利申请与所主张的"关键技术"的关系，其有助于国家知识产权局判断进行集中审查的必要性和可行性。

4. 集中审查请求的审核结果反馈

对集中审查请求的审核结果将通过请求书中注明的联系方式反馈给联系人，经审核决定不予集中审查的申请将继续按照常规程序进行审查。

5. 集中审查过程中申请人的配合

为提高审查质量，集中审查更注重在审查过程中与申请人的充分沟通，需要申请人配合开展一些工作，主要涉及提供相关技术资料、进行技术说明、会晤、调研、巡回审查等。

6. 集中审查程序被终止的情形

《专利申请集中审查管理办法（试行）》第9条列举了终止集中审查程序的几种典型情况：①申请人违反诚信原则提交了虚假材料；②申请人不配合提供相关技术资料，不配合开展技术说明会、会晤、调研和巡回审查等有助于集中审查实施的工作；③在审查过程中发现该批次案件中存在非正常专利申请；④申请人主动提出了终止集中审查的请求。需要注意的是，一旦触发上述条件之一，整个批次的案件都将被终止集中审查程序，转为按照常规程序进行审查。

二、巡回审查

巡回审查一般是指发明专利实质审查巡回审查，由国家知识产权局发明专利实质审查员赴申请人所在地区，与申请人、代理人进行沟通交流，就发明专利申请开展实质审查工作。

1. 巡回审查的适用条件

提出巡回审查请求的发明专利申请应当已经进入实质审查阶段，且尚未审结。巡回审查优先考虑下述类型的专利申请：

1）对国家利益或者公共利益具有重大意义的申请；

2）中小企业、高校或科研院所提交的申请。

2. 巡回审查的提出

巡回审查应当由地方管理专利工作的部门提出请求，国家知识产权局专利实质审查部门也可根据实际需要提出开展巡回审查。请求巡回审查的地方管理专利工作的部门应当向国家知识产权局审查业务管理部提交《发明专利实质审查巡回审查请求书》，一般每次巡回审查的发明专利申请不超过70件。

3. 巡回审查的组织

发明专利实质审查巡回审查工作由国家知识产权局审查业务管理部、实质审查部门和地方管理专利工作的部门共同组织开展。审查业务管理部负责巡回审查整体工作的统筹与协调。实质审查部门负责具体巡回审查工作的开展。地方管理专利工作的部门负责收集、反馈本地区对巡回审查工作的需求，以及组织协调在本地区开展巡回审查工作。

三、延迟审查

为适应新技术快速发展的需要，回应创新主体对审查规则和审查模式的新诉求，最新修订的《专利法实施细则》从立法层面首次明确了延迟审查制度，《专利法实施细则》第56条第2款规定，申请人可以对专利申请提出延迟审查请求。延迟审查是一种减慢专利审查程序的审查模式，为申请人进行有效的专利布局提供了更加灵活的选择。

1. 延迟审查的适用类型

根据《专利审查指南2023》中的相关规定，申请人可以对发明、实用新型和外观设计专利申请提出延迟审查请求。

2. 发明专利申请的延迟审查请求

（1）请求时机

申请人应当在提出实质审查请求的同时提出延迟审查请求，发明专利申请延迟审查请求自实质审查请求生效之日起生效。

（2）办理手续

申请人需要在提交发明专利申请《实质审查请求书》时，根据实际需要酌情勾选延迟期限选项。提出延迟审查请求后，不可更改延迟期限。

（3）可延迟期限

发明专利申请延迟期限为自延迟审查请求生效之日起 1 年、2 年或者 3 年。若将延迟审查申请策略与延后提出实质审查请求的策略相结合，申请人可以获得更多的延迟期限。

3. **实用新型专利申请的延迟审查请求**

（1）请求时机

申请人应当在提交实用新型专利申请的同时提出延迟审查请求。

（2）办理手续

申请人需要在提交《实用新型专利请求书》或《国际申请进入中国国家阶段声明（实用新型)》时，勾选延迟审查选项。提出延迟审查请求后，不可更改延迟期限。

（3）可延迟期限

延迟期限为自延迟审查请求生效之日起 1 年。

4. **外观设计专利申请的延迟审查请求**

（1）请求时机

应当由申请人在提交外观设计专利申请的同时提出延迟审查请求。

（2）办理手续

申请人需要在提交《外观设计专利请求书》时，勾选延迟审查选项，并根据实际需要酌情填写延迟期限。提出延迟审查请求后，不可更改延迟期限。

（3）可延迟期限

延迟期限以月为单位，最长延迟期限为自延迟审查请求生效之日起 36 个月。

5. **延迟审查的注意事项**

不同类型专利申请的延迟审查请求时机和可延迟期限对比如表 6 - 1 所示，申请人在提交延迟审查请求时，一定要注意在规定的请求时机提出，错过时机，后续将没有机会再提出。延迟审查延迟的期限为等待审查的时间，与后续的审查过程中的其他期限并无直接关系。

表 6 - 1　不同类型专利申请的延迟审查请求时机和可延迟期限对比表

专利申请类型	请求时机	可延迟期限
发明	提出实质审查请求时	自延迟审查请求生效之日起 1 年、2 年或 3 年
实用新型	提交实用新型专利申请时	自延迟审查请求生效之日起 1 年
外观设计	提交外观设计专利申请时	以月为单位，最长延迟期限为自延迟审查请求生效之日起 36 个月

延迟期限届满后，专利申请将按顺序待审。延迟期限届满前，申请人可以请求撤回延迟审查请求，撤回延迟审查请求获批后，延迟期限终止，专利申请将按顺序审查。必要时，国家知识产权局可以自行启动审查程序并通知申请人，申请人请求的延迟审查期限终止。

总的来说，专利申请延迟审查的优点主要体现在以下几个方面：

1) 延长了专利审查期限，为申请人提供更多的时间来完善专利申请相关文件，从而提高专利获权成功率。

2) 使申请人有机会选择最合适的专利保护范围、控制专利公开或授权的时间、谋划后续分案申请策略等，获得更多的商业价值。

3) 专利申请在未授权的情况下，竞争对手无法获知准确的权利要求保护范围，进而影响竞争对手的产品研发，为专利申请人赢得宝贵的竞争优势。

同时，专利延迟审查会间接地缩短专利保护的有效时间，进一步可能影响后续的专利运营，例如专利的许可、转让、质押等。

第三节　预审途径快速审查程序中的特殊要求

预审合格后进入正式审查程序的专利申请将进入快速审查通道，相较于普通发明专利申请，其将被优先进行审查，在享有优先审查的同时，申请人也会在专利申请的公布时间、实质审查的提出、主动修改的机会以及审查意见通知书的答复期限等多个方面受到制约。

1. 选择提前公布

根据《专利法》及其实施细则的规定，国家知识产权局收到发明专利申请后，经初步审查认为符合要求的，自申请日（或优先权日）起满 18 个月即行公布。申请人请求早日公布其发明专利申请的，应当向国家知识产权局声明。对于普通发明专利申请，申请人可以选择请求提前公布，也可以等到自申请日起满 18 个月公布；但对于预审合格后进入审查程序的加快案件，一般情况下，申请人应在发明专利请求书中勾选"请求早日公布该专利申请"。

2. 尽早提出实质审查和提交参考资料

根据《专利法》的相关规定，发明专利申请自申请日起 3 年内，申请人可以提出申请进入实质审查的请求。同时，发明专利的申请人请求实质审查的时候，应当提交在申请日前与其发明有关的参考资料。对于普通发明专利申请，申请人可以自申请日起 3 年内提交实质审查请求，有足够的时间准备在申请日前与其发明有关的参考资料；但对于预审合格后进入审查程序的加快案件，原则上申请人应当在提交专利申请的同时提交实质审查请求书，以及申请日前与发明有关的参考资料。

3. 放弃主动修改申请文件的机会

根据《专利法实施细则》的规定，发明专利申请人在提出实质审查请求时以及在收到国家知识产权局发出的发明专利申请进入实质审查阶段通知书之日起的 3 个月内，可以主动对发明专利申请提出修改；实用新型或者外观设计专利申请人自申请日起 2 个月内，可以主动对实用新型或者外观设计专利申请提出修改。对于普通专利申请，申请人可以主动选择在上述期限内提出对申请文件的修改；对于预审合格后进入审查程序的加快案件，为了缩短审批流程，加快审查程序，一般情形下，申请人需自愿放弃上述规定中对申请进行主动修改的权利。

4. 缩短审查意见通知书的答复时间

通常情况下，对于发明专利申请，第一次审查意见通知书的答复期限为 4 个月，后续每次审查意见通知书的答复期限为 2 个月；对于实用新型和外观设计专利申请，每次审查意见通知书的答复期限均为 2 个月。相对于普通专利申请，预审合格后进入审查程序的加快案件对于审查意见通知书的答复时间也有特殊的要求，申请人答复的时间将被极大地缩短，以配合整个审查程序的加快。

5. 审查中放弃进行著录项目变更

一件专利申请的著录项目包括申请号、申请日、发明创造名称、申请人、发明人姓名和专利代理事项等多个信息，通常在专利审查的过程中，有关著录项目发生变化的，申请人可以按照规定办理著录项目变更手续。对于预审合格后进入审查程序的加快案件，在专利申请授权公告前，申请人须放弃提出著录项目变更请求的权利。

第七章

发明专利申请的初步审查

  预审合格后的加快申请与普通申请的初步审查大致相同，仅有些许差异。例如，加快申请费用缴纳期限与普通申请有所不同，如优先权要求费、实质审查费的缴纳期限与各保护中心规定的申请费缴纳期限相同，一般要求受理通知书发文日当日完成缴费；加快申请在初步审查阶段涉及的各类证明文件的提交期限与普通申请有所不同，应在提交申请的同时提交各类证明文件，如在先申请文件副本、保藏及存活证明等。除此之外，加快申请不应为同日申请、分案申请等各保护中心或预审机构规定的不得提交的情形。以北京和西安为例，《北京市知识产权保护中心专利预审承诺书》中明确写明在北京市保护中心专利申请预审阶段，提交专利申请预审请求不得涉及按照 PCT 提出的专利国际申请、进入中国国家阶段的 PCT 专利国际申请；同一申请人同日对同样的发明创造所申请的实用新型专利和发明专利；根据《专利法实施细则》第 7 条所规定的需要进行保密审查的申请；分案申请等。❶《西安市知识产权保护中心专利申请预审服务管理办法》第 21 条规定备案主体或代理机构不得提交属于《专利法》第 9 条第 1 款所规定的同一申请人同日对同样的发明创造的另一新型专利或发明专利；分案申请和《专利法实施细则》第 7 条、第 8 条所规定的需要进行保密审查的申请，以及根据《专利法》第 29 条的规定要求优先权的申请等。❷

---

 ❶ 关于印发《北京市知识产权保护中心专利申请预审服务管理办法》的通知［EB/OL］.（2023 - 08 - 11）［2023 - 11 - 8］. http：//www. bjippc. cn/general/cms/news/info/news/eba8f00bb1b24 b13877b66b6d9cd2450. html？id = eba8f00bb1b24b13877b66b6d9cd2450.

 ❷ 西安市知识产权保护中心关于发布《西安市知识产权保护中心专利申请 预审服务管理办法》的通知［EB/OL］.（2023 - 10 - 16）［2023 - 11 - 8］. http：//www. xaippc. com/html/Notice/1046. html.

预审案件的初步审查至关重要。预审合格并提交至国家知识产权局的发明专利申请，在案件的初步审查阶段，若因形式问题的缺陷发出补正通知书（办理手续补正通知书）或因明显实质性缺陷发出审查意见通知书，案件的加快标记将会被取消，加快申请将变为普通申请。为了帮助创新主体更深入地了解初步审查要求以规范优化专利申请文件，本章将从发明专利申请初步审查概述、明显实质性缺陷的审查、申请文件的形式审查、特殊专利申请的审查四个方面对发明专利申请的初步审查进行介绍。

第一节　发明专利申请初步审查概述

发明专利申请提出至授权的全流程分为 7 步程序，依次为提出申请、受理、保密审查、初步审查、公布、实质审查、授权及公告。其中第四步为发明专利申请的初步审查。发明专利申请的初步审查的范围包括申请文件的形式审查、申请文件明显实质性缺陷的审查、其他文件的形式审查以及有关期限、费用的审查。

可见，发明专利申请的初步审查是受理发明专利申请之后、公布该申请之前的必经程序。初步审查程序的必要性一方面体现在《专利法》及其实施细则中对于申请人提交申请文件的形式、格式的法定要求，国务院专利行政部门应根据相关规定对申请人提交的文件进行审查，使得其专利申请在文件的形式、格式层面符合法定要求，这也是专利申请文件必备的形式法定要件。另一方面，初步审查程序的目的也体现在排除具有明显实质性缺陷的专利申请，将明显不适宜公布的专利申请及明显不属于专利法保护客体的专利申请排除在公布之外，在实质内容上不会使申请人或者社会公众对专利法保护的客体产生误解。

一、初步审查的主要内容及范围

（一）初步审查的主要内容

发明专利初步审查的主要内容包括四项。第一，专利申请文件的形式是否满足要求，即审查申请人提交的申请文件是否符合《专利法》及其实施细则的规定，若专利申请存在可以补正的缺陷时，通知申请人以补正的方式消除缺陷，使其符合公布的条件；若专利申请存在不可克服的缺陷时，例如，明显属于《专利法》第5条规定的不能授予专利权的情形等明显实质性缺陷的，发出审查意见通知书，指明缺陷的性质，并通过驳回的方式结束审查程序。第二，与专利申请有关的其他文件是否符合规定，即审查申请人在提出专利申请的同时或之后提交的与专利申请有关的其他文件是否符合《专利法》及其实施细则的规定，例如，要求优先权声明及其证明文件、生物材料样品保藏及其证明文件等，若文件存在缺陷，根据缺陷的性质，通知申请人以补正的方式消除缺陷，或者直接作出文件视为未提交的决定。第三，有关期限是否符合规定，即审查申请人提交的与专利申请有关的其他文件是否是在《专利法》及其实施细则规定的期限内或者专利局指定的期限内提交；期满未提交或逾期提交的，根据情况作出申请视为撤回或文件视为未提交的决定。第四，有关费用金额及期限是否满足条件，审查申请人缴纳的有关费用的金额和期限是否符合《专利法》及其实施细则的规定，费用未缴纳、未缴足或逾期缴纳的，根据情况作出申请视为撤回或者请求视为未提出的决定。

（二）初步审查的范围

为完成发明专利申请初步审查的主要任务，国务院专利行政部门将依据《专利法》及《专利法实施细则》相关条款对专利申请文件、其他文件、期限、费用等进行审查、具体范围如下：

1. 申请文件的形式审查

发明专利申请文件的形式审查，主要是审查申请人提交的申请文件是否符合《专利法》及《专利法实施细则》的相关规定，若存在可以通过补正克服的形式缺陷，则应通知申请人消除该缺陷，使得发明专利申请符合公布的条件。审查范围包括：审查专利申请是否包含《专利法》第26条规定的申请文件，以及这些文件格式上是否明显不符合《专利法实施细则》第19条至22条（请求书、说明书、说明书附图、权利要求）的规定、第26条（说明书摘要）的规定，是否符合《专利法实施细则》第2条（专利手续以书面形式或规定的其他形式办理）、第3条（专利文件使用中文及规范规定）、第29条第2款（涉及遗传资源应当予以说明）、第146条（专利文件签章）的规定。

2. 申请文件明显实质性缺陷的审查

发明专利申请文件的明显实质性缺陷的审查，主要是审查申请人提交的申请文件是否存在不可能通过补正克服的缺陷而明显影响公布。在发明专利申请的初步审查过程中，涉及明显实质性缺陷的条款主要有：专利申请是否明显属于《专利法》第5条及第25条规定的情形（不授予专利权情形），是否不符合《专利法》第17条（外国人、外国企业和外国其他组织在我国申请专利的条件）、第18条第1款（强制委托）、第19条第1款（向外国申请专利的保密审查）或《专利法实施细则》第11条（诚实信用原则）的规定，是否明显不符合《专利法》第2条第2款（发明"技术方案"的定义）、第26条第5款（遗传资源来源）、第31条第1款（单一性）、第33条（修改不得超范围）或《专利法实施细则》第20条（说明书）、第22条（权利要求书）的规定。

3. 其他文件的形式审查

发明专利申请其他文件的形式审查，主要是审查在提出专利申请的同时或者之后提交的与专利申请有关的其他文件是否符合专利法及其实施细则的规定，审查包括与专利申请有关的其他手续和文件是否符合《专利法》第10条（专利申请权、专利权转让）、第24条（不丧失新颖性）、第29条（优先权）、第30条（优先权书面声明）以及《专利法实施细则》第2条（专利手续以书面形式或规定的其他形式办理）、第3条（专利文件使用中文及规范规定）、第6条（请求恢复权利）、第7条（保密审查）、第17条第2款和第3款（委托书及代表人）、第18条（强制委托情形可自行办理事项）、第27条（生物材料样品保藏）、第33条（不丧失新颖性相关规定）、第34条第1款至第3款（优先权）、第35条（优先权）、第36条（优先权超期恢复）、第37条（优先权的增加或改正）、第38条（在中国没有经常居所或营业所的申请人申请专利或要求外国优先权相关规定）、第41条（撤回专利申请）、第45条（援引加入）、第46条（说明书中写有对附图的说明但无附图或者缺少部分附图的规定）、第48条（分案申请）、第49条（分案申请）、第51条（其他文件视为未提交）、第52条（提前公布）、第103条（中止有关程序）、第104条（保全措施）、第117条（费用减缴）的规定。

4. 有关费用的审查

发明专利申请有关费用的审查，包括专利申请是否按照《专利法实施细则》第 110 条、第 112 条、第 113 条、第 116 条的规定缴纳了相关费用。初步审查阶段可能涉及的费用包括申请费、申请附加费、优先权要求费、恢复权利请求费、著录事项变更费等。

二、初步审查的原则

发明专利申请初步审查的原则包含保密原则、书面审查原则、听证原则、程序节约原则。

1. 保密原则

保密原则是指根据有关保密规定，在专利申请审批的程序中审查员对于尚未公布、公告的专利申请文件、与专利申请有关的其他内容及其他不适宜公开的信息负有保密责任。

2. 书面审查原则

书面审查原则是指应当以申请人提交的书面文件为基础进行审查，同时，审查意见及结果应当以书面形式通知申请人。初步审查程序中原则上不进行会晤。

3. 听证原则

听证原则是指在作出驳回的审查决定之前，应当将驳回所依据的事实、理由及证据通知申请人，至少给申请人一次陈述意见和修改的机会。作出驳回决定时，驳回决定所依据的事实、理由及证据，应当已通知申请人，不能包含新的事实、理由、证据。

4. 程序节约原则

程序节约原则是指在符合规定的情况下应当尽可能提高审查效率，缩短审查过程。对于存在可以通过补正克服的缺陷的申请，应进行全面审查并尽可能在一次补正通知书中指出全部缺陷。可以依职权修改申请文件中文字和符号的明显错误并通知申请人。对于存在不可能通过补正克服的实质性缺陷的申请，可不审查申请文件和其他文件的形式缺陷，在审查意见通知书中可以仅指出实质性缺陷。

三、初步审查的流程

1. 初步审查合格

发明专利申请根据《专利法》及《专利法实施细则》的相关规定，经过初步审查后未发现申请人提交的专利申请文件存在明显实质性缺陷及形式缺陷的，则直接认定初步审查合格，或经过补正后符合初步审查要求的，应当认为初步审查合格，发出初步审查合格通知书，指明公布所依据的申请文本，之后进入公布程序。

2. 申请文件的补正

若当事人提交的专利申请文件存在可以通过补正而克服的缺陷，则经全面审查后将发出补正通知书，通知书会指明专利申请存在的缺陷并说明理由，同时指定答复期限。申请人进行补正后，若发明专利申请文件依然存在缺陷，将会再次发出补正通知书。

3. 明显实质性缺陷的处理

若当事人提交的专利申请文件存在不可能通过补正方式克服的明显实质性缺陷从而影响公布时，将发出审查意见通知书。审查意见通知书中会指明专利申请存在的实质性缺陷并说明理由，同时指定答复期限。

4. 答复通知书

当申请人收到补正通知书或审查意见通知书后，应当在通知书指定的期限内进行补正或者陈述意见，此处需要注意，答复时应当针对通知书中指明的缺陷对专利申请文件进行修改，修改的内容不得超出申请日提交的说明书及权利要求书记载的范围。若期满未进行答复，将会发出视为撤回通知书或其他通知书。申请人因正当理由难以在指定的期限内作出答复的，可以提出延长期限请求。对于因不可抗拒事由或其他正当理由耽误期限从而导致专利申请被视为撤回的，申请人可以在规定的期限内提出恢复权利的请求。

5. 专利申请的驳回

专利申请文件存在可以通过补正方式克服的形式缺陷，针对该缺陷已发出过两次补正通知书，经过申请人补正或陈述意见后仍然没有消除该缺陷的；或专利申请文件存在明显实质性缺陷，发出审查意见通知书后，经申请人陈述意见或修改后仍然没有消除该缺陷的，专利申请将被驳回。

第二节 明显实质性缺陷的审查

一、明显实质性缺陷审查的相关规定

发明专利申请文件明显实质性缺陷的审查，主要是审查申请人提交的申请文件是否存在不可能通过补正方式克服的缺陷而影响公布。在发明专利申请的初步审查过程中，涉及明显实质性缺陷的条款主要有：专利申请是否明显属于《专利法》第5条及第25条规定的情形（不授予专利权情形），是否不符合《专利法》第17条（外国人、外国企业和外国其他组织在我国申请专利的条件）、第18条第1款（强制委托）、第19条第1款（向外国申请专利的保密审查）或《专利法实施细则》第11条（诚实信用原则）的规定，是否明显不符合《专利法》第2条第2款（发明"技术方案"的定义）、第26条第5款（遗传资源来源）、第31条第1款（单一性）、第33条（修改不得超范围）或《专利法实施细则》第20条（说明书）、第22条（权利要求书）的规定。其中，《专利法实施细则》第11条，明确规定申请专利应当遵循诚实信用原则。提出各类专利申请应当以真实发明创造活动为基础，不得弄虚作假。对发明专利申请是否符合《专利法实施细则》第11条规定的诚实信用原则的判断适用可以参考《规范申请专利行为的规定》（2023）（国家知识产权局令第77号）。

发明专利申请的初步审查中，较为常见的明显实质性缺陷的审查主要包括关于《专利法》第2条第2款、第5条、第19条第1款、第25条、第31条第1款、第33条以及关于《专利法实施细则》第20条、第22条的审查，具体如下：

1. 《专利法》第2条第2款的审查

《专利法》第2条第2款规定：发明，是指对产品、方法或者其改进所提出的新的技术方案。这一条款是对可申请专利保护的发明客体的一般性定义，规定了发明专利申请必须为"技术方案"。技术方案是指对要解决的技术问题所采用的利用了自然规律的技术手段的集合。未采用技术手段解决技术问题，以获得符合自然规律的技术效果的方案，不属于《专利法》第 2 条第 2 款规定的客体。

发明专利申请的初步审查中，若专利申请文件仅陈述了某些技术指标、优点及效果，但并未对解决技术问题的技术方案作任何描述；或者未描述任何技术内容的，则明显不构成《专利法》第 2 条第 2 款规定的"技术方案"，将发出审查意见通知书，通知申请人在指定期限内陈述意见或者修改。申请人未在指定期限内答复的，将发出视为撤回通知书；申请人陈述意见或者补正后仍不符合规定的，专利申请将会被驳回。

2. 《专利法》第 5 条的审查

根据《专利法》第 5 条的规定：对违反法律、社会公德或者妨害公共利益的发明创造，不授予专利权。对违反法律、行政法规的规定获取或者利用遗传资源，并依赖该遗传资源完成的发明创造，不授予专利权。其中，对于依赖遗传资源完成的发明创造，应当审查遗传资源的获取或利用是否明显违反法律、行政法规的规定。

在发明专利申请的初步审查中，较为常见的是关于是否违反法律、社会公德、妨害公共利益的发明专利申请的审查判断，具体如下：

（1）违反法律的发明创造

首先需要注意，法律是指全国人民代表大会或者全国人民代表大会常务委员会依照立法程序制定和颁布的法律，并不包括行政法规和规章。若发明专利申请的内容违背现行法律，例如，用于吸毒的工具，用于伪造票据、文物的设备等，均属于违反法律的发明创造，不能授予专利权。关于违反法律的发明创造的判断需要特别注意以下两方面：第一，如果发明创造本身并未违反法律，但由于其被滥用从而导致违反法律的，例如，用于医疗的麻醉品、兴奋剂等则不属于此列。第二，本条所称违反法律的发明创造，不包括仅其实施被法律所禁止的发明创造。例如，虽然用于国防的各种武器的生产、销售及使用受法律所限制，但这些武器本身及其制造方法作为发明创造来说并不属于违反法律的发明创造，仍然属于可给予专利保护的客体。❶

---

❶ 国家知识产权局专利局专利审查协作北京中心. 发明初审及法律手续 450 问 ［M］. 北京：知识产权出版社，2023：67 – 68.

（2）违反社会公德的发明创造

社会公德是指公众普遍认为是正当的，并被接受的伦理道德观念和行为准则。社会公德的内涵源于特定的文化背景，且会随着社会的发展进步而产生变化。社会公德以地域为界，因地而异。我国《专利法》中所称的社会公德限于中国境内。发明专利申请的内容违背社会公德的，例如非医疗目的的人造性器官或者其替代物、人与动物交配的方法、克隆的人或克隆人的方法、人胚胎的工业或商业目的的应用、可能导致动物痛苦而对人或动物的医疗没有实质性益处的改变动物遗传同一性的方法等，不能被授予专利权。

（3）妨害公共利益的发明创造

妨害公共利益是指发明创造的实施或使用会给公众或者社会造成危害，或者会使国家和社会的正常秩序受到影响。妨害公共利益的发明创造，例如发明创造的实施或使用会造成严重的环境污染、能源或资源浪费、破坏生态平衡、危害公众健康的；发明创造是以致人伤残为手段的；发明创造涉及政党的象征和标志、国家重大政治事件，伤害人民或者民族感情、宣扬封建迷信的；发明创造涉及国家重大经济、文化事件或宗教信仰以至妨害公共利益的等，不能被授予专利权。对于妨害公共利益的发明创造的判断需要注意以下两方面：第一，若发明创造因滥用而可能会对公共利益造成妨害的不属于此列。第二，若发明创造在产生积极效果的同时存在某种缺点，例如对人体有某种副作用的药品，也不属于此列。这两种情况均不能以"妨害公共利益"为理由拒绝授予专利权。❶

3. 《专利法》第 19 条第 1 款的审查

根据《专利法》第 19 条第 1 款的规定，申请人将在中国完成的发明向外国申请专利的，应当事先报经专利局进行保密审查。在中国完成的发明，是指技术方案的实质性内容在中国境内完成的发明。发明专利申请初步审查过程中，若有理由认为申请人违反《专利法》第 19 条第 1 款的规定向外国申请专利的，对于其在国内就相同的发明提出的专利申请，将发出审查意见通知书。申请人陈述的理由不足以说明该申请不属于上述情形的，专利申请

---

❶ 国家知识产权局专利局专利审查协作北京中心. 发明初审及法律手续 450 问［M］. 北京：知识产权出版社，2023：68.

将会被驳回。

4. 《专利法》第 25 条的审查

根据《专利法》第 25 条的规定，对下列各项，不授予专利权："（一）科学发现；（二）智力活动的规则和方法；（三）疾病的诊断和治疗方法；（四）动物和植物品种；（五）原子核变换方法以及用原子核变换方法获得的物质；（六）对平面印刷品的图案、色彩或者二者的结合作出的主要起标识作用的设计。"对于"动物和植物品种"需要注意，如果是其的生产方法，则属于专利法保护的客体。

《专利法》第 25 条列举了专利保护客体的例外，规定了不属于专利法保护客体的类型。发明专利申请的初步审查过程中，会对申请专利的发明是否明显属于《专利法》第 25 条规定的不授予专利权的客体进行审查，若认定专利申请的内容明显属于《专利法》第 25 条规定的情形之一的，将会发出审查意见通知书。如果申请人陈述的意见不足以说明该发明专利申请不属于上述情形之一的，专利申请将会被驳回。

需要注意，根据《专利法》第 25 条的规定，若权利要求仅涉及智力活动的规则和方法，例如数学理论、换算方法、计算机程序、日历的编排规则和方法、各种游戏、娱乐的规则和方法、乐谱、棋谱、食谱等，这类专利申请并没有采用技术手段或利用自然规律，也未解决技术问题和产生技术效果。因此仅涉及智力活动的规则和方法的专利申请不符合《专利法》第 2 条第 2 款的规定，未构成"技术方案"，同时其又属于《专利法》第 25 条第 1 款第（二）项规定的情形，不应被授予专利权。然而，如果一项权利要求在对其限定的全部内容中既包含智力活动规则和方法的内容，又包含技术特征，则该权利要求就整体而言并不仅是一种智力活动的规则和方法，不应依据《专利法》第 25 条排除其获得专利权的可能性。❶

5. 《专利法》第 31 条第 1 款的审查

根据《专利法》第 31 条第 1 款的规定，一件发明或者实用新型专利申请应当限于一项发明或者实用新型。属于一个总的发明构思的两项以上的发

---

❶ 全国经济专业技术资格考试参考用书编委会. 高级经济实务：知识产权［M］. 2 版. 北京：中国人事出版社，2022：50.

明或者实用新型，可以作为一件申请提出。此条款规定了发明及实用新型专利申请的"单一性"。

发明专利申请的初步审查过程中，若发现专利申请包含了两项以上完全不相关联的发明时，将发出审查意见通知书，通知申请人修改其专利申请使其符合《专利法》第31条第1款规定的单一性要求；申请人无正当理由而拒绝对其申请进行修改的，专利申请将会被驳回。

6.《专利法》第33条的审查

依照《专利法》第33条的规定，申请人可以对其专利申请文件进行修改，但是，对发明专利申请文件的修改不得超出原说明书和权利要求书记载的范围。

申请人因收到审查意见通知书后对专利申请文件进行修改的，应当针对通知书指出的缺陷进行修改。发明专利申请的初步审查过程中，只有发出审查意见通知书要求申请人对其专利申请文件进行修改时，才需要判断申请人作出的相应修改是否明显超出原说明书和权利要求书记载的范围。若修改明显超范围的，例如，申请人修改相关数据或者扩大数值范围；增加了原说明书中没有相应文字记载的技术方案的权利要求；增加一页或者数页原说明书或者权利要求书中没有记载的发明的实质内容等，将发出审查意见通知书，通知申请人此种修改不符合《专利法》第33条的规定。申请人陈述意见或者补正后仍不符合规定的，专利申请将会被驳回。

7.《专利法实施细则》第20条的审查

发明专利申请的说明书中应当记载发明的技术内容。说明书中不能使用与技术无关的词句，也不能使用商业性宣传用语以及贬低或者诽谤他人或者他人产品的词句。此处需要注意，若仅是客观地指出背景技术中存在的技术问题，则不应当认为是上述的"贬低行为"。说明书明显不符合上述规定的，将发出审查意见通知书，说明理由并通知申请人在指定期限内陈述意见或者补正。申请人陈述意见或者补正后仍不符合规定的，专利申请将会被驳回。

8.《专利法实施细则》第22条的审查

发明专利申请的权利要求书应当记载发明的技术特征。权利要求书中不得使用与技术方案内容无关的词句，不能使用商业性宣传用语，不得使用贬低他人或者他人产品的词句。在发明专利申请的初步审查过程中，若发现权利要求书明显不符合上述规定的，将发出审查意见通知书，说明理由并通知申请人在指定期限内陈述意见或者补正。申请人陈述意见或者补正后仍不符合规定的，专利申请将会被驳回。

二、明显实质性缺陷的常见问题及解析

1. 涉及疾病的诊断和治疗方法的专利申请

案例 7 - 1

案情简介： 本发明专利申请涉及"一种腹腔镜辅助右半切除结肠癌的方法"，主要内容是通过在腹腔镜下进行右半肠癌的切除以治疗癌症，是很典型的手术方法。可见，本案的问题在于专利申请的内容属于《专利法》第25条第1款第（三）项规定的情形。

案例分析： 专利申请以具有生命的人体或动物体作为直接的实施对象，从而进行识别、确定，以及消除病因或病灶的过程，此过程即为"疾病的诊断和治疗方法"。基于人道主义以及社会伦理的考虑，医生在疾病的诊断和治疗的整个过程中应具有选择不同方法和条件的自由。❶ 除此之外，疾病的诊断和治疗方法的直接实施对象是有生命的人体或者动物体，其无法在产业上加以利用，并不符合专利法意义上的发明创造。❷

"诊断方法"的含义是为识别、研究、确定有生命的人体或者动物体病因或者病灶状态的过程，其应当以有生命的人体或者动物体为对象，并同时以获取疾病的诊断结果或健康情况作为其直接目的。"治疗方法"的含义是为使有生命的人体或动物体恢复或者获得健康或者减少痛苦，进行阻断、缓解、消除病因或者病灶的过程。本案例的内容是通过在腹腔镜下进行右半肠癌的切除以达到治疗癌症的目的，明显是以治疗为目的的外科手术方法，属于"疾病的治疗方法"，因此本案是《专利法》第25条第1款第（三）项规定的情形，将会发出审查意见通知书。若申请人陈述的意见不足以说明该发

---

❶ 国家知识产权局专利局专利审查协作北京中心. 发明初审及法律手续450问［M］. 北京：知识产权出版社，2023：69.

❷ 实用版法规专辑：知识产权法［M］. 北京：中国法制出版社，2022：78.

明专利申请不属于《专利法》第 25 条第 1 款第（三）项规定的"疾病的诊断和治疗方法"的，专利申请将会被驳回。需要注意，虽然疾病的诊断和治疗方法不是专利法保护的客体，但用于实施疾病诊断和治疗方法的仪器或者装置、在疾病诊断和治疗方法中使用的物质或者材料，例如药物本身、医疗器械等，是可以被授予专利权的。

案件启示：《专利法》第 25 条列举了专利保护客体的例外，规定了不属于专利保护客体的六种情形。初步审查会对申请专利的发明是否明显属于《专利法》第 25 条规定的不授予专利权的客体进行判断。若专利申请属于《专利法》第 25 条第 1 款第（三）项所规定的"疾病的诊断方法"的，例如诊脉法、足诊法、X 光诊断法、超声诊断法、胃肠造影诊断法、患病风险度评估方法、基因筛查诊断法等，不应被授予专利权；相同的，若专利申请属于《专利法》第 25 条第 1 款第（三）项所规定的"疾病的治疗方法"的，例如外科手术治疗方法、药物治疗方法、心理疗法；以治疗为目的的针灸、麻醉、推拿、按摩、刮擦、气功、催眠、药浴等以及护理方法；以治疗为目的的受孕、避孕、增加精子数量、体外受精、胚胎转移等方法；为预防疾病而实施的各种免疫方法等，不应被授予专利权。

2. 涉及智力活动的规则和方法的专利申请

案例 7 - 2

案情简介：本发明专利申请涉及"一种茉莉花茶的香气和滋味的品质量化的感官审评方法"，具体包括：从待审评茉莉花茶样品中取代表性茶样置于审评杯中，加沸水浸泡后将茶汤沥入审评碗，对审评杯中的香气鲜灵度、花香浓度、香气持久性和香气协调性进行打分，最后将打分结果进行统计和计算。

案例分析：智力活动的规则和方法指的是指导人们进行思维、表述、判断和记忆的规则和方法。本申请的内容是将茉莉花样品加沸水浸泡后置于特定容器中，从人为制定的四个角度（香气鲜灵度、花香浓度、香气持久性、香气协调性）对其进行评断并统计相应结果，其本质上是人为制定的规则与方法，并未利用自然规律，明显属于《专利法》第 25 条第 1 款第（二）项规定的"智力活动的规则和方法"的情形。除此之外，本案并未采用技术手段或利用自然规律，也未解决技术问题和产生技术效果，因此其也未构成《专利法》第 2 条第 2 款所规定的"技术方案"。综上，本案将会发出审查意见通知书，如果申请人陈述的意见不足以克服上述缺陷，专利申请将会被驳回。

案件启示： 若专利申请属于"智力活动的规则和方法"，例如演绎、推理和运筹的方法；交通行车规则、时间调度表、比赛规则；心理测验方法；教学、授课、训练和驯兽的方法；乐谱、食谱、棋谱等，则属于《专利法》第 25 条第 1 款第（二）项规定的情形，不应被授予专利权。

3. 涉及《专利法》第 5 条第 1 款的专利申请

案例 7 - 3

案情简介： 本专利申请的发明名称为"一种棘胸蛙冻干粉的全流程生产工艺"，申请文件中记载"对棘胸蛙进行清洗、宰杀，对棘胸蛙肉进行相关步骤操作以获得棘胸蛙冻干粉"。

案例分析：《专利法》第 5 条第 1 款规定，对违反法律、社会公德或者妨害公共利益的发明创造，不授予专利权。本申请涉及"一种棘胸蛙冻干粉的全流程生产工艺"，而棘胸蛙被列入 2012 年《世界自然保护联盟濒危物种红色名录》ver3.1——易危，且中国《国家重点保护野生动物名录》中记载棘胸蛙为二级保护动物。因此，本申请明显违反了《中华人民共和国野生动物保护法》，属于《专利法》第 5 条第 1 款规定的违反法律的发明创造，因此不能被授予专利权，将发出审查意见通知书。

案件启示：《专利法》第 5 条规定了违反法律的发明创造不得被授予专利权。在专利审查过程中，可能涉及各种法律的适用，例如《中华人民共和国刑法》《中华人民共和国中国人民银行法》《中华人民共和国票据法》《中华人民共和国治安管理处罚法》《中华人民共和国环境保护法》《中华人民共和国消费者权益保护法》《中华人民共和国食品安全法》等。若专利申请的内容明显与国家法律相悖，则不应被授予专利权。

案例 7 - 4

案情简介： 本专利申请的发明名称为"用于区块链分片系统的存储轮换

方法、系统、设备及应用"，其中含有"挖矿""赚取电力资源"的内容。

案例分析： 妨害公共利益，是指发明创造的实施或使用会给公众或社会造成危害，或者会使国家和社会的正常秩序受到影响。本申请涉及"挖矿""赚取电力资源"的内容，"挖矿"行为本身一般与虚拟货币的产生密切相关，即以产生虚拟货币（例如比特币）为最终目的。虚拟货币的产生与其发行、流通、清算、交易、融资等直接相关，为国家金融管理政策所禁止。而且"挖矿"行为本身会大量消耗电能，严重浪费能源与资源，与绿色发展理念相悖。因此，本案例请求保护的"用于区块链分片系统的存储轮换方法、系统、设备及应用"中包含的相关内容属于《专利法》第 5 条规定的妨碍公共利益的情形，不能被授予专利权，将发出审查意见通知书。申请人陈述意见或补正后仍不符合规定的，专利申请将会被驳回。

案件启示： 若发明创造的实施或使用会严重污染环境、严重浪费能源或者资源、破坏生态平衡、危害公众健康，属于妨害公共利益的情形，不能被授予专利权。

📇 案例 7-5

案情简介： 本发明专利申请涉及"一种带远程自动上锁的无人售货柜"，申请文件中记载了当有小偷想要握紧把手暴力拉开货门时，由于阻压效应从而对小偷的手进行电击作用，以此来劝退小偷，大大提高了无人售货柜的安全性。

案例分析： 根据《专利法》第 5 条第 1 款的规定，对违反法律、社会公德或者妨害社会公众利益的发明创造，不授予专利权。本专利申请的内容中包含"通过对小偷的手进行电击从而防止其拉开货门以提高售货柜的安全性"，明显对他人的人身安全造成威胁，属于妨害公共利益的情形，将发出审查意见通知书。申请人陈述意见或补正后仍不符合规定的，专利申请将会被驳回。

案件启示： 发明创造以致人伤残或者损害财物为手段的，例如"一种使盗窃者双目失明的防盗装置及方法"，明显属于《专利法》第 5 条第 1 款规定的妨害公共利益的情形，不能被授予专利权。

4. 涉及侵犯他人权益的专利申请

案例 7-6

案情简介：本专利申请涉及一种益脑安神的治疗药物，在说明书的具体实施方式部分中，记载了典型病例涉及患者的隐私信息，如姓名、性别、年龄、住址及其精神疾病、抑郁症的治愈情况等，以此说明发明的技术效果。

案例分析：根据《专利法实施细则》第 20 条第 3 款的规定，说明书应当用词规范、语句清楚，不得使用商业性宣传用语。若说明书中含有大量涉及患者隐私的相关内容或信息，则涉嫌侵犯他人合法权益，不符合上述规定。在发明专利申请的初步审查中，申请人应删除或修改涉及患者个人信息的内容，例如具体的姓名、住址等，仅保留病情部分的内容，使得修改后的说明书在能够说明技术效果的同时也不涉嫌对患者隐私的侵犯；或者可以提供患者知情同意书，证明患者同意公布相关信息。❶ 本案例在说明书中大量披露患者隐私或病历资料，属于说明书明显不规范的情形。一旦申请文件公布，就可能影响患者的生活安宁，侵犯其隐私权。

案件启示：说明书应当记载发明的技术内容，且应规范用词。在说明书中，不得使用与技术无关的词句，也不得使用商业性宣传用语以及贬低或者诽谤他人或者他人产品的词句。

第三节　申请文件的形式审查

一、申请文件形式审查的相关规定

根据《专利法》第 26 条的规定，发明专利申请文件包含发明专利请求书、权利要求书、说明书、说明书摘要，必要时还需要提交说明书附图，并指定摘要附图。可见，对于发明专利申请，发明专利请求书、权利要求书、说明书、说明书摘要为必须要提交的申请文件，缺一不可。而说明书附图则

---

❶ 国家知识产权局专利局专利审查协作北京中心. 发明专利初审典型案例释疑［M］. 北京：知识产权出版社，2016：23.

可以选择性提交，根据案件情况在必要时提交即可。

（一）请求书

请求书是一份规定格式的表格，其作用体现在以下四点：首先，请求书是具有总领作用的核心性的申请文件。其次，请求书是申请人请求授予专利权的愿望的表示。再次，根据《专利法》第26条第2款的规定，请求书中应当写明发明或者实用新型的名称、发明人姓名、申请人姓名或者名称、地址以及其他事项。可见，请求书写明了涉及专利申请的著录项目信息（例如，发明创造名称、发明人姓名、申请人的姓名或名称、地址、联系人信息等）、委托关系（专利代理机构相关信息）、特殊审查项（涉及生物保藏、核苷酸或氨基酸序列表、遗传资源等信息）、各类声明和请求以及文件清单等内容。因此，请求书的内容综合了专利申请各方面的情况，可以完整地展示一项专利申请的完整信息。最后，审查员在审查的过程中，通常是依照请求书的内容对专利申请文件进行核实，可见请求书是专利申请的基准性文件。

发明专利请求书应使用规范的表格，完整并准确地填写其中的必要信息，并由当事人签字或盖章。请求书中填写的内容包含：发明名称（表明发明创造的主题）；发明人姓名以及是否公布其姓名；第一发明人的国籍或地区及其身份证件号码；申请人的姓名或名称以及其身份证件号码或者统一社会信用代码、国籍或地区、详细地址、是否请求费用减缴等；联系人姓名、详细地址、电话以及邮政编码等；代表人（声明第×署名申请人作为代表人）；专利代理机构的名称、机构代码、代理师姓名及其资格证号、电话；分案申请信息（原申请号、如果有则应填写针对的分案申请号、原申请日）；生物材料样品信息（保藏单位名称、保藏地址、保藏编号、保藏日期、分类命名）；序列表信息（勾选本专利申请是否涉及核苷酸或氨基酸序列表）；遗传资源信息（勾选本专利申请涉及的发明创造是否依赖遗传资源完成）；要求优先权声明（原受理机构名称、在先申请日、在先申请号）；不丧失新颖性宽限期声明（若涉及不丧失新颖性宽限期的声明，则勾选相应的不丧失新颖性宽限期声明）；保密请求；同日申请（勾选声明申请人对同样的发明创造在申请本发明专利的同日申请了实用新型专利）；提前公布（勾选请求早日公布该专利申请，若不提前公布，则不勾选）；摘要附图（指定说明书附图中的图×为摘要附图）；申请文件清单（实质审查请求书、实质审查参考资料、优先权转让证明、保密证明材料、向外国申请专利保密审查请求书、在先申请文件副本、专利代理委托书或者总委托书备案编号，生物材料样品保藏及存活证明、其他证明文件等的份数及页数）、签字或盖章（全体申请人或专利代理机构签字或盖章）。

以上信息中，属于必填项的有：发明名称、发明人及申请人信息、申请文件及附件文件清单、全体申请人或专利代理机构签字或盖章。其余的项目应根据专利申请的实际情况进行选择性填写。例如，若专利申请涉及核苷酸或氨基酸序列表，则应在请求书中勾选相应选项；若要求优先权，则应在请求书中填写优先权相关信息；若专利申请人委托了专利代理机构，则应在请求书中填写对应的专利代理机构名称、代码等信息。反之，则无须勾选或填写。

1. 发明名称

应在发明专利请求书第4栏规范填写专利申请的发明名称，如图7-1所示。

图7-1 发明专利请求书中的"发明名称"栏

发明名称应当简短、准确地表明发明专利申请要求保护的主题和类型。根据《专利法》第2条第2款的规定可以看出，发明专利申请分为产品发明与方法发明，规范的发明名称应表明该发明属于产品还是方法（或既包含产品又包含方法）。发明名称中不应有错别字，不应含有宣传用语，也不能含有夸大发明创造功能的不规范表述。一般情况下，发明名称不得含有副标题，且不得含有非技术用语（人名、单位名称、商标、代号、型号等），不得含有含糊词语和笼统词语。对于发明名称字数的要求为一般不得超过25个字，必要时可不受此限制，但也不得超过60个字。当发明名称中含有符号及标点符号的情况时，应规范填写发明名称中的上下角标。发明名称中可含有逗号、顿号、连字符等标点符号，一般不应含有书名号、引号、省略号、破折号、感叹号等标点符号。需要注意，申请日提交的说明书中的发明名称应当与请求书中填写的发明名称保持一致。不符合规定的，将发出补正通知书。

2. 发明人的要求

根据《专利法实施细则》第 14 条的规定，专利法所称发明人或者设计人，是指对发明创造的实质性特点作出创造性贡献的人。在完成发明创造过程中，只负责组织工作的人、为物质技术条件的利用提供方便的人或者从事其他辅助工作的人，不是发明人或者设计人。由此可见，对发明创造的实质性特点作出创造性贡献的人才是专利法所称的"发明人"。

根据《专利法》第 16 条的规定，发明人或者设计人有权在专利文件中写明自己是发明人或者设计人。应当在发明专利请求书第 5 栏填写发明人信息，如图 7－2 所示。应规范填写发明人中文姓名，外国发明人应填写其中文译名，中文译名中可以使用外文缩写字母，姓和名之间用圆点分开，圆点置于中间位置，例如 M·琼斯。发明人可以请求国家知识产权局专利局不公布其姓名。若在申请时提出不公布发明人姓名请求，则应在请求书中的相应发明人后面勾选"不公布姓名"。需要注意，若提出专利申请后请求不公布发明人姓名，应当提交由发明人签字或者盖章的书面声明，但是专利申请作好公布准备后才提出该请求的，该请求视为未提出。

⑤ 发 明 人	发 明 人 （1）	姓名	□不公布姓名
		国籍或地区	身份证件号码
	发 明 人 （2）	姓名	□不公布姓名
		国籍或地区	身份证件号码
	发 明 人 （3）	姓名	□不公布姓名
		国籍或地区	身份证件号码

图 7－2　发明专利请求书中的"发明人"栏

发明人应当是个人，不得填写单位或者集体，以及人工智能名称作为发明人，例如××课题组、人工智能××等；且应当使用发明人本人真实姓名，不得使用笔名或者其他非正式的姓名，不符合规定的，将发出补正通知书。

3. 申请人

应在发明专利请求书第6栏规范完整填写申请人信息，如图7-3所示。

		☒ 全体申请人请求费用减缴且已完成费用减缴资格备案		
⑥申请人	申请人（1）	姓名或名称		申请人类型
		国籍或注册国家（地区）		电子邮箱
		身份证件号码或统一社会信用代码		
		经常居所地或营业所所在地		电话
		详细地址：		邮政编码
	申请人（2）	姓名或名称		申请人类型
		国籍或注册国家（地区）		电子邮箱
		身份证件号码或统一社会信用代码		
		经常居所地或营业所所在地		电话
		详细地址：		邮政编码
	申请人（3）	姓名或名称		申请人类型
		国籍或注册国家（地区）		电子邮箱
		身份证件号码或统一社会信用代码		
		经常居所地或营业所所在地		电话
		详细地址：		邮政编码

图7-3　发明专利请求书中"申请人"信息栏

申请人为中国单位或者个人的，应当填写其姓名或名称、地址、邮政编码、统一社会信用代码或者身份证件号码。申请人是外国人、外国企业或者外国其他组织的，应当填写其姓名或者名称、国籍或者注册的国家或者地区。请求书中填写申请人事项时应注意：申请人为个人的，应填写其本人的真实姓名，不得使用笔名或者其他非正式姓名；申请人为单位的，应完整规范填写单位正式全称，应与公章中的单位名称保持一致，不应使用缩写或简称，以确保申请人信息的真实及准确性；外国申请人应规范填写其中文译名。申请人姓名或名称应使用中文，不得出现英文全名、拼音，一般情况下不得出现繁体字。应根据实际情况准确选择请求书中的申请人类型（个人，企业，事业单位，机关团体，大专院校，科研单位）。应正确填写申请人的统一社会信用代码或者身份证件号码，例如，若申请人为中国企业，填写的统一社会信用代码应为 18 位，且应与其名称相对应。此外，若申请人已完成费用减缴资格备案，应在请求书中勾选"全体申请人请求费用减缴且已完成费用减缴资格备案"，需要注意的是，费用减缴备案信息中的申请人姓名或名称及证件号码应与请求书中的保持一致，否则不予费减。多个申请人的，应在第 6 栏中按照申请人顺序逐一填写相关信息。申请人信息填写不符合规定的，将发出补正通知书。

4. 联系人

联系人是代替单位接收国家知识产权局所发信函的收件人。应在发明专利请求书中的第 7 栏填写联系人信息，如图 7 - 4 所示。

⑦ 联系人	姓　名		电　话	
	邮政编码		电子邮箱	
	详细地址			

图 7 - 4　发明专利请求书中"联系人"栏

填写联系人的主要目的是使专利申请人能及时收到国家知识产权局发出的通知书等信件，以便申请人可以及时处理答复通知书、缴费等专利事宜，避免耽误相应期限导致申请人遭受不必要的损失。若申请人为单位的同时未委托专利代理机构，则应当填写联系人。申请人为个人且需由他人代收国家知识产权局所发信函的，也可以填写联系人。以上两种情况，第一种联系人为必填项，第二种联系人为选填项。

在请求书中填写联系人信息时应注意：联系人只能填写一人，不应填写多人；联系人应为自然人且应填写其真实姓名，不应填写笔名、职称、先生、女士等称谓，不应填写为单位或公司名称。应完整规范填写联系人的姓名、通信地址、邮政编码及电话号码。此外，申请人为单位的，联系人应当是本单位的工作人员，在审查过程中必要时可要求申请人出具证明，例如，联系人地址与单位地址明显不一致时。

请求书中填写的联系人信息不符合规定的，例如仅填写了联系人姓名而缺少联系人地址等信息、联系人为必填项但未填写的、联系人姓名填写为单位的等，将会发出补正通知书。

5. 地址

发明专利请求书中填写的地址，如申请人、联系人等的地址，均应当符合邮件能够迅速、准确投递的要求。申请人的地址应当是其经常居所或营业所所在地的地址。地址应详细具体：本国地址应当包括所在地区的邮政编码，以及省（自治区）、市（自治州）、区、街道门牌号码和电话号码，或者省（自治区）、县（自治县）、镇（乡）、街道门牌号码和电话号码，或者直辖市、区、街道门牌号码和电话号码。有邮政信箱的，可以按照规定使用邮政信箱。需要注意，地址可以包含相关单位名称，但单位名称不能代替地址，例如地址填写为"××省××公司"是不符合规定的。外国的地址应当注明国别，同时附具外文详细地址。请求书中申请人、联系人地址填写不符合规定的，将发出补正通知书。

6. 代表人

专利申请有两个以上申请人且未委托专利代理机构的，除另有规定外或请求书中另有声明外，以第一署名申请人为代表人。若申请人指定非第一署名申请人为代表人时，应当填写发明专利请求书第8栏，在此栏声明被指定的代表人，如图7-5所示。请求书所声明的代表人应当是申请人之一。

⑧代表人为非第一署名申请人时声明	特声明第_署名申请人为代表人

图7-5　发明专利请求书"代表人"声明栏

需要注意，若办理直接涉及共有权利的手续（提出专利申请，委托专利代理，转让专利申请权、优先权或者专利权，撤回专利申请，撤回优先权要求，放弃专利权等）应当由全体权利人签字或者盖章。除办理直接涉及共有权利的手续外，代表人可以代表全体申请人办理在国家知识产权局专利局的其他手续。

7. 专利代理机构

若申请人委托专利代理机构，应在发明专利请求书第9栏填写专利代理机构信息，如图7-6所示。

⑨ 专 利 代 理 机 构	☒ 声明已经与申请人签订了专利代理委托书且本表中的信息与委托中相应信息一致			
	名称		机构代码	
	代 理 师 (1)	姓 名	代 理 师 (2)	姓 名
		资格证号		资格证号
		电 话		电 话

图 7-6 发明专利请求书中"专利代理机构"栏

填写时，应当勾选"声明已经与申请人签订了专利代理委托书且本表中的信息与委托中相应信息一致"；同时应填写专利代理机构名称、代理机构代码、代理师姓名、代理师资格证号及联系电话。此处特别提示，2024 年 1 月 20 日生效的《专利法实施细则》第 19 条修改请求书中专利代理师"执业证号"为"资格证号"，因此，2024 年 1 月 20 日及之后的专利申请，请求书中应填写正确的代理师资格证号码。

对于专利代理机构名称应当注意，在请求书中应当使用其在国家知识产权局登记的全称，不得使用简称或者缩写。同时，请求书中填写的代理机构名称要与加盖在申请文件中的专利代理机构公章上的名称一致。对于专利代理师的姓名应当注意，在请求书中应当使用其真实姓名，一件专利申请的专利代理师不得超过两人。

若申请人委托专利代理机构，除在请求书中规范正确填写第 9 栏专利代理机构信息外，还应当提交专利代理委托书。提交的专利代理委托书应当使用专利局制定的标准表格，如图 7-7 所示。专利代理委托书中应写明委托权限、发明创造名称、专利代理机构名称、专利代理师姓名，且应当与请求书中填写的内容保持一致。在专利申请确定申请号后提交专利代理委托书的，还应当填写专利申请号。申请人是个人的，专利代理委托书应当由申请人签字或盖章；申请人为单位的，应当加盖其单位的公章。有两个以上申请人的，应当由全体申请人签字或盖章。除此以外，专利代理委托书还应当加盖专利代理机构的公章。

专利代理委托书

☒ 声明填写的专利代理委托信息与专利代理委托书扫描文件是一致的。
根据专利法第18条的规定

委　托 _____ 机构代码（_____）

1.代为办理名称为 _____ 的发明创造
申请或专利（申请号或专利号为___）以及在专利权有效期内的全部专利事务。

2.代为办理名称为____

　　　　专利号为___的专利权评价报告或实用新型专利检索报告。

3.代为办理名称为____

　　　　申请号或专利号为____的中止程序请求。

4.其他
专利代理机构接受上述委托并指定专利代理师

[专利代理师]　____
[专利代理师]

办理此项委托。

委托人（单位或个人）

_____

被委托人（专利代理机构）

_____

图 7－7　"专利代理委托书"的标准表格

申请人委托专利代理机构的，可以向专利局交存总委托书。专利局收到符合规定的总委托书后，会通知并给予该专利代理机构备案合格的总委托书编号。若已交存总委托书并获得总委托书编号的，应在请求书第22栏附加文件清单中相应位置填写总委托书编号，如图7-8所示。无须再提交单独的专利代理委托书。

⑳ 附加文件清单

1.

2.

3.

证明文件备案编号_____

总委托书编号ZW（   ）

图7-8 请求书中的"总委托书编号"

申请人委托专利代理机构的，分为"强制委托"和"非强制委托"两种情形。《专利法》第18条第1款规定，在中国没有经常居所或者营业所的外国人、外国企业或者外国其他组织在中国申请专利和办理其他专利事务的，应当委托依法设立的专利代理机构办理。初步审查中，在中国内地没有经常居所或者营业所的外国人、外国企业或者外国其他组织在中国单独申请专利和办理其他专利事务，或者作为代表人与其他申请人共同申请和办理其他专利事务的，应当委托专利代理机构办理。此外，在中国内地没有经常居所或营业所的香港、澳门或者台湾地区的申请人单独向专利局提出专利申请和办理其他专利事务，或者作为代表人与其他申请人共同申请和办理其他专利事务的，应当委托专利代理机构办理。需要注意的是，其"单独"及"作为代表人"两种情况下"强制委托"的要求。若属于"强制委托"情形但未委托专利代理机构的，将发出审查意见通知书，通知申请人在指定期限内答复。申请人陈述意见或补正后仍然不符合《专利法》第18条第1款的规定的，专利申请将被驳回。若属于"强制委托"情形但请求书中填写的专利代理信息或提交的专利代理委托书不符合规定的，将发出补正通知书，申请人逾期不答复或补正后仍然不符合规定的，将发出视为撤回通知书。

《专利法》第18条第2款规定，中国单位或者个人在国内申请专利和办理其他专利事务的，可以委托依法设立的专利代理机构办理。此条款是"非强制委托"条款，即中国内地的单位或者个人申请专利和办理其他专利事务，或者作为代表人与其他申请人共同申请专利和办理其他专利事务的，可以委托专利代理机构办理，也可以自行申请专利或办理其他专利事务。属于"非强制委托"情形的，请求书中填写的专利代理机构信息或提交的专利代理委托书不符合规定的，将发出办理手续补正通知书，期满未答复或补正后仍然不符合规定的，将发出视为未委托专利代理机构通知书。

8. 序列表

序列表是指包含在专利申请中公开的并构成说明书组成部分的核苷酸序列和/或氨基酸序列，其公开了核苷酸和/或氨基酸序列的详细内容和其他有用信息。

发明专利申请若涉及核苷酸或氨基酸序列表，则应在发明专利申请请求书中勾选第12栏"本专利申请涉及核苷酸或氨基酸序列表"，如图7－9所示。

⑫ 序列表	□ 本专利申请涉及核苷酸或氨基酸序列表

图7－9 发明专利请求书中的"序列表"栏

在发明专利申请请求书中勾选了"本专利申请涉及核苷酸或氨基酸序列表"后，还应提交核苷酸或氨基酸序列表。对于电子申请，应当提交一份符合规定的计算机可读形式序列表作为说明书的一个单独部分。

若提交的核苷酸或氨基酸序列表不符合规定，例如序列表不完整、序列表格式不符合要求等，将发出补正通知书，通知申请人在指定期限内补交正确的序列表。依据国家知识产权局发布的《关于调整核苷酸或氨基酸序列表电子文件标准的公告》（第485号），自2022年7月1日起，向国家知识产权局提交的国家专利申请和 PCT 国际申请，专利申请文件中含有序列表的，该序列表电子文件应符合 WIPO ST. 26 标准要求。❶ 可使用 WIPO Sequence 验证序列表是否符合 WIPO ST. 26 标准要求。

9. 提前公布声明

根据《专利法》第 34 条的规定，国务院专利行政部门收到发明专利申请后，经初步审查认为符合本法要求的，自申请日起满 18 个月，即行公布。国务院专利行政部门可以根据申请人的请求早日公布其申请。根据《专利法实施细则》第 52 条的规定，申请人请求早日公布其发明专利申请的，应当向国务院专利行政部门声明。国务院专利行政部门对该申请进行初步审查后，除予以驳回的外，应当立即将申请予以公布。

加快申请应当在申请日时作出提前公布的声明，在请求书中勾选第 17 栏"请求早日公布该专利申请"，如图 7 - 10 所示。

⑰ 提前公布	☒ 请求早日公布该专利申请

图 7 - 10　请求书中"提前公布"声明栏

10. 签字或盖章

发明专利请求书中第 23 栏，为"代表人或专利代理机构"签章栏，如图 7 - 11 所示。

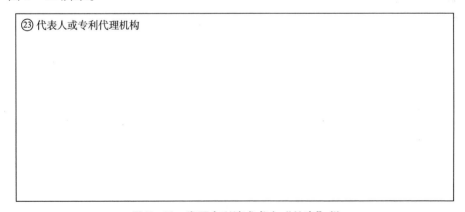

图 7 - 11　发明专利请求书中"签章"栏

---

❶　国家知识产权局专利局专利审查协作北京中心. 发明初审及法律手续 450 问［M］. 北京：知识产权出版社，2023：42 - 43.

对于加快申请，专利申请委托专利代理机构的，第 23 栏应由专利代理机构进行电子签章，若未委托专利代理机构的，则应由申请人进行电子签章，有多个申请人的，应由代表人进行电子签章。需要注意的是，签章中的姓名或名称应与请求书中填写的姓名或名称保持一致。

（二）权利要求书

根据《专利法》第 26 条第 1 款的规定，申请发明专利的，应当提交请求书、说明书及其摘要和权利要求书等文件。可见，对于发明专利申请来说，权利要求书为必须要提交的专利申请文件。根据《专利法》第 64 条第 1 款的规定，发明专利权的保护范围以其权利要求书的内容为准。因此，权利要求书是确定发明专利保护范围的依据，同时也是判断专利申请是否符合授权条件的基础文件。权利要求是否合理覆盖了发明的实质内容，是否清晰地界定了保护范围，是否能够确定地指向潜在的侵权主体，对于专利申请的授权及后续产生侵权纠纷时的保护均至关重要。❶

根据《专利法》第 26 条第 4 款的规定，权利要求书应当以说明书为依据，清楚、简要地限定要求专利保护的范围。根据《专利法实施细则》第 22 条第 1 款的规定，权利要求书应当记载发明的技术特征。权利要求书的内容应当反映要求获得保护的发明的技术方案，而技术方案的表达则正是通过记载构成技术方案的技术特征来实现的。因此，权利要求书不应当记载发明创造背景、发明创造所要解决的技术问题、发明创造的理论原理以及发明创造产生的有益效果。❷

高质量的权利要求书应准确把握发明要点，全面构建权利体系。其主线始于要解决的技术问题，终于解决技术问题的必要技术特征。同时，也要考虑到权利要求书的层次，合理撰写独立权利要求及从属权利要求，避免追求独立权利要求保护范围最大化而忽略必要技术特征。此外，权利要求的主题名称应当能够清楚地表明该权利要求所保护的是一种产品还是一种方法，不允许采用含糊的表达方式。在实践中，应选择更易发现侵权行为、更易锁定

---

❶ 全国经济专业技术资格考试参考用书编委会. 高级经济实务：知识产权［M］. 2 版. 北京：中国人事出版社，2022：39.

❷ 尹新天. 中国专利法详解［M］. 北京：知识产权出版社，2011：267.

侵权主体的权利要求类型，并根据《专利法》有关专利保护客体的相关规定选择适合的权利要求类型，如方法类权利要求、产品类权利要求或二者混合的权利要求。❶

根据《专利法实施细则》第 22 条第 2 款的规定，权利要求书有几项权利要求的，应当用阿拉伯数字顺序编号。不得含有未编号或编号重复的权利要求，编号前也不得冠以"权利要求"或者"权项"等词。根据《专利法实施细则》第 22 条第 3 款的规定，为了清楚地界定专利保护范围，权利要求中不得有插图。权利要求中可以有化学式或者数学式，必要时也可以有表格。

若权利要求书不符合规定，例如权利要求中含有插图、权利要求书未按顺序编号、一项权利要求中含有多项权利要求内容、权利要求保护的主题与说明书中的发明内容明显不一致、权利要求中存在明显不完整或不清晰的公式或公式中的文字或符号重叠或字符显示异常的，将发出补正通知书，要求申请人修改相应缺陷。

(三) 说明书

专利申请的说明书是申请人公开其发明的申请文件，其主要功能是为权利要求提供依据，其面向的读者是所属领域普通技术人员。根据《专利法》第 26 条第 1 款的规定，申请发明专利的，应当提交请求书、说明书及其摘要和权利要求书等文件。可见，对于发明专利申请来说，说明书为必须要提交的专利申请文件。根据《专利法》第 26 条第 3 款的规定，说明书应当对发明或者实用新型作出清楚、完整的说明，以所属技术领域的技术人员能够实现为准。因此，说明书要清楚、完整地公开发明的技术方案，使所属技术领域的普通技术人员能够理解并实施该发明；同时，说明书可以用于解释权利要求的内容，以便更为正确地确定发明专利权的保护范围❷。除此之外，说明书提供的信息也是国家知识产权局进行审查，判断是否能够授予专利权的基础。

根据《专利法实施细则》第 20 条的规定，发明专利申请的说明书应当写明发明的名称，该名称应当与请求书中的名称一致。说明书应当包含以下

---

❶ 全国经济专业技术资格考试参考用书编委会. 高级经济实务：知识产权 [M]. 2 版. 北京：中国人事出版社，2022：39 – 44.

❷ 尹新天. 中国专利法详解 [M]. 北京：知识产权出版社，2011：260.

五部分内容，并在说明书每一部分前面写明标题。①技术领域：写明要求保护的技术方案所属的技术领域。②背景技术：写明对发明或者实用新型的理解、检索、审查有用的背景技术；有可能的，并引证反映这些背景技术的文件。③发明内容：写明发明或者实用新型所要解决的技术问题以及解决其技术问题采用的技术方案，并对照现有技术写明发明或者实用新型的有益效果。④附图说明：说明书有附图的，对各幅附图作简略说明。⑤具体实施方式：详细写明申请人认为实现发明或者实用新型的优选方式；必要时，举例说明；有附图的，对照附图。同时，根据《专利法实施细则》第 20 条第 3 款的规定，发明说明书应当用词规范、语句清楚，并不得使用"如权利要求……所述的……"一类的引用语，也不得使用商业性宣传用语。说明书中不能含有非技术用语及不规范用语；不得含有违反法律、社会公德或者妨害公共利益的内容；不得含有贬低或者诽谤他人或他人产品的词句。

说明书无附图的，说明书文字部分不应含有附图说明及其相应的标题。说明书有附图的，说明书中的"附图说明"应当与相应的说明书附图内容一一对应，即说明书文字部分写有附图说明的，说明书应当有附图。说明书有附图的，说明书文字部分应当有附图说明。若说明书文字部分写有附图说明但说明书无附图或者缺少相应附图的，将会发出补正通知书，通知申请人取消说明书文字部分的附图说明，或者在指定的期限内补交相应附图。申请人补交附图的，以向国家知识产权局专利局提交或者邮寄补交附图之日为申请日，将发出重新确定申请日通知书。申请人取消相应附图说明的，保留原申请日。对于补交附图重新确定申请日的，应特别注意：补交附图重新确定申请日时，不可以修改前期提交错误或遗漏的内容。对于根据《专利法实施细则》第 46 条的规定补交附图重新确定申请日的，仅适用于说明书中含有附图说明但缺少相应附图的情形，而不适用于附图提交错误或含有缺陷的情况。❶

说明书文字部分可以有化学式、数学式或者表格，但不得有插图，插图应当放入说明书附图中。

若说明书不符合规定，例如说明书中的发明名称与请求书中填写的不一

---

❶ 国家知识产权局专利局专利审查协作北京中心. 发明初审及法律手续 450 问［M］. 北京：知识产权出版社，2023：58.

致、说明书中的公式明显不清晰或字迹重叠、说明书内容明显不完整或含有乱码内容、有附图但说明书中缺少相应的附图说明、说明书中写明的附图标记与说明书附图不符、说明书中含有插图等，将发出补正通知书，要求申请人修改相应缺陷。

（四）说明书附图

根据《专利法》第26条第3款的规定，说明书应当对发明作出清楚、完整的说明，以所属技术领域的技术人员能够实现为准；必要的时候，应当有附图。可见，对于发明专利申请来说，说明书附图不是必须要提交的专利申请文件。申请人可根据专利申请的实际情况在必要时提交附图。根据《专利法》第64条第1款的规定，附图可以用于解释权利要求的内容，因此对于仅凭文字描述无法清楚说明的发明专利申请，就可以辅以说明书附图更加清楚地表述该发明专利申请的内容，使得所属领域技术人员能更好地理解并实施该发明。❶

说明书附图的线条应当均匀清晰、足够深，不得涂改，不得使用工程蓝图。附图一般使用黑色墨水绘制，必要时可以提交彩色附图。附图总数在两幅以上的，应当使用阿拉伯数字顺序编号，并在编号前冠以"图"字，例如"图1、图2……图n"，"图1、图2……图n"的编号应当标注在相应附图的正下方。附图中的词语应当使用中文，必要时可以在其后的括号里注明原文。说明书附图中的附图标记应与说明书文字部分一一对应，说明书文字部分未提及的附图标记不能出现在附图中，附图中未出现的附图标记不能在说明书文字部分提及。流程图、框图应当作为附图，并应当在其框内给出必要的文字和符号。附图中除必需的词语外，不得含有其他注释。一般情况下不使用照片作为附图，但特殊情况下，例如，显示金相结构、组织细胞或者电泳图谱时，可以使用照片贴在图纸上作为附图。附图的大小及清晰度，应当保证在该图缩小到三分之二时仍能清晰地分辨出图中各个细节，以能够满足复印、扫描的要求为准。

说明书附图不符合规定的，例如附图不清晰，附图中字迹重叠，说明书

---

❶　尹新天. 中国专利法详解［M］. 北京：知识产权出版社，2011：262.

提及附图但无附图，有附图但说明书中缺少"附图说明"部分，附图未按顺序编号，附图含有多余文字注释等，将发出补正通知书，要求申请人修改相应缺陷。

（五）说明书摘要

根据《专利法》第26条第1款的规定，申请发明专利的，应当提交请求书、说明书及其摘要和权利要求书等文件。可见，对于发明专利申请来说，说明书摘要为必须要提交的专利申请文件。

根据《专利法》第26条第3款的规定，摘要应当简要说明发明的技术要点。同时，根据《专利法实施细则》第26条第1款的规定，说明书摘要应当写明发明专利申请所公开内容的概要，即写明发明的名称和所属技术领域，并清楚地反映所要解决的技术问题、解决该问题的技术方案的要点以及主要用途。说明书摘要的作用是使公众通过阅读简短的文字，就能够快捷地获知发明创造的基本内容。

说明书摘要应当写明发明名称，不能使用商业性宣传用语，不得使用标题，不得超过300个字（包括标点符号）。说明书摘要不符合规定的，例如缺少说明书摘要、说明书摘要超过300字、说明书摘要未写明发明名称等，将会发出补正通知书，要求申请人克服相应缺陷。

（六）摘要附图

根据《专利法实施细则》第26条第2款的规定，有附图的专利申请，还应当在请求书中指定一幅最能说明该发明或者实用新型技术特征的说明书附图作为摘要附图。应当在发明专利请求书中的第19栏"摘要附图"栏写明图号，如图7-12所示。摘要附图的作用在于能使社会公众结合摘要更直观地获知发明创造的基本内容。

⑲摘要附图	指定说明书附图中的图__为摘要附图。

图7-12　发明专利请求书中"摘要附图"栏

申请人指定的摘要附图明显不能说明发明技术方案主要技术特征的，或者指定的摘要附图不是说明书附图之一的，将会发出补正通知书，要求申请人修改相应缺陷。此处需要注意两种情形，第一种：如果申请人提交了说明书附图［图1］、［图2］两幅附图，其中附图［图1］分为a、b两部分，但二者并未切分，附图编号为［图1］。这种情形下，若指定图1a或图1b作为摘要附图，是不符合规定的，因为图1a或图1b都不是独立的附图，此时若指定［图1］为摘要附图，是符合规定的。第二种：若说明书附图含有两幅附图，分别编号为［图1a］、［图1b］，此时指定［图1a］或［图1b］作为摘要附图均是符合规定的，相反，若指定［图1］为摘要附图则不符合规定。

二、申请文件形式常见问题及解析

1. 发明人信息不符合规定

📇 **案例 7 – 7**

案情简介： 本案请求书中填写了3位发明人，按填写顺序分别为"王一""李二""王一"。可见，本案的问题在于请求书中填写的第1和第3发明人姓名重复，均为"王一"。

案例分析： 根据《专利法实施细则》第19条第（三）项的规定，发明专利申请的请求书应当写明发明人的姓名。本案第1发明人与第3发明人姓名重复，均为"王一"，属于明显应当进行核实的情形，若为同名同姓的两个不同的发明人，申请人应当提交意见陈述书说明情况并附具相应的身份证明；若属于重复填写，申请人可以删除第3发明人"王一"，并提交意见陈述书说明情况；若重复填写的发明人之一为错误填写，申请人需要将重复的第1发明人或第3发明人"王一"修改为其他姓名的发明人，则应当按照"漏填或错填"发明人的情形办理著录项目变更手续，并提交意见陈述书。特别需要注意的是，根据《专利审查指南2023》第一部分第一章第6.7.2.3节的规定，因漏填或者错填发明人提出变更请求的，应当自收到受理通知书之日起一个月内提出，提交由全体申请人（或专利权人）和变更前后全体发明人签字或者盖章的证明文件，其中应注明变更原因，并声明已依照《专利法实施细则》第14条规定确认变更后的发明人是对本发明创造的实质性特点作出创造性贡献的全体人员。

综上，本案例中发明人姓名重复，不符合《专利法实施细则》第19条第（三）项的规定，将会发出补正通知书，要求申请人核实并克服相应缺陷。

案件启示：发明专利申请的请求书中应当正确填写所有发明人的姓名。若请求书中填写的发明人姓名属于明显需要核实的情形，例如发明人姓名重复、发明人姓名仅为一个单字（如"王""李"）等导致不符合规定的，将会发出补正通知书，要求申请人核实并克服相应缺陷。

📖 案例 7 – 8

案情简介：本案请求书中填写了 3 位发明人，按填写顺序分别为"张某""DZMITROVICH DZMITRY""汪某某"。可见，本案的问题在于请求书中填写的第 2 发明人姓名为英文。

案例分析：根据《专利法实施细则》第 3 条第 1 款的规定，依照《专利法》及其实施细则规定提交的各种文件应当使用中文。本案例中第 2 发明人为外国人，请求书中第 2 发明人姓名填写为其英文全名是不符合规定的。应当将其姓名修改为中文译名，并提交发明人的身份证明材料及声明。综上，本案将会发出补正通知书，要求申请人克服相应缺陷。

案件启示：若发明人为外国人，应在请求书中正确填写其中文译名。中文译名中可以使用外文缩写字母，姓和名之间用圆点分开，圆点置于中间位置，例如 M · 琼斯。

📖 案例 7 – 9

案情简介：本案请求书中填写了 1 位发明人"王某"，国籍为中国，其身份证件号码填写为 19 位。可见，本案的问题在于请求书中填写的第 1 发明人身份证件号码明显有误。

案例分析：根据《专利法实施细则》第 19 条第（九）项的规定，发明申请的请求书中应当写明其他需要写明的有关事项。本案中第 1 发明人国籍为中国，其身份证件号码应为统一的 18 位，填写的 19 位身份证件号码明显有误，与第 1 发明人姓名"王某"不对应。综上，本案将会发出补正通知书，要求申请人克服相应缺陷。

案件启示：请求书中应正确填写发明人身份证件号码，若填写的身份证件号码明显有误的，例如身份证件号码位数明显错误、身份证件号码错误填

写为"统一社会信用代码"，身份证件号码虽为 18 位但却明显有误（如××
×××19881327××××），将会发出补正通知书，要求申请人克服相应
缺陷。

案例 7 - 10

案情简介：本案请求书中填写的申请人为"×××公司"，填写的发明
人也为"×××公司"。可见，本案的问题在于请求书中填写的第 1 发明人
为公司名称，而非自然人。

案例分析：根据《专利法实施细则》第 19 条第（三）项的规定，发明
专利申请的请求书中应当填写发明人的姓名；根据《专利法实施细则》第 14
条的规定，发明人是指对发明创造的实质性特点作出创造性贡献的人。同时，
根据《专利审查指南 2023》第一部分第一章第 4.1.2 节的规定，发明人应当
是个人。本案例中请求书中填写的第 1 发明人姓名为"×××公司"，明显
是单位名称，而非个人，不符合上述规定，故将发出补正通知书。申请人改
正请求书中所填写的发明人姓名的，应当提交补正书、当事人的声明及相应
的证明文件。

案件启示：发明人应当是个人，请求书中应正确填写发明人本人真实姓
名。发明人姓名不得填写为单位、集体或人工智能名称，例如"××课题
组""××公司""人工智能××"，也不得填写为笔名或非正式姓名，例如
"张小姐"等，填写的发明人姓名不符合规定的，将会发出补正通知书，要
求申请人克服相应缺陷。

2. 申请人信息不符合规定

案例 7 - 11

案情简介：本案的申请人为中国的单位"XY 有限责任公司"，请求书中
填写的申请人统一社会信用代码为 17 位。可见，本案的问题在于请求书中填
写的第 1 申请人的统一社会信用代码明显有误。

案例分析：根据《专利法实施细则》第 19 条第（二）项的规定，申请
人是中国单位或者个人的，请求书中应当写明其名称或者姓名、地址、邮政
编码、统一社会信用代码或者身份证件号码。本案例中，申请人为中国的单

位"XY 有限责任公司",其统一社会信用代码应为统一的 18 位,而其请求书中错误地将申请人的统一社会信用代码填写为 17 位,与其单位名称不对应,不符合上述规定。故本案将会发出补正通知书,要求申请人克服相应缺陷。

案件启示:申请人是中国单位或者个人的,应当在请求书中正确填写申请人的统一社会信用代码或者身份证件号码。未填写申请人的统一社会信用代码或者身份证件号码或填写明显有误的,例如统一社会信用代码或者身份证件号码位数明显错误、申请人为单位但统一社会信用代码错误填写为身份证件号码等,将发出补正通知书,要求申请人克服相应缺陷。

案例 7-12

案情简介:本案请求书中填写的申请人名称为"XY 有限责任公司",为中国的单位。但专利代理委托书扫描件中委托人处加盖的申请人公章为"XY 市有限责任公司"。可见,本案的问题在于请求书中填写的第 1 申请人名称与专利代理委托书中的申请人公章上的单位名称不一致。

案例分析:根据《专利法实施细则》第 19 条第(二)项的规定,申请人是中国单位或者个人的,请求书中应当写明其名称或者姓名、地址、邮政编码、统一社会信用代码或者身份证件号码。同时,根据《专利审查指南2023》第一部分第一章第 4.1.3.1 节的规定,请求书中填写的单位名称应当与所使用的公章上的单位名称一致。本案例中,请求书中填写的申请人名称为"XY 有限责任公司",与专利代理委托书扫描件中使用的申请人公章"XY 市有限责任公司"不一致。经验证,申请人名称"XY 市有限责任公司"与其统一社会信用代码相对应。请求书中填写的申请人名称"XY 有限责任公司"中缺少"市"字,是错误的名称,不符合上述规定。本案将发出补正通知书,要求申请人克服相应缺陷。申请人改正请求书中所填写的申请人名称的,应当提交补正书、当事人的声明以及相应的证明文件。

案件启示:请求书中应当正确填写申请人的姓名或名称,申请人为中国个人的,应填写本人真实姓名;申请人是中国单位的,应填写其正式全称。请求书中填写的申请人姓名或名称明显为笔名或非正式姓名、缩写或者简称,或填写的姓名或名称与其签章不一致的,将发出补正通知书,要求申请人克服相应缺陷。

案例 7-13

案情简介： 本案申请人为中国个人"张某某"，请求书中填写的申请人地址为"XX省YY市"。可见，本案的问题在于请求书中填写的第1申请人地址仅有省市信息，明显不详细。

案例分析： 根据《专利法实施细则》第19条第（二）项的规定，申请人是中国单位或者个人的，请求书中应当写明其地址、邮政编码、统一社会信用代码或者身份证件号码。同时，根据《专利审查指南2023》第一部分第一章第4.1.7节的规定，请求书中的地址（包括申请人、专利代理机构、联系人的地址）应当符合邮件能够迅速、准确投递的要求。申请人的地址应当是其经常居所或者营业所所在地的地址。本国的地址应当包括所在地区的邮政编码，以及省（自治区）、市（自治州）、区、街道门牌号码和电话号码，或者省（自治区）、县（自治县）、镇（乡）、街道门牌号码和电话号码，或者直辖市、区、街道门牌号码和电话号码。有邮政信箱的，可以按照规定使用邮政信箱。本案例中，请求书中填写的申请人地址仅为"XX省YY市"，明显不详细，不符合邮件能够迅速、准确投递的要求，本案将发出补正通知书，要求申请人克服相应缺陷。

案件启示： 请求书中应当正确填写申请人的详细地址，符合邮件能够迅速、准确投递的要求。若未填写申请人地址或填写的申请人地址明显不详细，例如仅填写"××省""××省××市""××省××大学""××市××公司"等，将发出补正通知书，要求申请人克服相应缺陷。

3. 联系人信息不符合规定

案例 7-14

案情介绍： 本案请求书中填写的申请人为"××有限责任公司"，且并未委托专利代理机构，同时，请求书中未填写联系人姓名、地址、邮政编码等信息。可见，本案的问题在于申请人为单位且未委托专利代理机构，但未在请求书中填写联系人信息。

案例分析： 根据《专利法实施细则》第4条第3款的规定，国务院专利行政部门的各种文件，可以通过电子形式、邮寄、直接送交或者其他方式送达当事人。当事人委托专利代理机构的，文件送交专利代理机构；未委托专利代理机构的，文件送交请求书中指明的联系人。同时，根据《专利审查指南 2023》第一部分第一章第 4.1.4 节的规定，申请人是单位且未委托专利代理机构的，应当填写联系人。联系人应当是本单位的工作人员。本案例中，申请人为"××有限责任公司"且未委托专利代理机构，则联系人就是代替申请人"××有限责任公司"接收国家知识产权局专利局所发信函的收件人，申请人应在请求书中补充联系人信息。因此，本案将发出补正通知书，要求申请人克服相应缺陷。

案件启示：若申请人为单位且未委托专利代理机构的，联系人为必填项，即必须指定一人为联系人，请求书中应当正确填写联系人姓名、通信地址、邮政编码和电话号码。同时，通过上述"联系人应为本单位的工作人员"的规定可见，联系人应为自然人。若请求书中未按规定填写联系人信息，例如联系人为必填项却未填写、仅填写联系人姓名但未填写联系人通信地址等必要信息、填写的联系人为单位而非自然人等，将会发出补正通知书，要求申请人克服相应缺陷。

4. 发明名称不符合规定

案例 7 - 15

案情简介：本案发明专利申请日提交的请求书中填写的发明名称为"一种含螨变应原的舌下温敏凝胶"。本案申请日提交的说明书中填写的发明名称为"一种含螨变应原的舌下温敏凝胶及其制备方法"。可见，本案的问题在于请求书与说明书中的发明名称不一致。

案例分析：根据《专利法实施细则》第 20 条第 1 款的规定，发明专利申请的说明书应当写明发明或者实用新型的名称，该名称应当与请求书中的名称一致。本案请求书中填写的发明名称为"一种含螨变应原的舌下温敏凝胶"，说明书中的发明名称为"一种含螨变应原的舌下温敏凝胶及其制备方法"，二者明显不一致，不符合上述规定。因此，本案将发出补正通知书，要求申请人克服相应缺陷。

案件启示：发明专利申请的请求书中填写的发明名称应与说明书中的保

持一致，若二者不一致，例如发明名称中的上下角标等符号填写不一致、请求书中填写的发明名称为"一种显示方法及装置"但说明书中填写为"显示方法及装置"等，将会发出补正通知书，要求申请人克服相应缺陷。

案例 7 – 16

案情简介： 本案申请日提交的请求书、说明书中填写的发明名称均为"一种美术作品的展示装置（一）"。可见，本案的问题在于发明名称中含有代号"（一）"。

案例分析： 根据《专利审查指南 2023》第一部分第一章第 4.1.1 节的规定，发明名称不得含有非技术用语，例如人名、单位名称、商标、代号、型号等。本案例中，发明名称中含有代号"（一）"，为非技术用语，不符合上述规定，将发出补正通知书，要求申请人克服相应缺陷。

案件启示： 发明名称应当简短、准确地表明发明专利申请要求保护的主题和类型，其中不得含有非技术用语。

5. 权利要求书不符合规定

案例 7 – 17

案情简介： 本案申请日提交的权利要求书中包含 8 项权利要求，其中权利要求【6】中含有流程图。可见，本案的问题在于权利要求书中含有插图。

案例分析： 根据《专利法实施细则》第 22 条第 3 款的规定，权利要求书中使用的科技术语应当与说明书中使用的科技术语一致，可以有化学式或者数学式，但是不得有插图。除绝对必要的外，不得使用"如说明书……部分所述"或者"如图……所示"的用语。本案例中，权利要求【6】的内容中含有插图，不符合上述规定，因此，本案将发出补正通知书，要求申请人克服相应缺陷。

案件启示： 根据《专利法实施细则》第 22 条第 3 款的规定，权利要求书中可以有化学式或者数学式，但是不得有插图。若权利要求书中的插图是说明书附图的其中一幅，则建议申请人删除权利要求书中的插图并在权利要求书中作相应的文字说明（"如图×所示"）；若权利要求书中的插图不是说明书附图中的一幅，建议申请人删除权利要求书中的插图，将该插图移入说

明书附图中，同时在说明书的附图说明部分加入对该图的简要说明。❶

案例 7-18

案情简介： 本案权利要求书中权利要求的编号为 1、2、3、4、2、3、4，其中编号"2、3、4"为重复编号。可见，本案的问题在于权利要求书中的权项编号重复。

案例分析： 根据《专利法实施细则》第 22 条第 2 款的规定，权利要求书有几项权利要求的，应当用阿拉伯数字顺序编号。本案中权利要求书的编号"2、3、4"重复，不符合按顺序编号的要求，故本案将发出补正通知书。申请人应当将权利要求修改为按照顺序编号的"1、2、3、4、5、6、7"。

案件启示： 权利要求书应当用阿拉伯数字按照顺序编号，若不符合规定，如权利要求项重复、缺某一项权利要求、其中一项权利要求中疑似含另一项未编号的权利要求等，将发出补正通知书，要求申请人克服相应缺陷。

案例 7-19

案情简介： 本案申请日提交的权利要求书中有 5 项权利要求，其中权利要求【2】中含有小方格"□□□□"的内容。可见，本案的问题在于权利要求【2】中小方格"□□□□"的存在从而造成权利要求书的文字表述不清晰。

案例分析： 根据《专利审查指南 2023》第一部分第一章第 4.6 节的规定，专利申请公布时的说明书、权利要求书和说明书摘要的文字应当整齐清晰，不得涂改，行间不得加字。说明书附图、说明书摘要附图的线条（如轮廓线、点划线、剖面线、中心线、标引线等）应当清晰可辨。文字和线条应当是黑色，并且足够深，背景干净，以能够满足复印、扫描的要求为准。本案例中，权利要求书中的内容含有"□□□□"的表述，明显导致权利要求书内容不清晰、表述不明确，不符合上述规定，故本案将发出补正通知书，要求申请人克服相应缺陷。

---

❶ 国家知识产权局专利局专利审查协作北京中心. 发明初审及法律手续 450 问 [M]. 北京：知识产权出版社，2023：53.

案件启示：根据《专利审查指南 2023》第一部分第一章第 4.6 申请文件出版条件的格式审查规定，权利要求书的内容应当整齐清晰，若其中含有导致权利要求书表述不清的内容，例如，小方格"□□□□"、"错误！未找到引用源"、明显有误的"?? /?"、含有乱码内容、公式（符号）或化学式不清晰、符号重叠或错位等，将发出补正通知书，要求申请人克服相应缺陷。

6. 说明书及说明书附图不符合规定

案例 7 - 20

案情简介：申请日提交的说明书中的"附图说明"部分如下所示：

"图 1 为本发明实施例的具体实施方式的正剖视图一；

图 2 为本发明实施例的具体实施方式中上托板的正视图；

图 3 为本发明实施例的具体实施方式的后视图；

图 4 为本发明实施例的具体实施方式中端块的示意图。"

本案申请日提交的说明书附图如图 7 - 13 所示。

由以上内容可见，本案说明书的附图说明部分仅包含了对附图【图 1】至【图 4】的简要说明。因此，本案的问题在于说明书附图中含有附图【图 5】及【图 6】，但说明书的附图说明部分缺少对【图 5】、【图 6】的简要说明。

案例分析：根据《专利法实施细则》第 20 条第 1 款第（四）项的规定，说明书有附图的，应对各幅附图作简略说明。本案例中，说明书附图含有【图 5】及【图 6】，但说明书的附图说明部分却未包含对【图 5】、【图 6】的简略说明，故本案将发出补正通知书，要求申请人克服相应缺陷。申请人应当补充对【图 5】、【图 6】的附图说明，并重新提交说明书附图说明部分的内容。

案件启示：说明书有附图的，说明书文字部分应当有对各幅附图的简略说明。说明书中"附图说明"部分对各幅附图的简略说明应当与说明书附图一一对应。若不符合上述规定，例如缺少全部"附图说明"、缺少部分"附图说明"等，将发出补正通知书，要求申请人修改相应缺陷。

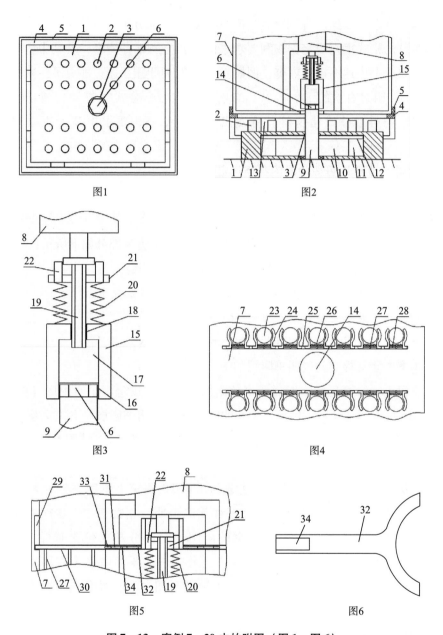

图7-13 案例7-20中的附图（图1—图6）

案例 7-21

案情简介：本案申请日提交的说明书"具体实施方式"部分的节选内容如下所示：

"请参阅图 6：

从动导出模块 12 包括第三定位卡板 20、转动柱 21、第一齿轮 22、第二齿轮 23、辅助动力引导块 24 和第二齿条 25，第三定位卡板 20 与第一引导滑轨 5 的顶端焊接，第一齿轮 22 的一侧焊接有辅助动力引导块 24，辅助动力引导块 24 的底端和第一齿轮 22 的内侧均转动连接有转动柱 21，转动柱 21 靠近辅助动力引导块 24 处的一侧固定连接有第二齿轮 23，转动柱 21 远离第二齿轮 23 的一侧固定连接有第一齿轮 22，第二齿条 25 与第一引导滑轨 5 内侧滑动连接；

第二齿条 25 的顶端与第一齿轮 22 啮合连接，辅助动力引导块 24 的内侧与第一齿条 19 滑动连接，第一齿条 19 的底端与第二齿轮 23 啮合连接，第二齿条 25 的顶端与主动推杆 9 固定连接；

请参阅图 7：

从动处理结构 3 包括配动块 26、第一侧定位板 27、抛光柱 28、第二侧定位板 29 和抛光润滑柱模块 30，配动块 26 与第二引导滑轨 6 的内侧滑动连接，配动块 26 的顶端与从动推杆 10 固定连接，配动块 26 的一侧固定连接有第一侧定位板 27，第一侧定位板 27 的一侧固定连接有抛光柱 28，配动块 26 远离第一侧定位板 27 的一侧固定连接有第二侧定位板 29，第二侧定位板 29 远离配动块 26 的一侧固定连接有抛光润滑柱模块 30；

将抛光柱 28 与管体内部对准，通过控制第一电机 14 完成对偏心推板 15 进行转矩输出，利用偏心推板 15 的偏心设置，偏心推板 15 在转动过程中产生最远端到最近端的往复变化，利用动导销 16 和内装动导块 17 配合，使得动导销 16 在偏心推板 15 的带动下完成推导传递，带动内装动导块 17 完成往复推导，从而推动第一齿条 19 进行往复滑动，利用第一齿条 19 在辅助动力引导块 24 内部的滑动，以及第一齿条 19 与第二齿轮 23 的啮合连接，使得第二齿轮 23 在第一齿条 19 推导下完成转动，利用第二齿轮 23 与转动柱 21 的固定连接，使得转动柱 21 获得同步转矩，利用转动柱 21 带动第一齿轮 22 完成转动，利用第一齿轮 22 与第二齿条 25 的啮合，使得第二齿条 25 获得往复推导动力，利用第二齿条 25 与主动推杆 9 的连接，使得主动推杆 9 将第二齿条 25 的往复受力推导至联动推导板 8，利用联动推导板 8 受力产生的往复转动传递，利用从动推杆 10 将往复受力传递至配动块 26，利用配动块 26、第一侧定位板 27 和抛光柱 28 的连接，使得抛光柱 28 在配动块 26 的推导下，完成对管体内部的持续往复摩擦，从而完成对管体内部的抛光打磨；

请参阅图 8：

抛光润滑柱模块 30 包括搭载管 31、注料管 32、辅助引导块 33、动力输出箱 34、第三电机 35、第三齿轮 36、齿条柱 37、挤压推板 38 和蓄油槽 39，搭载管 31 内侧的一端开设有蓄油槽 39，搭载管 31 的一侧固定连接有注料管 32，搭载管 31 的一端固定连接有辅助引导块 33，辅助引导块 33 的顶端固定连接有动力输出箱 34，动力输出箱 34 的一侧固定连接有第三电机 35，第三电机 35 的输出端固定连接有第三齿轮 36，辅助引导块 33 的内侧滑动连接有齿条柱 37，第三齿轮 36 的底端与齿条柱 37 啮合连接，齿条柱 37 的一端固定连接有挤压推板 38，挤压推板 38 与蓄油槽 39 内侧滑动连接；"

本案申请日提交的说明书附图（共 5 幅）如图 7 - 14 所示。

由以上内容可见，本案的说明书附图中仅包含【图 1】至【图 5】5 幅附图，但说明书"具体实施方式"部分却写有对附图【图 6】、【图 7】、【图 8】的说明。因此，本案的问题在于说明书中提及了附图中未包含的图号。

案例分析： 根据《专利法实施细则》第 46 条的规定，说明书中写有对附图的说明但无附图或者缺少部分附图的，申请人应当在国务院专利行政部门指定的期限内补交附图或者声明取消对附图的说明。申请人补交附图的，以向国务院专利行政部门提交或者邮寄附图之日为申请日；取消对附图的说明的，保留原申请日。可见，说明书中对附图的说明应当与附图一一对应。本案说明书中写有对附图【图 6】、【图 7】、【图 8】的说明但缺少相应附图，故将会发出补正通知书，要求申请人克服相应缺陷。申请人可以做出选择：取消说明书文字部分对附图【图 6】、【图 7】、【图 8】的说明，或者在指定的期限内补交附图【图 6】、【图 7】、【图 8】。如果申请人补交附图【图 6】、【图 7】、【图 8】，则以向国家知识产权局补交附图【图 6】、【图 7】、【图 8】之日为申请日，将发出重新确定申请日通知书。如果申请人取消对附图【图 6】、【图 7】、【图 8】的说明，则保留原申请日。

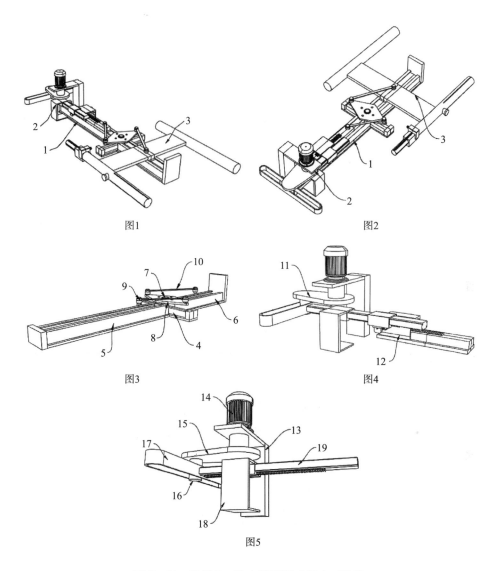

图1

图2

图3

图4

图5

图7-14 案例7-21中的附图（图1—图5）

案件启示：说明书文字部分写有对附图（具体图号）的说明，但缺少相应附图的，可以根据《专利法实施细则》第46条的规定补交相应附图重新确定申请日。但需要注意，若说明书中仅写有"结合附图"此类笼统的描述，并未包含对具体图号附图的说明，则无法适用《专利法实施细则》第46条的规定补交附图。特别提示，如果要求了优先权，申请人选择根据《专利法实施细则》第46条补交附图，应确保补交附图的日期（重新确定后的申请日）仍在优先权日起12个月内。否则，该项优先权将因不满足《专利法》第29条的规定被视为未要求优先权。如果要求了不丧失新颖性宽限期，申请人选择根据《专利法实施细则》第46条补交附图，应保证补交附图的日期（重新确定后的申请日）仍在为公共利益首次公开日期/展览会展出日期/会议召开日期/泄露日起6个月内。否则，将因不满足《专利法》第24条的规定视为未要求不丧失新颖性宽限期。

案例 7 – 22

案情简介：

本案申请日提交的说明书附图（共10幅）如图7 – 15所示。

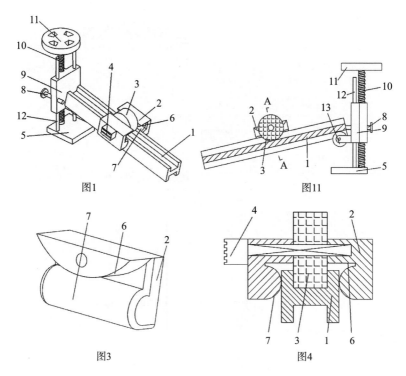

图7 – 15 案例7 – 22中的"说明书附图"

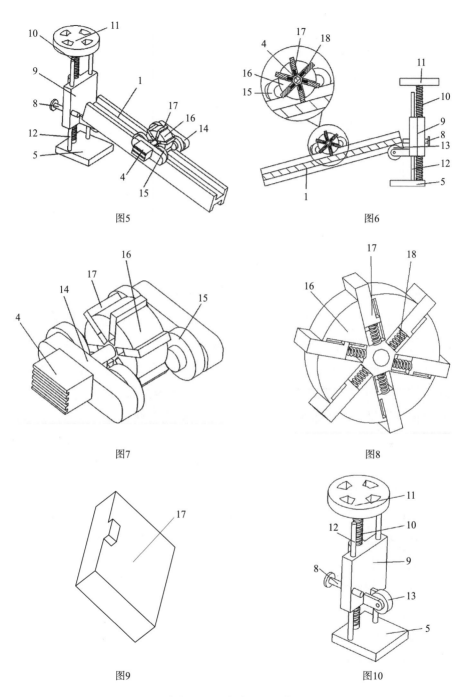

图7-15　案例7-22中的"说明书附图"（续）

本案说明书"附图说明"部分的内容如下所示：

"图1为本发明第一实施立体结构示意图；

图2为本发明第一实施剖视结构示意图；

图3为本发明定位架结构示意图；

图4为本发明附图2中A－A处剖视结构示意图；

图5为本发明第二实施立体结构示意图；

图6为本发明第二实施整体剖视结构示意图；

图7为本发明转轮结构示意图；

图8为本发明抛光板组装结构示意图；

图9为本发明抛光板外形结构示意图；

图10为本发明举升机构结构示意图。"

本案说明书"具体实施方式"部分节选内容如下所示：

"请参阅图1—图4，其中，作为本发明抛光的第一实施例，抛光组件包括抛光轮3、定位架2、顶部限制部6和侧部限制部7，并将定位架2的数量设置有两个，驱动电机4安装至一个定位架2上，并通过定位架2的截面形状呈"L"形，且定位架2的一个内侧面设为侧部限制部7，定位架2的另一个内侧面设为顶部限制部6，顶部限制部6的截面形状呈弧形板状，侧部限制部7的截面形状呈半圆柱形，并通过在驱动电机4的输出轴固定安装有用于对钢件1内侧进行抛光的抛光轮3，且抛光轮3的形状呈圆柱体，并通过定位架2设置在抛光轮3的两侧，且定位架2与驱动电机4的转动轴活动安装，从而保证在工作的过程中，由于抛光轮3的半径值大于钢件1的内侧深度值，致使抛光轮3可直接放入至钢件1中，并对钢件1的内侧进行抛光，而由于抛光轮3是直接放置在钢件1的内侧，因而通过抛光轮3可适应不同深度的钢件1进行抛光，并在抛光的过程中，由上面所说，与其重力之间的相互平衡，从而实现对钢件1内侧的抛光，而通过设置的顶部限制部6保证定位架2与钢件1若出现接触时，将采用点接触的方式，从而降低其运动的阻力，并通过设置的侧部限制部7可进一步地保证抛光轮3在抛光的过程中不会出现偏移的现象，同时，本申请中如需进一步的降低顶部限制部6、侧部限制部7和钢件1之间的摩擦力时，还可将顶部限制部6和侧部限制部7的表面嵌入有滚珠，以此进一步降低其接触的摩擦力。"

由以上内容可见，本案的问题在于说明书"附图说明"及"具体实施方式"部分均写有对"图2"的说明，但因附图编号不连续从而导致说明书附图中未包含"图2"。

案例分析：根据《专利法实施细则》第21条第1款的规定，发明或者实用新型的几幅附图应当按照"图1，图2，……"顺序编号排列。本案说明书中"附图说明"部分写有对"图2"的简略说明，且说明书"具体实施方式"部分也写有"图1—图4"的字样，明显包含了对"图2"的说明。可见，本案说明书中写有对"图2"的说明，但附图中未包含"图2"的附图编号。同时，附图中第2幅图的编号为"图11"，但说明书中却未包含对"图11"的说明。综上，本案中说明书附图未按顺序编号，导致附图说明与附图未一一对应。综上，本案将发出补正通知书，要求申请人克服相应缺陷。申请人应当将不连续的附图编号"图1、图11、图3、图4、图5、图6、图7、图8、图9、图10"修改为连续的附图编号"图1、图2、图3、图4、图5、图6、图7、图8、图9、图10"。

案件启示：说明书附图应当按照"图1，图2，……"的顺序编号，若附图编号不符合规定的，例如附图编号重复、附图编号不连续、附图编号缺失等，将发出补正通知书，要求申请人修改相应缺陷。

案例 7-23

案情简介：本案说明书段【0041-0042】内容如下所示：

"（1）将上述三组对应放入96孔板中，调整成纤维细胞悬液的细胞密度为 $5 \times 10^4/mL$，每孔加样 $200 \mu L$；

（2）将96孔板放置于37℃、5% CO_2 培养箱中培养；每24h取出1个96孔板，每孔加入 $20 \mu L$ MTT溶液（5 mg/mL），继续孵育4 h；

（3）弃上清液，每孔加 $200 \mu L$ 二甲基亚砜，振荡器震荡10 min；

（4）使用自动酶标仪测定在490 nm波长处的吸光度（A）值，根据A490值绘制的生长曲线。

表2　成纤维细胞增殖实验中波长 **490 nm** 处的吸光度（A）值

天数	1 天	3 天	5 天	7 天
实验 A 级	0.28	0.22	0.15	0.06
实验 B 级	0.29	0.32	0.30	0.35
对照组	0.32	0.38	0.36	0.49

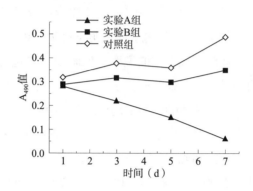

图 2　成纤维细胞增殖生长曲线

对比上述结果可知，设置抗增生药物涂层的人工气管对成纤维细胞具有明显的抑制作用，有望抑制吻合口过度增生，从而降低再狭窄发生的几率。"

由以上内容可见，本案的问题在于说明书中含有一幅插图。

案例分析： 根据《专利法实施细则》第 20 条对于发明专利申请的说明书的要求以及《专利审查指南 2023》第一部分第一章第 4.2 节的规定，说明书文字部分可以有化学式、数学式或者表格，但不得有插图。本案例中，说明书段【0041－0042】中明确写有"图 2 成纤维细胞增殖生长曲线"的字样，并包含相应的生长曲线插图，不符合上述规定。综上，本案将发出补正通知书，要求申请人克服相应缺陷。

案件启示： 说明书文字部分可以有化学式、数学式或者表格，但不得有插图。若说明书中含有插图，附图中无该插图，应当将说明书中的插图移作附图，注明附图编号（应按顺序编号），并在说明书的"附图说明"部分增加对该附图的简要说明；若附图中已包含该插图，则应删除说明书中的插图。

案例 7－24

案情简介： 本案提交的说明书附图如图 7－16 所示。

说 明 书 附 图

此附图为实施例4所制备0.4%氯虫苯甲酰胺缓释颗粒剂在30%甲醇水溶液中的累积释放率动态。

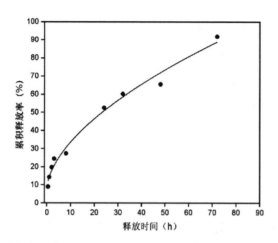

0.4%氯虫苯甲酰胺缓释颗粒剂在30%甲醇水溶液中的累积释放率动态

图7－16　案例7－24中的说明书附图

由以上内容可见，本案的问题在于说明书附图中含有多余的文字注释以及附图编号缺失。附图编号缺失已在案例7－22中予以说明，此处不作赘述。

案例分析：根据《专利法实施细则》第21条第3款的规定，附图中除必需的词语外，不应当含有其他注释。本案例中，说明书附图的上方含有"此附图为实施例4所制备0.4%氯虫苯甲酰胺缓释颗粒剂在30%甲醇水溶液中的累积释放率动态"的字样，说明书附图的下方含有"0.4%氯虫苯甲酰胺缓释颗粒剂在30%甲醇水溶液中的累积释放率动态"的字样，明显为多余的文字注释，不符合上述规定。综上，本案将发出补正通知书，要求申请人克服相应缺陷。

案件启示：附图中不应含有多余的文字注释，若附图中多余的文字注释未包含在说明书中，应当在说明书附图中将其删除，并记载到说明书"附图说明"相应部分；若附图中多余的文字注释已包含在说明书中，应当将其删除。

案例 7－25

案情简介：本案说明书段【0013】"附图说明"部分如下所示：

"图 1 为本发明整体结构示意图；

图 2 为本发明支撑装置结构示意图；

图 3 为本发明缓冲组件结构示意图；

图 4 为本发明摇晃装置结构示意图；

图 5 为本发明驱动装置结构示意图；

图 6 为本发明调节装置结构示意图；

图 7 为图 3 中 A 区域放大图；

图 8 为图 4 中 B 区域放大图；

图 9 为图 5 中 C 区域放大图。"

本案申请日提交的说明书附图【图 1 －图 9】如图 7 －17 所示。

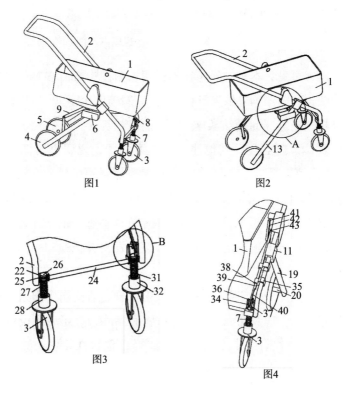

图 7 －17　案例 7 －25 中的"说明书附图"

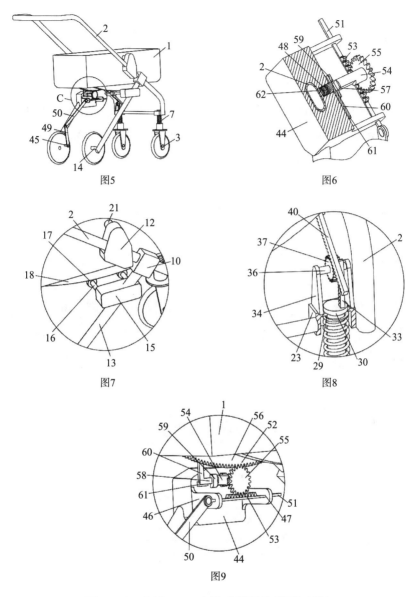

图7-17 案例7-25中的"说明书附图"（续）

由以上内容可见，本案说明书的"附图说明"部分写有"图7为图3中A区域放大图""图8为图4中B区域放大图""图9为图5中C区域放大图"的字样，但本案的附图"图3"中缺少"A"、"图4"中缺少"B"。

案例分析：根据《专利法实施细则》第21条第2款的规定，发明或者实用新型说明书文字部分中未提及的附图标记不得在附图中出现，附图中未出现的附图标记不得在说明书文字部分中提及。申请文件中表示同一组成部分的附图标记应当一致。本案例中，说明书中写有"图 7 为图 3 中 A 区域放大图""图 8 为图 4 中 B 区域放大图"的字样，但附图"图 3"中缺少"A"、"图 4"中缺少"B"的附图标记，明显不符合《专利法实施细则》第 21 条第 2 款的规定。同时，根据《专利法实施细则》第 20 条第 3 款的规定，发明说明书应当用词规范、语句清楚。本案例中的说明书中包含了附图中未体现的附图标记，明显会导致说明书表述不清，不符合《专利法实施细则》第 20 条第 3 款的规定，故本案将发出补正通知书，要求申请人克服相应缺陷。

案件启示：说明书中出现的附图标记应当与附图中的一致，若存在不对应的情况，例如，说明书中写有"如图 3 中的（a）所示"的字样，但附图"图 3"中未包含"（a）"，说明书中写有"图 5 中的步骤 S102 所示"的字样，但附图"图 5"中仅包含了"S103""S104""S105"，并未包含"S102"等，将会发出补正通知书。

🖳 案例 7 - 26

案情简介：本案说明书段【0038】内容如下所示：

"比较公式如下所示：

$$S_{target}(i,k) = \left\{ \begin{array}{l} S_{bf}(i,k), if \ abs(S_{bf}(n_{bf}, i, k)) = Smin(i,k) \end{array} \right.$$

其中，$Smin \ (i, \ k) = min \ (abs \ (s_{bf} \ (n_{bf}, \ i, \ k), \ abs \ (n_{bss}, \ i, \ k)))$，$n_{bf}$ 和 n_{bss} 表示第 n 个目标信号源，i 表示目标信号源的第 i 帧音频数据，k 表示目标信号源的时间频点。"

可见，本案的问题在于，说明书中含有的公式字迹不完整。

案例分析：根据《专利法实施细则》第 20 条第 3 款的规定，发明说明书应当用词规范，语句清楚。同时，根据《专利审查指南 2023》第一部分第一章第 4.6 节的规定，专利申请公布时的说明书、权利要求书和说明书摘要的文字应当整齐清晰，不得涂改，行间不得加字。本案例中，说明书中的公式字迹不完整，会使说明书语句不清楚，表述不清晰，不符合上述规定，故本案将发出补正通知书，要求申请人克服相应缺陷。

案件启示：发明专利申请的说明书应当语句清楚，文字应当整齐清晰。若说明书中含有导致其语句不清楚的内容，例如公式重叠、公式不清晰不完整、乱码、说明书内容明显缺失等，将发出补正通知书。

7. 说明书摘要及摘要附图不符合规定

案例 7－27

案情简介：本案申请日提交的说明书摘要第 1 页如图 7－18 所示。可见，本案的问题在于提交了错误的说明书摘要。

说 明 书 摘 要

一种测试方法、装置及设备

技术领域

[0001] 本发明实施例涉及计算机领域，具体涉及一种测试方法、装置及设备。

背景技术

[0002] 在强化学习算法的研究过程中，算法研究人员需要对训练模型进行多次测试，以不断验证、改进从而得到相对较完善的训练模型。

[0003] 由于强化学习的训练模型是由对应的强化学习算法得到，当强化学习算法改变时，训练模型涉及的测试点对应的测试信息以及测试目标也随之发生改变。现有的测试方法灵活性较差，无法兼容多种强化学习算法或者进行多种测试内容的测试，针对不同的训练模型需要制定不同的测试方法，这样就需要针对每个新的训练模型，或者对处于每个新的应用场景下的测试模型进行单独测试。并且，现阶段对于强化学习的训练模型测试通常采用人工测试或自动化程度较低的方式，由于每个训练模型的待测试点位较多导致测试工作量较大，造成测试效率偏低。

发明内容

[0004] 本申请实施例提供了一种测试方法及系统，以解决现有测试兼容性弱，以及测试效率低的问题。

[0005] 第一方面，本申请实施例提供了一种测试方法，所述方法包括：

获取至少一个测试需求，分别依据每个测试需求调用预设在测试方案库中与相应测试需求对应的测试方案，得到至少一个目标测试方案；

获取至少一个算法信息，分别依据每个算法信息调用预设在决策指标规则库中与相应算法信息对应的决策指标规则，得到至少一个目标决策指标规则；

依据每个目标测试方案以及所述每个算法信息对应的目标决策指标规则进行测试，得到至少一个测试报告；

分析所述至少一个测试报告，得到目标测试报告。

[0006] 在一些可能的实施方式中，在获取至少一个测试点信息之前，所述方法包括：获取至少一个算法启动命令，并将每个所述算法启动命令加载成统一格式字符串用于启动每个所述算法启动命令对应的算法。

[0007] 在一些可能的实施方式中，每个所述测试方案包括：方案名称以及至少一个测试用例，所述测试用例包括：待测试点位信息以及每个待测试点位信息对应的测试内容。

[0008] 在一些可能的实施方式中，获取至少一个算法信息后，得到至少一个目标决策

1

图 7－18　案例 7－27 中的“说明书摘要”

案例分析： 根据《专利法实施细则》第 26 条第 1 款的规定，说明书摘要应当写明发明专利申请所公开内容的概要，即写明发明的名称和所属技术领域，并清楚地反映所要解决的技术问题、解决该问题的技术方案的要点以及主要用途。同时，根据《专利审查指南 2023》第一部分第一章第 4.5.1 节的规定，摘要文字部分（包括标点符号）不得超过 300 个字。本案例中，申请人明显将"说明书"错误提交为"说明书摘要"，导致说明书摘要不符合上述规定。综上，本案将发出补正通知书，要求申请人克服相应缺陷。

案件启示： 说明书摘要应当写明专利申请所公开内容的概要，体现发明名称，不能使用商业性宣传用语，包括标点符号不得超过 300 个字。说明书摘要不符合规定的，例如说明书摘要缺失、说明书摘要未写明发明名称、说明书摘要不能反映技术方案要点、说明书摘要明显超过 300 字、说明书摘要使用商业性宣传用语等，将发出补正通知书。

案例 7-28

案情简介： 本案的发明名称为"一种冲压模具模内优力胶胀形结构及成型工艺"，其技术方案是通过对现有工艺"×××"的优化改进从而提供一种冲压成型后满足产品结构尺寸要求的模内优力胶胀形结构及成型工艺。本案请求书中指定的摘要附图为"图 1"，但说明书中对"图 1"的简要说明为"图 1 为现有技术'×××'产品结构实际状况图"。可见，本案的问题在于指定的摘要附图为说明现有技术"×××"技术特征的附图。

案例分析： 根据《专利法实施细则》第 26 条第 2 款的规定，有附图的专利申请，还应当在请求书中指定一幅最能说明该发明技术特征的说明书附图作为摘要附图。本案例的技术方案主要是针对现有技术"×××"的优化改进，"图 1"为现有技术"×××"产品结构实际状况图，指定的摘要附图说明的是现有技术的技术特征，不符合上述规定。综上，本案将发出补正通知书，要求申请人克服相应缺陷。

案件启示： 说明书有附图的，申请人应当指定其中一幅最能说明该发明技术方案主要特征的附图作为摘要附图，并在请求书中写明图号。若指定的摘要附图说明的是现有技术的技术特征，将发出补正通知书。

8. 专利代理委托不符合规定

案例 7－29

案情简介： 本案申请日为 2024 年 1 月 23 日，申请人为"XX 省 YY 有限责任公司"，并委托了专利代理机构，请求书中相应栏填写了专利代理机构名称、代码、代理师姓名、资格证号码及电话，其中代理师资格证号码填写为××××××××××.×（11 位）。可见，本案的问题在于请求书中填写的代理师资格证号码不正确。

案例分析： 本案的申请日为 2024 年 1 月 23 日，自 2024 年 1 月 20 日起实施的修订后的《专利法实施细则》第 19 条第（四）项规定，请求书中应填写代理师资格证号码。本案填写的 11 位××××××××××.×为代理师执业证号码，不符合上述规定，故将发出办理手续补正通知书，要求申请人克服相应缺陷。

案件启示： 发明专利申请的请求书中，申请人委托专利代理机构的，应当写明受托机构的名称、机构代码以及该机构指定的专利代理师的姓名、专利代理师资格证号码、联系电话。需要注意，申请日在 2024 年 1 月 20 日之前的请求书中应当填写代理师执业证号码，申请日在 2024 年 1 月 20 日之后（含当日）的请求书中应当填写代理师资格证号码。

案例 7－30

案情简介： 本案请求书中填写了两位申请人，分别为中国企业"A 公司"（第 1 申请人）及"B 公司"（第 2 申请人）。同时委托了专利代理机构，但仅提交了第 1 申请人"A 公司"委托专利代理机构的专利代理委托书，并未提交第 2 申请人"B 公司"委托专利代理机构的专利代理委托书。

案例分析： 根据《专利法实施细则》第 17 条第 2 款规定，申请人委托专利代理机构向国务院专利行政部门申请专利和办理其他专利事务的，应当同时提交委托书，写明委托权限。同时，根据《专利审查指南 2023》第一部分第一章第 6.1.2 节的规定，申请人有两个以上的，委托书应当由全体申请人签字或盖章。本案例中，请求书中填写了两位申请人，但却未提交第 2 申请人"B 公司"的专利代理委托书，不符合上述规定，故将发出办理手续补正通知书，要求申请人克服相应缺陷。

案件启示：申请人委托专利代理机构向国务院专利行政部门申请专利和办理其他专利事务的，应当同时提交委托书，写明委托权限。有多位申请人的，每位申请人均应当提交符合规定的专利代理委托书。

案例7-31

案情介绍：本案发明专利请求书中填写的申请人为中国个人"鲁某"，如图7-19所示。但专利代理委托书中的委托人签章为公司签章，如图7-20所示。可见，本案的问题在于专利代理委托书扫描件中的委托人签章与发明专利请求书中填写的申请人不一致。

案例分析：根据《专利法实施细则》第17条第2款规定，申请人委托专利代理机构向国务院专利行政部门申请专利和办理其他专利事务的，应当同时提交委托书，写明委托权限。同时，根据《专利审查指南2023》第一部分第一章第6.1.2节的规定，申请人是个人的，委托书应当由申请人签字或者盖章，申请人是单位的，应当加盖单位公章；此外，委托书还应当由专利代理机构加盖公章。本案例中，请求书中填写的申请人为"鲁某"，但专利代理委托书并未由委托人"鲁某"签章，不符合上述规定，故将发出办理手续补正通知书，要求申请人克服相应缺陷。

案件启示：申请人委托专利代理机构向国务院专利行政部门申请专利和办理其他专利事务的，应当同时提交委托书，写明委托权限，并应由委托人及被委托人签字盖章。不符合规定的，例如，专利代理委托书中缺少委托人或被委托人签章、专利代理委托书中的委托人或被委托人签章与请求书中的申请人或专利代理机构不一致等，将发出办理手续补正通知书。

☒全体申请人请求费用减缴且已完成费用减缴资格备案		
姓名或名称 鲁■		申请人类型 个人
国籍或注册国家（地区）中国		电子邮箱
居民身份证件号码或统一社会信用代码 ■■■■■■■■■■■■		
经常居所地或营业所所在地 中国		电话
详细地址 ■■■■■■■■■■■■■■■■■		邮政编码 450000

图7-19 案例7-31请求书中的申请人信息

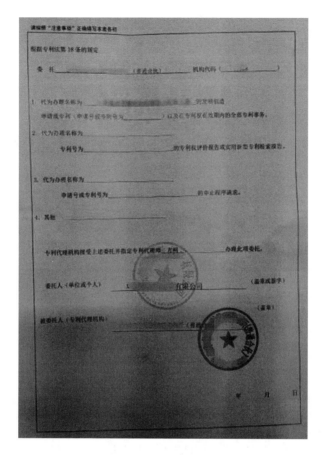

图 7 - 20　案例 7 - 31 的专利代理委托书

案例 7 - 32

案情简介：本案委托了专利代理机构，请求书中填写的专利代理机构信息中，代理师姓名填写为"张一"，但提交的专利代理委托书中填写的代理师姓名为"王二"。可见，本案的问题在于专利代理委托书中填写的代理师姓名与请求书中的不一致。

案例分析：根据《专利审查指南 2023》第一部分第一章第 6.1.2 节的规定，申请人委托专利代理机构向专利局申请专利和办理其他专利事务的，应当提交委托书。委托书应当使用专利局制定的标准表格，写明委托权限、发明创造名称、专利代理机构名称、专利代理师姓名，并应当与请求书中填写的内容相一致。本案例中，专利代理委托书中填写的代理师姓名"王二"与请求书中填写的代理师姓名"张一"不一致，不符合上述规定，故将发出办理手续补正通知书，要求申请人修改相应缺陷。

案件启示：专利代理委托书中的内容应当与请求书中填写的内容相一致。若不符合规定，例如委托书中填写的发明名称与请求书中的不一致、委托书中填写的委托人与请求书中填写的申请人不一致等，将发出办理手续补正通知书。

第四节　特殊专利申请的审查

部分发明专利申请涉及特殊项审查，例如优先权要求、不丧失新颖性宽限期、生物材料样品保藏、遗传资源等。本节主要介绍以上特殊专利申请的审查及常见问题。

一、特殊专利申请审查的相关规定

（一）涉及优先权的专利申请

所谓优先权，是指依据法律规定，具有优先于普通权利行使与实现的效力的某些权利。❶ 根据《专利法》规定，优先权分为外国优先权与本国优先权。要求优先权，应在发明专利申请请求书中填写要求优先权声明，缴纳优先权要求费，必要时还应提交相应的文件（例如，要求外国优先权需要提交在先申请文件副本、申请人不一致时需提交证明文件等）。

1. 本国优先权

本国优先权是以在中国提出的首次专利申请为基础。要求本国优先权应在规定的时限提出，并在规定的期限内缴纳优先权要求费。根据《专利法》第 29 条第 2 款的规定，申请人自发明或者实用新型在中国第一次提出专利申请之日起 12 个月内，又向国务院专利行政部门就相同主题提出专利申请的，可以享有优先权。关于优先权提出时机的要求为要求优先权的在后申请应在其在先申请的申请日起 12 个月内提出。对于要求多项优先权的，以最早的在

---

❶ 实用版法规专辑：知识产权法［M］. 北京：中国法制出版社，2022：80.

先申请的申请日为准，即要求优先权的在后申请的申请日是在最早的在先申请的申请日起 12 个月内提出的。不符合规定的，针对不符合规定的那项要求优先权声明，将发出视为未要求优先权通知书。

根据《专利法实施细则》第 110 条的规定，要求优先权应当缴纳优先权要求费，每项优先权要求应缴纳 80 元优先权要求费。要求本国优先权应当在规定的期限内缴纳优先权要求费。对于普通申请，优先权要求费的缴纳期限为自申请日起 2 个月内，或者自收到受理通知书之日起 15 日内，与缴纳申请费的期限相同。若未在规定的期限内足额缴纳优先权要求费，将会发出视为未要求优先权通知书。对于加快申请，优先权要求费缴纳期限与各保护中心规定的申请费缴纳期限相同，一般要求受理通知书发文日当日完成缴费。

申请人要求优先权，必须在提出专利申请的同时在请求书中提出优先权声明，并完整规范填写优先权声明中的原受理机构名称、在先申请日以及在先申请号。原受理机构名称应使用中文规范填写。要求本国优先权，原受理机构填写"中国"或"中国国家知识产权局"均符合要求；在先申请日的填写应具体到年、月、日，例如 2023 – 06 – 08；在先申请号应填写我国 13 位的专利申请号，如图 7 – 21 所示。要求本国优先权并在请求书中正确写明了"要求优先权声明"的三项内容，视为提交了在先申请文件副本，无须再提交。

若优先权声明信息填写不规范，如在先申请号明显错误，或优先权信息填写不完整，缺少原受理机构、在先申请日、在先申请号中的一项或两项，将发出办理手续补正通知书。若未在规定期限内克服缺陷，将发出视为未要求优先权通知书。

	序号	原受理机构名称	在先申请日	在先申请号
⑭ 要求优先权声明	1	中国	2023–06–08	2023××××××××
	2			
	3			
	4			
	5			

图 7 – 21　请求书中的"要求本国优先权声明"

根据《专利法实施细则》第 35 条第 2 款的规定，作为优先权基础的在先申请应当为第一次申请，所以在先申请不应当是分案申请且在先申请的主题应未享有外国优先权或者本国优先权。为避免重复授权，作为优先权基础的在先申请应当尚未授予专利权。在后申请是发明或者实用新型的，在先申请应当是发明或实用新型，不应当是外观设计专利申请。在后申请与在先申请的主题应一致，且在后申请的申请人须与在先申请的申请人完全一致。若在后申请的申请人与在先申请的申请人不一致，一般分为两种情形：①同一主体因名称变更而导致的不一致。此类情况申请人虽名称不一致，但实质是同一申请人，加快申请应提交申请同时提交名称变更的证明文件。例如，若个人更改姓名，应提交户籍管理部门出具的证明文件；企业名称变更，应提交工商行政管理部门出具的证明文件；事业单位、社会团体、机关法人、其他组织名称变更，应提交登记管理部门出具或者上级主管部门签发的证明文件。②若申请人不一致，在后申请人应当提交优先权转让证明，优先权转让证明需全体在先申请人签字或盖章，普通申请应在优先权日起 16 个月内提交，加快申请应当在提交申请同时提交。此处需要注意，在先申请的申请人涉及中国内地的个人或者单位，在后申请的申请人涉及外国人、外国企业或者外国其他组织的，应提交商务主管部门的证明材料。例如，国务院商务主管部门出具的《技术出口许可证》或《自由出口技术合同登记证书》或地方商务主管部门出具的《自由出口技术合同登记证书》❶。

2. 外国优先权

外国优先权是以在外国提出的首次专利申请为基础。要求外国优先权应在规定的时限提出，并在规定的期限内缴纳优先权要求费。根据《专利法》第 29 条的规定，申请人自发明或者实用新型在外国第一次提出专利申请之日起 12 个月内，又在中国就相同主题提出专利申请的，依照该外国同中国签订的协议或者共同参加的国际条约，或者依照相互承认优先权的原则，可以享有优先权。因此，要求优先权的在后申请应在规定的期限内提出；不符合规定的，将发出视为未要求优先权通知书。在先申请有两项以上的，其期限从

---

❶ 国家知识产权局专利局专利审查协作北京中心. 发明初审及法律手续 450 问［M］. 北京：知识产权出版社，2023：90.

最早的在先申请的申请日起算，对于超过规定期限的，针对该项超出期限的要求优先权声明，将发出视为未要求优先权通知书。

根据《专利法实施细则》第110条规定，要求优先权应当缴纳优先权要求费，每项优先权要求应缴纳80元优先权要求费。要求外国优先权应当在规定的期限内缴纳优先权要求费。对于普通申请，优先权要求费的缴纳期限为自申请日起2个月内，或者自收到受理通知书之日起15日内，与缴纳申请费的期限相同。若未在规定的期限内足额缴纳优先权要求费，将会发出视为未要求优先权通知书。对于加快申请，优先权要求费缴纳期限与各保护中心规定的申请费缴纳期限相同，一般要求受理通知书发文日当日完成缴费。

申请人要求外国优先权，必须在提出专利申请的同时在请求书中提出优先权书面声明，并完整规范填写优先权声明中的必要信息，包含原受理机构名称、在先申请日以及在先申请号。原受理机构名称应使用中文规范填写，以要求美国优先权为例，原受理机构可填写"美国"或"美国专利商标局"，在先申请号应填写所在国的专利申请号，如图7－22所示。

	序号	原受理机构名称	在先申请日	在先申请号
⑭ 要求优先权声明	1	美国	2023-06-08	61/111，111
	2			
	3			
	4			
	5			

图 7－22　请求书中的"要求外国优先权声明"

若优先权声明信息填写不规范、不完整，缺少原受理机构、在先申请日、在先申请号中的一项或两项，而申请人已在规定期限提交了在先申请文件副本的，将发出办理手续补正通知书，申请人若未在规定期限内克服缺陷，将发出视为未要求优先权通知书。

要求外国优先权在提交证明文件方面与要求本国优先权有所区别，要求本国优先权如在请求书中写明了在先申请的申请日及申请号的，视为提交了在先申请文件副本，无须再提交证明文件。然而，目前要求外国优先权的，均需要提交在先申请文件副本（要求多项优先权的，应当提交全部在先申请文件副本），普通申请应自优先权日（要求多项优先权的，指最早优先权日）起 16 个月内提交。申请人提交外国优先权在先申请文件副本的同时，应提交在先申请副本中文题录。期满未提交的，将发出视为未要求优先权通知书。加快申请应在申请同时提交在先申请文件副本及在先申请副本中文题录。此处需要注意，根据《专利法实施细则》第 18 条第 1 款的规定，委托代理机构的，申请人可自行提交在先申请文件副本。

在先申请文件副本可以通过 DAS 交换方式或者双边协议方式提交，也可以由在先申请的原受理机构出具。在先申请文件副本的格式应当符合国际惯例，至少应当表明原受理机构、申请日、申请号及申请人。

与本国优先权中在后申请人与在先申请人必须完全一致不同，要求外国优先权的在后申请人与在先申请文件副本中记载的申请人应一致，或是在先申请文件副本中记载的申请人之一。若申请人完全不一致，且在先申请的申请人将优先权转让给在后申请的申请人的，应当提交优先权转让证明。优先权转让证明应由在先申请的全体申请人签字或盖章，普通申请应当在优先权日起 16 个月内提交。提交的优先权转让证明不符合规定或期满未提交的，将发出视为未要求优先权通知书。加快申请应在提出专利申请的同时提交优先权转让证明。

（二）涉及不丧失新颖性宽限期的专利申请

我国专利制度采用的是在先申请制，也就是说，是以申请日为准来判断一项专利申请的发明创造是否具备新颖性及创造性，在申请日（有优先权的指优先权日）之前已为公众所知的技术为现有技术，不能授予专利权。然而，在实际中发明人或申请人有可能出于某些正当理由或实际需要而在申请日之前公开其发明创造，又或者他人未经其同意在申请日之前泄露其发明创造，导致其发明创造在申请日之前已为公众所知。若因此类情况导致发明创造丧失新颖性对于专利申请的权利人是有失公平的，因此《专利法》规定了不丧失新颖性的宽限期，是指为了维护创新主体的利益，发明创造在申请日之前的某些公开不构成现有技术，这些公开行为不影响发明创造的新颖性。

我国《专利法》第 24 条规定："申请专利的发明创造在申请日以前六个月内，有下列情形之一的，不丧失新颖性：（一）在国家出现紧急状态或者非常情况时，为公共利益目的首次公开的；（二）在中国政府主办或者承认的国际展览会上首次展出的；（三）在规定的学术会议或者技术会议上首次发表的；（四）他人未经申请人同意而泄露其内容的。"

申请人如存在《专利法》第 24 条规定的四种情形之一时，可以要求不丧失新颖性宽限期。

1. 国家出现紧急状态或非正常情况时，为公共利益目的首次公开

2021 年 6 月 1 日生效的修订后的《专利法》将不丧失新颖性宽限期的情形由之前的三种增加至四种，新增了"在国家出现紧急状态或者非常情况时，为公共利益目的首次公开"的情形。例如，世界出现某种传染性很强的疫情，国家宣布进入紧急状态，为公众利益公开研发的有效疫苗成果，此类情况即可适用本条款，专利申请虽在申请日前被公众所知，但并不丧失新颖性，以保护研发者合法权益，鼓励发明人发明创造的积极性。❶

申请专利的发明创造在申请日以前六个月内，在国家出现紧急状态或者非常情况时，为公共利益目的首次公开过，申请人在申请日前已获知的，应当在提出专利申请时在请求书中声明，勾选请求书第 15 栏中的"已在国家出现紧急状态或者非常情况时，为公共利益目的首次公开"，如图 7－23 所示。普通申请应自申请日起两个月内提交证明材料，加快申请应在提交专利申请的同时提交证明材料。申请人在申请日以后自行得知的，应当在得知情况后两个月内提出要求不丧失新颖性宽限期的声明，并附具证明材料。必要时可要求申请人在指定期限内提交证明材料。申请人在收到专利局的通知书后才得知的，应当在该通知书指定的答复期限内，提出不丧失新颖性宽限期的答复意见并附具证明文件。

需要注意，在国家出现紧急状态或者非常情况时，为公共利益目的公开的证明材料，应当由省级以上人民政府有关部门出具。证明材料中应当注明为公共利益目的公开的事由、日期以及该发明创造公开的日期、形式和内容，

---

❶　国家知识产权局专利局专利审查协作北京中心. 发明初审及法律手续 450 问［M］. 北京：知识产权出版社，2023：116.

并加盖公章。

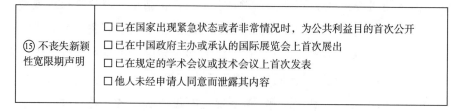

⑮ 不丧失新颖性宽限期声明	☐ 已在国家出现紧急状态或者非常情况时，为公共利益目的首次公开 ☐ 已在中国政府主办或承认的国际展览会上首次展出 ☐ 已在规定的学术会议或技术会议上首次发表 ☐ 他人未经申请人同意而泄露其内容

图 7－23　请求书中的"不丧失新颖性宽限期声明"栏

2. 在中国政府主办或者承认的国际展览会上首次展出

首先，展会规格应满足要求：中国政府主办的国际展览会，一般包含国务院、各部委主办或者国务院批准由其他机关或地方政府举办的国际展览会。根据《专利法实施细则》第 33 条第 1 款规定，中国政府承认的国际展览会是指国际展览会公约规定的在国际展览局注册或者由其认可的国际展览会。其次，展会的时限应满足法定要求：首次展出的时限要求为在申请日（有优先权的指优先权日）以前六个月内，即申请专利的发明创造在申请日以前六个月内在中国政府主办或承认的国际展会上首次展出过，申请人则可以要求不丧失新颖性宽限期。最后，要求不丧失新颖性宽限期的手续办理方面应满足法定要求：包含请求书中的声明以及证明文件两方面。应填写发明专利请求书中的"不丧失新颖性宽限期声明"，如图 7－23 所示，在发明专利请求书中勾选"已在中国政府主办或承认的国际展览会上首次展出"。如果提出申请时，在请求书中没有声明，之后又提出的，将会发出视为未要求不丧失新颖性宽限期通知书。普通申请应自申请日起两个月内提交相应的证明文件。国际展览会的证明文件，应由展览会主办单位或展览会组委会出具。证明文件中应包含如下信息：展会日期、地点及名称、涉及的发明创造的展出日期、形式、内容，并应加盖公章。若规定期限内无法提交合格的证明文件，则视为未要求不丧失新颖性宽限期。加快申请应在提出专利申请的同时提交证明文件。

3. 在规定的学术会议或者技术会议上首次发表

首先，会议规格应满足要求。《专利法实施细则》第 33 条第 2 款规定："专利法第二十四条第（三）项所称学术会议或者技术会议，是指国务院有关主管部门或者全国性学术团体组织召开的学术会议或者技术会议，以及国务院有关主管部门认可的由国际组织召开的学术会议或者技术会议。"其次，在学术会议或者技术会议上首次发表的时限应满足法定要求：首次发表的时限要求为在申请日以前六个月内，即申请专利的发明创造在申请日以前六个月内在规定的学术会议或者技术会议上首次发表过，申请人则可以要求不丧失新颖性宽限期。最后，要求不丧失新颖性宽限期的手续办理方面应满足法定要求：包含请求书中的声明以及证明文件两方面。应填写发明专利请求书中的"不丧失新颖性宽限期声明"，如图 7 - 23 所示，在发明专利请求书中勾选第三种情形"已在规定的学术会议或技术会议上首次发表"。如果提出申请时，在请求书中没有声明，之后又提出的，将会发出视为未要求不丧失新颖性宽限期通知书。普通申请应自申请日起两个月内提交相应的证明文件。学术会议或技术会议的证明文件，应由国务院有关主管部门或者组织会议的全国性学术团体出具。证明文件中应写明：会议召开日期、地点、名称以及涉及的发明创造发表的日期、形式、内容，并应加盖公章。若规定期限内无法提交合格的证明文件，则视为未要求不丧失新颖性宽限期。加快申请应在提出专利申请的同时提交证明文件。

4. 他人未经申请人同意而泄露其内容

首先，他人公开的发明创造应是直接或间接地从申请人处获知的。如果发明创造是他人自己独立作出的，又或者是从与申请人无关的独立作出该发明创造的第三方处获知的，则与申请人无关。其次，他人获取发明创造的内容可能是通过合法途径，例如他人与申请人正常合作并签订保密协议而获取其发明创造的内容。若"申请人"为单位，则"他人"也可为申请人单位的员工，负有保密义务的员工因正常开展工作而获取其发明创造的内容也属于合法途径获取。他人获取发明创造的内容也可能是通过非法途径，例如他人用欺诈、胁迫、盗窃、电子侵入等不正当手段获取发明创造内容。他人未经申请人同意而泄露其内容造成的公开，包括通过合法途径获取但未遵守保密协议或违反保密义务所造成的公开，也包括他人用不正当手段从发明人或申请人处获知其发明创造的内容后所造成的公开。无论是通过合法还是非法途径获取的，若申请人事先采取了防止泄露的必要措施（例如，以书面或口头方式明示其保密要求），他人公开发明创造的行为都属于违背了申请人的意愿。❶

---

❶ 尹新天. 中国专利法详解［M］. 北京：知识产权出版社，2011：240.

他人未经申请人同意而泄露其内容的时限要求为在申请日以前六个月内。申请人在申请日以前得知的，应填写发明专利请求书中的"不丧失新颖性宽限期声明"，如图 7－23 所示，在发明专利请求书中勾选第四种情形"他人未经申请人同意而泄露其内容"。普通申请应自申请日起两个月内提交证明文件。加快申请应在申请同时提交证明文件。申请人在申请日以后得知的，应当在得知情况后两个月内提出要求不丧失新颖性宽限期的声明，并附具证明文件。必要时，可以要求申请人在指定期限内提交证明材料。申请人在收到专利局的通知书后才得知的，应当在该通知书指定的答复期限内提出不丧失新颖性宽限期的答复意见并附具证明文件。申请人提交的关于他人泄露其申请内容的证明文件，应当注明泄露日期、泄露方式、泄露的内容，并由证明人签字或者盖章。

（三）涉及生物材料的专利申请

"生物材料"是指任何带有遗传信息并能够自我复制或者能够在生物系统中被复制的材料，如基因、质粒、微生物、动物和植物等。在生物技术领域，专业技术人员经常需要借助微生物的生物学特性实现特定的科研或应用目的。当专利申请的技术方案涉及特定的生物材料时，单纯的文字记载往往很难清楚地描述生物体的复杂性，即便是有了这些文字描述也无法得到生物材料本身，使得所属领域的技术人员不能实施发明。因生物领域具有的这种独特性，为了满足《专利法》关于充分公开的要求，因此产生了"生物材料样品保藏"的相关规定。❶

若专利申请涉及生物材料样品保藏，应在请求书中填写生物材料样品保藏信息，注明保藏该生物材料样品的单位名称、保藏地址、保藏日期、保藏编号、该生物材料的分类命名（有拉丁文名称的注明拉丁文名称）。

以上信息中，保藏单位应当是国家知识产权局认可的保藏单位，若不符合规定，将发出生物材料样品视为未保藏通知书。国家知识产权局认可的保藏单位是指《国际承认用于专利程序的微生物保存布达佩斯条约》（以下简称《布达佩斯条约》）承认的生物材料样品国际保藏单位，包含国内及国外

---

❶ 国家知识产权局专利局专利审查协作北京中心. 发明初审及法律手续 450 问［M］. 北京：知识产权出版社，2023：123.

的保藏单位。我国有三个《布达佩斯条约》承认的国际保藏单位，分别为位于我国北京的中国微生物菌种保藏管理委员会普通微生物中心（CGMCC）、位于武汉的中国典型培养物保藏中心（CCTCC）、位于广州的广东省微生物菌种保藏中心（GDMCC）。保藏日期应在申请日（有优先权的指优先权日）之前或者当天。若保藏日期晚于申请日，将发出生物材料样品视为未保藏通知书。若专利申请享有优先权，但保藏日期晚于优先权日、早于申请日的情形，将发出办理手续补正通知书，申请人若撤回优先权要求或者声明该生物材料样品保藏证明所涉及的生物材料内容不要求享有优先权，则可接受该保藏日期。保藏编号应规范填写，例如：GDMCC NO.61568。生物材料的分类命名应当与保藏证明中的一致。保藏证明中的分类命名如果有拉丁文名称，请求书中也应当注明拉丁文名称。需要注意的是，发明专利申请请求书中填写的保藏事项（保藏该生物材料样品的单位名称、地址、保藏日期、保藏编号、生物材料的分类命名）应当与保藏证明及存活证明中的一致；不一致的，国家知识产权局将发出办理手续补正通知书，要求申请人补正请求书。期满未补正或补正不合格的，生物材料样品视为未保藏。

以上是请求书中应填写的生物材料样品保藏信息，除请求书外，说明书中也应记载生物材料样品保藏信息，说明书中应写明的保藏信息包括：保藏该生物材料样品的单位名称、地址、保藏日期、保藏编号、该生物材料样品的分类命名（有拉丁文名称的注明拉丁文名称），且应当与保藏证明及存活证明中的保持一致。不一致的，国家知识产权局将发出办理手续补正通知书，要求申请人补正说明书。期满未补正或补正不合格的，生物材料样品视为未保藏。

可见，发明专利申请请求书、说明书、保藏证明及存活证明中填写的保藏信息（保藏该生物材料样品的单位名称、地址、保藏日期、保藏编号、生物材料的分类命名）应保持一致。

除在请求书、说明书中规范完整填写保藏信息外，申请人还应提交符合规定的生物材料样品保藏证明、生物材料样品存活证明、生物材料样品保藏及存活证明中文题录。生物材料样品保藏证明必须是用于专利程序的生物材料样品保藏。对于普通申请，申请人应当自申请日起 4 个月内主动提交上述证明文件。未在规定期限内提交保藏证明或存活证明的，将发出生物材料样品视为未保藏通知书。加快申请应在申请同时提交上述证明文件。

（四）涉及遗传资源的专利申请

遗传资源，是指取自人体、动物、植物或者微生物等含有遗传功能单位并具有实际或者潜在价值的材料。专利法所称依赖遗传资源完成的发明创造，是指利用了遗传资源的遗传功能完成的发明创造。若发明专利申请是依赖遗传资源完成的，申请人应当办理相关手续。

首先，如图 7 - 24 所示，申请人应在发明专利申请请求书中的第 13 栏勾选"本专利申请涉及的发明创造是依赖于遗传资源完成的"。

⑬遗传资源	□ 本专利申请涉及的发明创造是依赖于遗传资源完成的

图 7 - 24　发明专利请求书中的"遗传资源"栏

其次，应提交遗传资源来源披露登记表。申请人在请求书中说明发明是依赖于遗传资源完成的，但未提交遗传资源来源披露登记表，将发出补正通知书，要求申请人提交遗传资源来源披露登记表。期满未补正的，将发出视为撤回通知书。

遗传资源来源披露登记表如图 7 - 25 所示，应规范填写其中内容。首先，应填写申请号、发明名称、申请人名称，并与发明专利申请请求书中的保持一致。其次，还应填写遗传资源的相关信息：遗传资源的名称、遗传资源的获取途径、遗传资源的直接来源、遗传资源的原始来源。在填写遗传资源的直接来源时，应按照实际情况选择"非采集方式"、"采集方式"两项中的其中一项进行填写。此外，还需要特别注意，若无法说明遗传资源的原始来源，则必须陈述无法说明原始来源的理由，不符合规定的，将发出补正通知书，期满未补正的，将发出视为撤回通知书。补正后仍不符合规定的，专利申请将被驳回。❶

---

❶　国家知识产权局专利局专利审查协作北京中心. 发明初审及法律手续 450 问［M］. 北京：知识产权出版社，2023：135 - 136.

遗传资源来源披露登记表

①申请号	
②发明名称	
③申请人（第一署名人）	

	④遗传资源名称		

	⑤遗传资源的获取途径：		
	Ⅰ 遗传资源取自：☐动物　　☐植物　　☐微生物　　☐人		
	Ⅱ 获取方式：　☐购买　☐赠送或交换　☐保藏机构　☐种子库（种质库）		
	☐基因文库　☐自行采集　☐委托采集　☐其他		

遗传资源（1）	⑥直接来源		⑦获取时间	
		非采集方式	⑧提供者名称（姓名）	
			⑨供者者所处国家或地区	
			⑩提供者联系方式	
		采集方式	⑪采集地（国家、省（市））	
			⑫采集者名称（姓名）	
			⑬采集者联系方式	
	⑭原始来源		⑮采集者名称（姓名）	
			⑯采集者联系方式	
			⑰获取时间	
			⑱获取地点（国家、省（市））	

⑲ 无法说明遗传资源原始来源的理由：

⑳ 代表人或专利代理机构

图 7 - 25　遗传资源来源披露登记表

二、特殊专利申请常见问题及解析

1. 优先权要求不符合规定

案例 7 – 33

案情简介： 本案的申请日为 2020 年 5 月 15 日，并要求了优先权，在请求书相应位置填写了作为优先权基础的在先申请日 2018 年 2 月 27 日，在先申请的申请号 20181×××××××，原受理机构名称为"中国"，如图 7 – 26 所示。可见，本案的问题在于，要求优先权的在后申请未在在先申请的申请日起 12 个月内提出。

序号	原受理机构名称	在先申请日	在先申请号
⑱ 要求优先权声明 1	中国	2018-02-27	20181×××××××
2			
3			
4			
5			
6			
7			
8			

图 7 – 26 案例 7 – 33 中的"要求优先权声明"

案例分析： 根据《专利法》第 29 条第 2 款的规定，申请人自发明或者实用新型在中国第一次提出专利申请之日起 12 个月内，或者自外观设计在中国第一次提出专利申请之日起 6 个月内，又向国务院专利行政部门就相同主题提出专利申请的，可以享有优先权。本案例中，申请人要求了在先申请号为 20181×××××××的优先权，在先申请的申请日为 2018 年 2 月 27 日，在后申请的申请日为 2020 年 5 月 15 日，可见，在后申请的申请日不在其在先的申请之日起 12 个月内，不符合上述规定，故本案将发出视为未要求优先权通知书。

　　案件启示：要求优先权，应符合《专利法》第 29 条第 2 款规定的在后申请提出时机的要求，若在后申请未在规定的期限内提出，将发出视为未要求优先权通知书。有两项以上在先申请的，其期限应从最早的在先申请的申请日起算，对于超过规定期限的，将针对该项超出期限的要求优先权声明发出视为未要求优先权通知书（按照《专利审查指南 2023》第一部分第一章第 6.2.6.2 节的规定请求恢复优先权的除外）。

案例 7 – 34

　　案情简介：本案要求了两项优先权，在请求书中相应位置分别填写了两项要求优先权声明，但其中第 2 项要求优先权声明未填写"原受理机构名称"，如图 7 – 27 所示。可见，本案的问题在于要求了优先权，但未在请求书中完整填写作为优先权基础的在先申请的申请日、申请号和原受理机构名称。

	序号	原受理机构名称	在先申请日	在先申请号
⑲ 要求优先权声明	1	中国	2019–10–15	20191××××××××
	2		2020–01–09	20201××××××××
	3			
	4			
	5			
	6			
	7			
	8			

图 7 – 27　案例 7 – 34 中的"要求优先权声明"

　　案例分析：根据《专利法实施细则》第 34 条第 2 款的规定，要求优先权，但请求书中漏写或者错写在先申请的申请日、申请号和原受理机构名称中的一项或者两项内容的，国务院专利行政部门应当通知申请人在指定期限内补正；期满未补正的，视为未要求优先权。本案例中，要求的两项优先权中的第 2 项漏填写在先申请的原受理机构名称，根据上述规定，本案将发出办理手续补正通知书。

案件启示：要求一项或多项优先权的，应在请求书中完整填写各项优先权的在先申请的申请日、申请号和原受理机构名称。不符合规定的，将根据《专利法实施细则》第 34 条第 2 款的规定发出办理手续补正通知书，要求申请人修改相应缺陷。期满未答复或者补正后仍不符合规定的，将发出视为未要求优先权通知书。

2. 生物材料样品保藏信息填写不符合规定

案例 7 - 35

案情简介：本发明专利申请在申请日提交的请求书中填写了 2 项生物材料样品声明，如图 7 - 28、图 7 - 29 所示。

本案说明书段【0008】内容如下所示：

"根据本发明实施例的益生菌组合物，包括植物乳杆菌（Lactobacillus plantarum）SEUNEU - 101 和发酵乳杆菌（Lactobacillus fermentum）SEUNEU - 102，和/或，所述植物乳杆菌（Lactobacillus plantarum）SEUNEU - 101 和所述发酵乳杆菌（Lactobacillus fermentum）SEUNEU - 102 的演变物质，两个菌株选自酸菜的天然浆水分离得来。所述植物乳杆菌（Lactobacillus plantarum）SEUNEU - 101 和所述发酵乳杆菌（Lactobacillus fermentum）SEUNEU - 102 均保藏于中国典型培养物保藏中心，地址：武汉市武昌区珞珈山武汉大学，其中，植物乳杆菌（Lactobacillus plantarum）SEUNEU - 101，保藏号为：CCTCC M 20211279；发酵乳杆菌（Lactobacillus fermentum）SEUNEU - 102，保藏号为：CCTCC M 20211280。"

⑮生物材料样品	保藏单位代码CCTCC-中国典型培养物保藏中心	地址 中国武汉	是否存活 ☒是 □否	
	保藏日期2021年10月15日	保藏编号 CCTCC M 20211279	分类命名植物乳杆菌（Lactobacillus plantarum）SEUNEU–101	

图 7 - 28 案例 7 - 35 中的一项生物材料样品声明

20211223

2021115854245

附页

【发明人】

发明人 4	███	□不公布姓名
发明人 5	██	□不公布姓名
发明人 6	███	□不公布姓名

【发明人外文信息】

发明人 4	
发明人 5	
发明人 6	

【生物材料样品】

| ⑯生物材料样品 | 保藏单位代码 CCTCC-中国典型培¥ | 地址 中国武汉 | 是否存活 | ☒是 □否 |
| | 保藏日期2021年10月15日 | 保藏编号 CCTCC M 20211280 | 分类命名发酵乳杆菌（　　Lactobacillus fermentum）SEUNEU-102 | |

图 7 - 29　案例 7 - 35 中的第二项生物材料样品声明（附页）

由以上内容可见，本案的问题在于说明书中仅填写了两项生物材料样品的分类命名、保藏单位、地址及保藏编号，均未写明相应的保藏日期。

案例分析：根据《专利法实施细则》第 27 条第（三）项的规定，涉及生物材料样品保藏的专利申请应当在请求书和说明书中写明该生物材料的分类命名（注明拉丁文名称）、保藏该生物材料样品的单位名称、地址、保藏日期和保藏编号；申请时未写明的，应当自申请日起 4 个月内补正；期满未补正的，视为未提交保藏。本案例中，说明书中未写明保藏编号"CCTCC M 20211279"及"CCTCC M 20211280"两项生物材料样品所对应的保藏日期，根据上述规定，本案将发出办理手续补正通知书。

案件启示：涉及生物材料的专利申请，申请人应当在请求书和说明书中分别写明生物材料的分类命名，保藏该生物材料样品的单位名称、地址、保藏日期和保藏编号，并且说明书、请求书及保藏证明中的上述信息应当一致。

3. 遗传资源声明不符合规定

案例 7 - 36

案情简介：本发明专利申请在申请日提交的请求书中勾选了遗传资源项，声明本专利申请涉及的发明创造是依赖于遗传资源完成的。但并未提交遗传资源来源披露登记表。

案例分析：根据《专利法实施细则》第 29 条第 2 款的规定，就依赖遗传资源完成的发明创造申请专利的，申请人应当在请求书中予以说明，并填写国务院专利行政部门制定的表格。本案例在请求书中勾选了相应的遗传资源项声明，但并未提交相应的遗传资源来源披露登记表，不符合上述规定，本案将发出补正通知书，要求申请人修改相应缺陷。

案件启示：就依赖遗传资源完成的发明创造申请专利，申请人应当在请求书中对于遗传资源的来源予以说明，并填写遗传资源来源披露登记表，写明该遗传资源的直接来源和原始来源。若申请人无法说明原始来源，则应当陈述理由。

第八章

发明专利申请的实质审查

预审合格后的发明专利申请若想获得最终授权，还需经过实质审查这一关键环节。与预审审查有所不同，实质审查的全面审查力度更大，并且对专利申请的修改提出了不能修改超范围的明确要求。预审途径专利申请案件与普通专利申请案件的实质审查大致相同，主要区别在于审查意见通知书的答复期限更短。针对如何提高预审途径发明专利申请的获权效率，本章节主要介绍实质审查概述、新颖性及创造性审查解析以及审查意见答复。

第一节　发明专利申请实质审查概述

实质审查是我国发明专利申请获得审查结论的必经之路，其根本目的是判断发明专利申请是否满足被授予专利权的条件，特别是判断其是否符合《专利法》及其实施细则中关于新颖性、创造性等的明文规定。

一、实质审查的主要内容

在实质审查过程中，对于有授权前景的申请，一般要进行全面审查，包括实质缺陷的审查和形式缺陷的审查。对于存在严重实质性缺陷、无授权前景的专利申请，通常只审查相关实质性缺陷；对于授权前景不明确的申请，一般进行全面审查，以节约审查程序。

实质审查的重点是审查发明专利申请是否存在《专利法》及其实施细则所列的足以导致驳回的缺陷，主要涉及审查条款如下：

（1）是否符合发明的定义

审查发明专利申请是否符合《专利法》第 2 条第 2 款的规定，即是否为对产品、方法或者其改进所提出的新的技术方案。

（2）是否属于不授予专利权的范畴

审查发明专利申请是否属于《专利法》第 5 条或者第 25 条所述的不应授予专利权的范畴，即发明专利申请是否违反法律、社会公德或者妨害公共利益；是否属于违反法律、行政法规的规定获取或者利用遗传资源，并依赖该遗传资源完成的发明创造；是否属于科学发现；是否属于智力活动的规则和方法；是否属于疾病的诊断和治疗方法；是否属于动物和植物品种；是否属于原子核变换方法以及用原子核变换方法获得的物质；是否属于对平面印刷品的图案、色彩或者二者的结合作出的主要起标识作用的设计。

（3）是否存在重复授权的可能

审查发明专利申请授权是否符合《专利法》第 9 条的规定，即发明专利申请授权是否会导致同样的发明创造被重复授权。

（4）是否保密审查

审查发明专利申请是否符合《专利法》第 19 条第 1 款的规定，即任何单位或者个人将在中国完成的发明或者实用新型向外国申请专利的，需事先报经国家知识产权局进行保密审查。保密审查的程序、期限等需按照相关规定执行。

（5）是否具有新颖性

审查发明专利申请是否符合《专利法》第 22 条第 2 款有关新颖性的规定，即该发明是否属于申请日之前的现有技术；是否有任何单位或者个人就同样的发明或者实用新型在申请日以前向国家知识产权局提出过申请并且记载在申请日以后公布的专利申请文件中或者公告的专利文件中。

（6）是否具有创造性

审查发明专利申请是否符合《专利法》第 22 条第 3 款有关创造性的规定，即同申请日以前的现有技术相比，该发明是否具有突出的实质性特点和显著的进步。

（7）是否具有实用性

审查发明专利申请是否符合《专利法》第 22 条第 4 款有关实用性的规定，即审查发明是否能够制造或者使用，并能够产生积极效果。

（8）说明书是否充分公开了请求保护的主题

审查发明专利申请是否符合《专利法》第 26 条第 3 款的规定，即说明书是否对发明作出清楚、完整的说明，使得所属技术领域的技术人员能够实现。

（9）权利要求是否以说明书为依据

审查发明专利申请是否符合《专利法》第 26 条第 4 款规定的权利要求书需以说明书为依据。

（10）权利要求书是否清楚、简要

审查权利要求书是否符合《专利法》第 26 条第 4 款规定的权利要求书需清楚、简要地限定要求保护的范围。

（11）依赖遗传资源完成的发明创造是否说明来源

对于依赖遗传资源完成的发明创造，需要审查申请文件是否符合《专利法》第 26 条第 5 款的规定，即申请人是否在申请文件中说明了该遗传资源的直接来源和原始来源。

（12）是否具有单一性

审查发明专利申请是否符合《专利法》第 31 条第 1 款有关单一性的规定，即是否限于一项发明，或者属于一个总的发明构思。

（13）是否遵守诚实信用原则

审查发明专利申请是否符合《专利法实施细则》第 11 条的规定，即申请专利需遵循诚实信用原则，提出各类专利申请需以真实发明创造活动为基础，不得弄虚作假。

（14）独立权利要求所限定的技术方案是否完整

审查独立权利要求是否符合《专利法实施细则》第 23 条第 2 款的规定，即独立权利要求是否从整体上反映发明的技术方案，记载解决技术问题的必要技术特征。

（15）申请的修改或者分案申请是否超范围

审查申请文件的修改是否符合《专利法》第 33 条的规定，分案申请是否符合《专利法实施细则》第 49 条第 1 款的规定，即申请文件的修改或者分案申请的提出是否超出原申请权利要求书和说明书记载的范围。

二、实质审查的原则

实质审查原则包括请求原则、听证原则和程序节约原则。通过明确请求原则，申请人可确保自己的审查需求得到及时回应；听证原则保证了申请人在审查过程中有充分的机会表达自己的观点和提供证据；程序节约原则旨在提高审查效率，减少不必要的延误和成本。

1. 请求原则

关于实质审查的启动时机，除非《专利法》等另有明确规定，否则只有在申请人主动提出实质审查请求后才能启动，审查员只能依据申请人依法正式提交的文件进行审查。

对于预审加快途径的专利申请而言，请求原则中的某些内容受到了一定的限制，例如必须在提交申请时提交实质审查请求，专利申请需勾选提前公开等，但整体来说，请求原则依旧确保了申请人在获权及公开内容上的自主权。因此，申请人可充分利用请求原则，实现自身利益的最大化。

2. 听证原则

在实质审查过程中，审查员在作出驳回专利申请决定之前，必须给予申请人至少一次听证机会，驳回的理由和所依据的证据必须是之前审查意见通知书中全面告知申请人的内容。听证原则确保了申请人有充分的权利进行陈述和修改申请文件，有助于保持实质审查的客观性和公正性。申请人需认真对待每一次陈述和修改的机会，与审查员保持有效且高质量的沟通，以争取获得稳定和合适的专利权。

对于预审加快途径的专利申请而言，尽管审查时间显著缩短，但相关的听证要求并未改变。除了关注实质性问题，申请人还可更多地关注听证程序上的问题，以确保自身的合法权益得到维护。

3. 程序节约原则

在对发明专利申请进行实质审查时，审查员会尽可能地缩短审查过程，节省审查资源，同时也节省申请人答复该专利申请的成本。除非确认专利申请没有被授权的前景，否则审查员会在第一次审查意见通知书中将申请文件中不符合相关规定的所有问题告知申请人，要求申请人在指定期限内对所有问题给予答复，尽量减少与申请人通信的次数，以节约程序。

对于预审加快途径的专利申请而言，为了保障结案周期，实现真正的快速授权，实际操作中会更注重程序节约原则，申请人可以做好充分准备，积极配合，做到认真答复或修改，实现高效的沟通，加快审查进程。

三、实质审查的流程

1. **实质审查的启动**

根据相关规定，发明专利申请的实质审查程序主要依据申请人的实质审查请求启动，国家知识产权局认为必要时可以自行启动实质审查，例如有些专利申请会涉及国家或社会的重大利益，而申请人未意识到或因某种原因没有提出实质审查请求，为了维护国家利益或社会利益，在这种情况下允许国家知识产权局自行进行实质审查。

实质审查请求需在自申请日（有优先权的，指优先权日）起三年内提出，并在此期限内缴纳实质审查费。发明专利申请人请求实质审查时，需提交在申请日（有优先权的，指优先权日）前与其发明有关的参考资料。上述规定留予了申请人充分的考虑时间，可以利用这段时间进行调查研究，判断发明专利申请的价值，从而决定是否想要获取该专利权进而启动实质审查程序。如果三年内申请人不提出实质审查请求，该专利申请将被视为撤回。

预审合格后的发明专利申请，根据预审请求时的承诺，申请人需在向国家知识产权局递交申请时就同步提出实质审查的请求，及时完成实质审查费等相关费用的缴纳，在一定程度上，这就意味着实质审查程序的正式开始。由于在预审请求时承诺放弃主动修改申请文件的权利，因此，实质审查所依据的文本一般是原始的申请文件。

2. **实质审查的主要环节**

专利预审途径加快申请的实质审查的流程与普通专利申请相同，即从发出进入实质审查通知书开始，到发出授予发明专利权的通知书，或者作出驳回发明专利申请的决定且该决定生效，或者因发明专利申请被视为撤回，或者因申请人主动撤回其发明专利申请而终止，实质审查程序的流程主要包括如下环节：

（1）发出审查意见通知书

根据《专利法》的规定，在对发明专利申请进行实质审查后，审查员认为该申请不符合《专利法》及其实施细则的有关规定时会以通知书的方式通知申请人，要求其在指定的期限内陈述意见或者对其申请文件进行修改。值得注意的是，审查员发出通知书的次数可能为零次，即一次授权，或者可能进行多次，直到实质审查程序终止。

此外，根据审查需要，审查员还可能在实质审查程序中采用会晤、电话讨论和现场调查等多种审查辅助手段，提高审查的质量和效率。

（2）作出驳回决定

根据《专利法》的规定，经申请人陈述意见或者修改申请文件后，发明专利申请仍然存在通知书中指出的属于《专利法实施细则》第 59 条所列情形中的缺陷时，审查员可能作出驳回决定。专利申请人对驳回决定不服的，可以自收到驳回决定之日起 3 个月内向国家知识产权局请求复审。复审程序是实质审查的救济程序，后续若申请人对复审决定不服的，还可以向人民法院起诉。

（3）发出授予专利权的通知书

根据《专利法》的规定，发明专利申请经实质审查后没有发现驳回理由，或者经申请人陈述意见或修改后克服了通知书中指出的缺陷时，审查员将发出授予发明专利权的通知书。

（4）视为撤回

申请人对实质审查过程中的通知书逾期不答复的，国家知识产权局将会发出申请被视为撤回通知书，即视为申请人主动放弃了该专利申请。申请人如有正当理由，可在收到视为撤回通知书之日起按照相关规定请求恢复权利。

（5）程序的中止

实质审查程序中止通常涉及两种情形，具体包括：

1）专利申请涉及申请权归属纠纷，已请求管理专利工作的部门调解或者向人民法院起诉后，相关当事人可以请求实质审查程序中止。

2）人民法院裁定对专利申请权（或专利权）采取财产保全措施时，国家知识产权局会在收到写明申请号或者专利号的裁定书和协助执行通知书之日中止被保全的专利申请权。保全期限届满后，人民法院没有裁定继续采取保全措施的，国家知识产权局将自行恢复实质审查程序。

（6）程序的恢复

专利申请因不可抗拒的事由或正当理由耽误《专利法》或《专利法实施细则》所规定的期限或者专利局指定的期限造成被视为撤回而导致程序终止的，根据相关规定，申请人可以向专利局请求恢复被终止的实质审查程序，权利被恢复的，专利局恢复实质审查程序。

对于因专利申请权归属纠纷当事人的请求而中止的实质审查程序，在国家知识产权局收到发生法律效力的调解书或判决书后，凡不涉及权利人变动的，实质审查程序会及时予以恢复；涉及权利人变动的，在办理相应的著录项目变更手续后予以恢复。若自上述请求中止之日起一年内，专利申请权归属纠纷未能结案，请求人又未请求延长中止的，专利局将自行恢复被中止的实质审查程序。

第二节　新颖性及创造性审查解析

在发明专利申请预审加快申请的实质审查实践中，最为常见的实质性缺陷往往涉及新颖性和创造性的问题。因此，本节将重点介绍发明专利申请的新颖性和创造性审查的相关规定。

一、新颖性审查相关规定

1. 新颖性的概念

根据《专利法》的规定，新颖性是指该发明或者实用新型不属于现有技术；也没有任何单位或者个人就同样的发明或者实用新型在申请日以前向国务院专利行政部门提出过申请，并记载在申请日以后（含申请日）公布的专利申请文件或者公告的专利文件中。

这里对新颖性的定义包含两层含义：

一是发明不属于现有技术，根据《专利法》第22条第5款的规定，现有技术是指申请日以前在国内外为公众所知的技术，包括在申请日（有优先权的，指优先权日）以前在国内外出版物上公开发表、在国内外公开使用或者以其他方式为公众所知的技术。

二是发明不存在抵触申请，根据《专利法》第22条第2款的规定，由任何单位或者个人就同样的发明在申请日以前提出并且在申请日以后（含申请日）公布的专利申请文件或者公告的专利文件损害该申请日提出的专利申请的新颖性。为描述简便，在判断新颖性时，将这种损害新颖性的专利申请称为抵触申请。

2. 新颖性审查的原则

发明专利实质性审查中新颖性审查原则如下：

（1）同样的发明

发明专利申请所限定的技术方案与现有技术或者抵触申请公开的内容相比，如果其技术领域、所解决的技术问题、技术方案和预期效果实质上相同，则认为两者为同样的发明。

（2）单独对比

判断新颖性时，需将发明专利申请的各项权利要求分别与每一项现有技术或抵触申请的相关技术内容单独地进行比较，不能将其与几项技术组合进行对比。

3. 新颖性审查的基准

发明专利实质性审查中新颖性审查基准如下：

（1）相同内容的发明

如果要求保护的发明与对比文件所公开的技术内容完全相同，或者仅是简单的文字变换，则该发明不具备新颖性。上述相同的内容可以理解为可以从对比文件中直接地、毫无疑义地确定的技术内容。

（2）具体（下位）概念与一般（上位）概念

如果要求保护的发明与对比文件相比，其区别仅在于前者采用一般（上位）概念，而后者采用具体（下位）概念限定同类性质的技术特征，则具体（下位）概念的公开使采用一般（上位）概念限定的发明丧失新颖性。反之，一般（上位）概念的公开并不影响采用具体（下位）概念限定的发明的新颖性。

（3）惯用手段的直接置换

如果要求保护的发明与对比文件的区别仅是所属技术领域的惯用手段的直接置换，则该发明不具备新颖性。例如，对比文件公开了采用螺钉固定的装置，而要求保护的发明仅将该装置的螺钉固定方式改换为螺栓固定方式，则该发明不具备新颖性。

（4）数值和数值范围

如果要求保护的发明中存在以数值或者连续变化的数值范围限定的技术

特征，而其余技术特征与对比文件相同，则其新颖性的判断依照以下各项规定。

第一，对比文件公开的数值或者数值范围落在上述限定的技术特征的数值范围内，将破坏要求保护的发明的新颖性。

第二，对比文件公开的数值范围与上述限定的技术特征的数值范围部分重叠或者有一个共同的端点，将破坏要求保护的发明的新颖性。

第三，对比文件公开的数值范围的两个端点将破坏上述限定的技术特征为离散数值并且具有该两端点中任一个的发明的新颖性，但不破坏上述限定的技术特征为该两端点之间任一数值的发明的新颖性。

第四，上述限定的技术特征的数值或者数值范围落在对比文件公开的数值范围内，并且与对比文件公开的数值范围没有共同的端点，则对比文件不破坏要求保护的发明的新颖性。

（5）包含性能、参数、用途或制备方法等特征的产品权利要求

1）包含性能、参数特征的产品权利要求。

需要考虑权利要求中的性能、参数特征是否隐含了要求保护的产品具有某种特定结构和/或组成。如果该性能、参数隐含了要求保护的产品具有区别于对比文件产品的结构和/或组成，则该权利要求具备新颖性；相反，如果所属技术领域的技术人员根据该性能、参数无法将要求保护的产品与对比文件产品区分开，则可推定要求保护的产品与对比文件产品相同，权利要求不具备新颖性，除非申请人能够根据申请文件或现有技术证明权利要求中包含性能、参数特征的产品与对比文件产品在结构和/或组成上不同。

2）包含制备方法特征的产品权利要求。

需要考虑该制备方法是否导致产品具有某种特定的结构和/或组成。如果所属技术领域的技术人员可以断定该方法必然使产品具有不同于对比文件产品的特定结构和/或组成，则该权利要求具备新颖性；相反，如果申请的权利要求所限定的产品与对比文件产品相比，尽管所述方法不同，但产品的结构和组成相同，则该权利要求不具备新颖性，除非申请人能够根据申请文件或现有技术证明该方法导致产品在结构和/或组成上与对比文件产品不同，或者该方法给产品带来了不同于对比文件产品的性能从而表明其结构和/或组成已发生改变。

3）包含用途特征的产品权利要求。

需要考虑权利要求中的用途特征是否隐含了要求保护的产品具有某种特定结构和/或组成。如果该用途由产品本身固有的特性决定，而且用途特征没有隐含产品在结构和/或组成上发生改变，则该用途特征限定的产品权利要求相对于对比文件的产品不具有新颖性。

二、创造性审查相关规定

1. 创造性的概念

根据《专利法》的规定，发明专利的创造性是指与现有技术相比该发明具有突出的实质性特点和显著的进步。

创造性的定义包含两个要素：

其一，发明需具有突出的实质性特点。对于所属技术领域的技术人员来说，发明相对于现有技术需是非显而易见的。如果发明仅通过合乎逻辑的分析、推理或有限的试验就可以从现有技术中得出，那么该发明就是显而易见的，因此不具备突出的实质性特点。

其二，发明需具有显著的进步。这意味着发明与现有技术相比能够产生有益的技术效果。例如，发明可能克服了现有技术中存在的缺点或不足，或者为解决某一技术问题提供了不同的技术方案，或者代表了某种新的技术发展趋势。

2. 创造性审查的原则

根据《专利法》第22条第3款的规定，审查发明是否具备创造性，不仅要审查发明是否具有突出的实质性特点，同时还要审查发明是否具有显著的进步，尤其要考虑发明所属技术领域、所解决的技术问题和所产生的技术效果，将发明作为一个整体看待。

与新颖性"单独对比"的审查原则不同，审查创造性时，可以将一份或者多份现有技术中的不同的技术内容组合在一起对发明进行评价。

3. 创造性审查的基准

评价发明专利申请是否具备创造性，以《专利法》第22条第3款为基准，一般包括突出的实质性特点的判断、显著的进步的判断。

（1）突出的实质性特点的判断

在创造性的审查中，对于突出的实质性特点的判断，重点在于判断发明相对于现有技术是否显而易见，通常可按照以下三个步骤进行，也是常说的"三步法"：

　　1）确定最接近的现有技术；

　　2）确定发明的区别特征和发明实际解决的技术问题；

　　3）判断要求保护的发明对本领域的技术人员来说是否显而易见。

　　对于步骤1），最接近的现有技术，是指现有技术中与要求保护的发明最密切相关的一个技术方案，它是判断发明是否具有突出的实质性特点的基础。

　　对于步骤2），首先分析要求保护的发明与最接近的现有技术相比有哪些区别特征，然后根据该区别特征在发明中所能达到的技术效果确定发明实际解决的技术问题。审查过程中认定的最接近的现有技术可能不同于申请人在说明书中所描述的现有技术，从而确定的发明实际解决的技术问题也不同于说明书中所描述的技术问题。作为一个原则，发明的任何技术效果都可以作为重新确定技术问题的基础，只要本领域的技术人员从该申请说明书中所记载的内容能够得知该技术效果即可。对于功能上彼此相互支持、存在相互作用关系的技术特征，需整体上考虑所述技术特征和它们之间的关系在要求保护的发明中所达到的技术效果。

　　对于步骤3），要从最接近的现有技术和发明实际解决的技术问题出发，判断要求保护的发明对本领域的技术人员来说是否显而易见。判断过程中，要确定的是现有技术整体上是否存在某种技术启示，即现有技术中是否给出将上述区别特征应用到该最接近的现有技术以解决其存在的技术问题（即发明实际解决的技术问题）的启示，这种启示会使本领域的技术人员在面对所述技术问题时，有动机改进该最接近的现有技术并获得要求保护的发明。

　　下述情况中，通常认为现有技术中存在技术启示：

　　第一，所述区别特征为公知常识，例如，本领域中解决该重新确定的技术问题的惯用手段，或教科书或者工具书等中披露的解决该重新确定的技术问题的技术手段。

　　第二，所述区别特征为与最接近的现有技术相关的技术手段，例如，同一份对比文件其他部分披露的技术手段，该技术手段在该其他部分所起的作用与该区别特征在要求保护的发明中为解决该重新确定的技术问题所起的作用相同。

第三，所述区别特征为另一份对比文件中披露的相关技术手段，该技术手段在该对比文件中所起的作用与该区别特征在要求保护的发明中为解决该重新确定的技术问题所起的作用相同。

（2）显著的进步的判断

对于显著的进步的判断，主要考虑发明是否具有有益的技术效果。在下述情况中，通常认为发明具有有益的技术效果，具有显著的进步：

1）发明与现有技术相比具有更好的技术效果，如质量改善、产量提高、节约能源、防治环境污染等。

2）发明提供了一种技术构思不同的技术方案，其技术效果基本上能达到现有技术的水平。

3）发明代表某种新技术发展趋势。

4）尽管发明在某些方面有负面效果，但在其他方面具有明显积极的技术效果。

（3）辅助的判断方法

关于发明是否具备创造性的判断，除了对于突出的实质性特点和显著的进步的判断，还有一些辅助的判断方法，即当申请属于以下情形时，发明一般具备创造性：

1）发明解决了人们一直渴望解决但始终未能获得成功的技术难题。如果发明解决了人们一直渴望解决但始终未能获得成功的技术难题，这种发明具有突出的实质性特点和显著的进步，具备创造性。

2）发明克服了技术偏见。技术偏见是指在某段时间内、某个技术领域中，技术人员对某个技术问题普遍存在的、偏离客观事实的认识，它引导人们不去考虑其他方面的可能性，阻碍人们对该技术领域的研究和开发。如果发明克服了这种技术偏见，采用了人们由于技术偏见而舍弃的技术手段，从而解决了技术问题，则这种发明具有突出的实质性特点和显著的进步，具备创造性。

3）发明取得了预料不到的技术效果。发明同现有技术相比，其技术效果产生"质"的变化，具有新的性能；或者产生"量"的变化，超出人们预期的想象。这种"质"的或者"量"的变化，对所属技术领域的技术人员来说，事先无法预测或者推理出来。当发明产生了预料不到的技术效果时，一方面说明发明具有显著的进步，同时也反映出发明的技术方案是非显而易见的，具有突出的实质性特点，该发明具备创造性。

4）发明在商业上获得成功。当发明的产品在商业上获得成功时，如果这种成功是由于发明的技术特征直接导致的，则一方面反映了发明具有有益效果，同时也说明了发明是非显而易见的，因而这类发明具有突出的实质性特点和显著的进步，具备创造性。但是，如果商业上的成功是由于其他原因所致，例如由于销售技术的改进或者广告宣传造成的，则不能作为判断创造性的依据。

第三节 实质审查中的审查意见答复

在专利预审途径加快申请的实质审查中，由于答复期限大幅缩短，对审查意见通知书的答复需做到高效，选择合适的答复方法和沟通技巧可以节约答复时间，避免不必要的专利申请驳回，提升快速授权效率。本节将介绍审查意见答复的一般方法，新颖性和创造性审查意见答复的典型案例以及实质审查中的沟通技巧。

一、审查意见答复的一般方法

实质审查过程中审查意见答复方法一般包括以下几种：

1. 深入理解专利申请内容

在专利申请过程中，由于发明创造已具体化为专利申请文件的形式，具有强烈的法律属性，因此在具体的专利审查答复中，需要充分理解专利申请的内容及其请求保护的主题。仔细阅读权利要求书和说明书等专利申请文件，明确本申请相对于现有技术（特别是审查意见通知书中所列举的现有技术）的区别，包括但不限于解决了什么技术问题，采用了何种有效的技术手段，产生了哪些技术效果，基于区别更为准确地定位本发明的创新性，为意见陈述做好充分准备。

值得注意的是，专利预审审查与实质审查都可能会引用现有技术，但是二者的现有技术内容很有可能是不相同的，因此，在实质审查过程中，还需基于审查意见通知书所引用的现有技术，充分理解专利申请内容，客观明晰专利申请实质创新内容。

2. 准确理解审查意见

在充分理解专利申请文件后，还需全面、准确地理解审查意见和对比文件的内容，将专利申请文件与对比文件进行对比分析，判断审查意见中的哪些审查意见有道理、哪些意见存在错误以及哪些意见具有回旋余地，并在此基础上制定答复策略。

对于审查意见的判断通常包括以下两个方面：

（1）审查意见中认定的事实是否合适

审查意见所认定的事实主要是指对比文件公开日期、公开内容的核实以及本申请权利要求技术特征的认定。

在实质审查阶段，由于审查员一般难以获得在国内外公开使用或者以其他方式为公众所知的技术，因此常见引用的对比文件主要是公开出版物。在这种情况下，公开出版物的公开日期需是比较确定的，但也存在需要核查的情况。比如对于硕士、博士论文的公开时间有时需要进行核实，不能将答辩时间认定为公开时间。此外，审查意见还可能引用互联网（如网页形式的）公开信息作为对比文件，此时也可对公开日期的可信性进行核实。

在对关于新颖性、创造性的审查意见进行答复时，要重视对比文件公开内容的核实。在进行核实时，要针对权利要求保护的技术方案，逐一进行特征比对；对于审查意见中引用的外文文献，要尤为注意审查意见中的翻译是否准确，是否合理。

本申请权利要求技术特征的认定是专利审查意见认定的另一重要基础，尤其是需要站位本领域技术人员。一般来说，申请人或发明人对技术的理解往往更深入、更专业，在答复审查意见过程中可以利用该优势，合理判断审查意见对权利要求技术特征的认定是否准确。

（2）审查意见中评述理由是否充分

在分析完审查意见中认定的事实是否合适后，下一步需要做的事情就是评述理由是否充分，通过分析后如果认为评述的理由不够充分，尤其是存在明显不妥之处，可以认定该审查意见不正确或者可以商榷。

对于新颖性、创造性的审查意见评述来说，需要重点关注是否严格按照相关法律和规定的要求，客观公正地进行了相关评判。例如对于新颖性，是否严格采用了"四相同"的审查基准；对于创造性，"三步法"的审查方式是否符合相关规定。

对于审查意见全部正确的情况，一般采用修改专利申请文件的方式来克服审查意见指出的缺陷，并在意见陈述中说明克服审查意见所指出缺陷的理由，即修改后的申请文件符合相关法律条款规定的理由。

对于审查意见不正确或可以商榷的情形，可以不修改专利申请文件，仅在意见陈述书中陈述专利申请符合专利法相关规定的理由；也可以将申请文件相关内容进行完善性修改，以突出专利申请与对比文件的不同，并具体阐述理由。

3. 修改申请文件

实质审查阶段的修改与预审阶段的修改不同，尤为需要注意实质审查阶段时的修改不能超范围，同时还需考虑修改的全面性以及有效性。对于申请文件的修改，具体建议如下：

（1）修改后的专利申请文件需符合相关法律的规定

在答复审查意见通知书时，修改后的专利申请文件需符合相关法律的规定，具体包括三方面的内容：一是修改需是针对通知书指出的缺陷进行的，不能随意修改，如果不符合上述规定，修改文本一般不予接受；二是修改不能超范围，即修改不得超出原说明书和原权利要求书记载的范围；三是修改后的专利申请文件需符合相关法律有关专利申请文件撰写的规定，即不要引入新的缺陷。

（2）针对确实存在的实质性缺陷进行修改

在对实质性缺陷进行修改时，需先消除审查意见通知书中指出的缺陷，使修改后的专利申请文件符合相关法律的有关规定，同时尽量争取更大的保护范围，不能为了克服实质性缺陷而增加过多无用的技术特征，影响专利权保护力度。

在修改专利申请文件时，需要注意全面克服所存在的缺陷，例如对于独立权利要求不具备新颖性的审查意见，在修改专利申请文件时不仅要使修改后的独立权利要求具备新颖性，还需具备创造性，甚至还需消除审查意见通知书中未指出的其他明显实质性缺陷和形式缺陷。

（3）对于其他未指出的形式缺陷一并予以克服

对审查意见通知书中没有指出的专利申请文件存在的其他形式缺陷，一般最好在修改专利申请文件时一并加以克服，如不克服，可能会导致审查程序的延长。如果对该形式缺陷没有把握，可以及时与审查员进行沟通再决定是否修改。

4. 撰写意见陈述书

意见陈述书的撰写思路与前述过程密切相关，在具体意见陈述书撰写中，可重点关注以下内容：

（1）重点突出，详略得当

在预审加快途径专利申请的实质审查阶段，其答复期限和审查周期都急速缩短，更需注重意见陈述的重点突出，让相关审查员快速明晰意见陈述的相关内容，及时准确做出审查结论。

在撰写审查意见陈述书时，需明确陈述的目的和核心要点，将最重要的信息放在最显眼的位置，以便审查人员能够快速抓住主要观点和立场。同时，还可合理安排陈述的篇幅和详略程度，对于重要的、关键的信息进行详细阐述，而对于次要的、不重要的信息适当简略，避免冗长和烦琐。这样既能突出意见陈述的重点，又能提高可读性和易理解性。

（2）逻辑清晰，表达完整

清晰的逻辑和完整的表达是撰写审查意见陈述书的基本要求，需确保意见陈述内容条理清晰，层次分明，逻辑严密，使审查人员能够清晰地理解申请人的观点和论据。同时，还需使用准确、简练的语言，完整表达其观点和理由，避免模糊、含糊不清的表达方式。建议在审查意见陈述书中注意使用适当的段落和标题，使陈述内容更加清晰易读。

（3）全面陈述，节约程序

在答复审查意见时，需要全面涵盖审查人员指出的所有问题，逐一进行回答，并提供相应的证据和依据。同时，还需注意节约程序，避免不必要的重复和烦琐。建议申请人可以在撰写意见陈述书前进行简单的准备和规划，列出所有需要回答的问题，并逐一进行回答。

（4）适当举证，增强说理

为了增强陈述的说服力，申请人需要适当提供证据和相关典型案例支持意见陈述书中的观点和立场。这些证据可以包括相关公知常识证据、实验结果、专家意见等。通过举证，可以更好地说明其申请的合理性和可行性，提高审查人员对其申请的认可度和信任度。同时，申请人还需注意选择具有代表性和说服力的证据，避免使用无关或不可信的证据。

二、新颖性审查意见答复的典型案例

以下将基于典型案例，介绍新颖性审查意见答复。

1. 现有技术的公开

案例 8-1

案情简介❶：本案涉及一株高产油栅藻 SDEC - 13 及其培养方法和应用，其权利要求 1 内容如下："一株高产油栅藻 Scenedesmus quadricauda SDEC - 13，其特征在于……，其保藏编号为 CCTCC NO：M 2014498，保藏日期为 2014 年 10 月 19 日，保藏单位为中国典型培养物保藏中心。"

审查意见通知书引用发明人自己的期刊文献作为对比文件 1。认为对比文件 1 公开了一株高产油栅藻 SDEC - 13 及其培养方法，而微生物专利保藏程序实质上并不影响栅藻 SDEC - 13 的结构和组成，评述了该权利要求的新颖性。

申请人在答复审查意见通知书中认为对比文件 1 实质上并未公开权利要求 1 请求保护的技术方案。

该案件最终未修改被授予专利权。

案例分析：该案件在答复过程中，通过说理和证据相结合的方式，紧扣现有技术的公开内容，成功说服审查员，具体包括如下内容：

1）公众仍无法仅通过对比文件 1 获知其组织结构或生物状态，无法获得相应的栅藻这一实体，也无法重复其实验或将其用于工业化。因为对比文件 1 的栅藻虽然与本发明的栅藻名称相同，但由于对比文件 1 仅公开了栅藻取自山东济南的某一湖泊这一有限的内容，难以支撑其公开了具体的结构和组

---

❶ 李健康. 专利审查意见陈述技巧：审查意见答复典型案例分析 [M]. 济南：山东大学出版社，2022：128 - 135.

成这一结论。

2）本领域技术人员可通过论文的公开来免费获得其藻株的假设显然难以实现。因为藻株属于一般社会观念或商业习惯中的保密情形，不属于公众可以获得的现有技术情形。

3）通过证据表明藻株属于申请日前公众不能得知或实际获得的状态。基于对比文件 1 论文投稿时的期刊要求（证据 1），证明文章公开与栅藻藻株实质公开是不同程序，虽然发明人作为对比文件 1 文章的作者，但论文投稿的期刊并不要求作者在投稿时一并提供所记载的微生物藻株以及对外发放的声明。提供藻株自分离后处于保密状态未向公众发放的证明材料（证据 2），用以证明本发明专利申请人对该栅藻藻株进行了保密程序并采取了保密措施，由专人负责，并且提供该菌株自分离后处于保密状态未向公众发放的声明。

案件启示： 在新颖性审查意见答复中，现有技术公开的内容非常重要。判断技术是否构成现有技术，需综合考虑公开行为、方式、内容、对象及获知途径。技术若构成现有技术，需在申请日或优先权日前公开，使公众能通过正当途径得知其实质性内容。若公众无法从公开行为中获取技术方案的实质性内容，则该行为不能单独认定为技术公开。

同时，本案中还涉及"先文章后专利"的情形，在专利申请预审加快途径中，要尽可能避免此种情形。一旦出现了文章提前公开的情况，一定要全面分析创新的公开程度，合理选择保护范围进行专利申请。

2. 新颖性宽限期

案例 8 - 2

案情简介[1]： 该案例涉及麻醉气体类型的区域分类识别装置和方法，申请人为深圳某企业，其申请日为 2006 年 3 月 21 日，公开日为 2007 年 9 月 26 日。

审查意见通知书引入一篇硕士论文作为对比文件，其公开日为 2005 年 11 月 15 日，认为该专利的权利要求 1 不具备新颖性。

申请人在答复审查意见通知书中认为对比文件 1 为他人未经申请人同意

---

[1] 国家知识产权局专利局专利审查协作北京中心. 专利审查研究 2012 ［M］. 北京：知识产权出版社，2014：123.

而泄露其内容的情形，因此，本专利申请相较于对比文件 1 不丧失新颖性。

该案件最终被授予专利权。

案例分析：该专利申请人在答复中详细地陈述了"他人未经申请人同意而泄露其内容"的情形：对比文件 1 的作者，曾经于 2005 年在申请人单位实习，接触并了解了申请人当时正在自主研发的麻醉气体类型的区域分类识别技术。2005 年 11 月 15 日，即在本专利申请日前四个月零六天，对比文件 1 的作者未经申请人同意，将麻醉气体浓度监测系统研制作为硕士学位论文在网络上公开，申请人一直不知情。同时，申请人提供了相关的证明材料。

由此可见，该事实符合《专利法》第 24 条第（四）项的规定，该专利申请相较于对比文件 1 不丧失新颖性。

案件启示：《专利法》第 24 条规定，申请专利的发明创造在申请日以前 6 个月内，有下列情形之一的，不丧失新颖性：在国家出现紧急状态或者非常情况时，为公共利益目的首次公开的；在中国政府主办或者承认的国际展览会上首次展出的；在规定的学术会议或者技术会议上首次发表的；他人未经申请人同意而泄露其内容的。

如果发明创造的内容在申请日前 6 个月内被他人未经许可而泄露，且申请人在申请日前已得知，需在专利申请时于请求书中声明，并在申请日起 2 个月内提交相关证明材料。若申请人在申请日后自行发现此情况，需在发现后的 2 个月内提出要求保留新颖性的宽限期声明，并附上证明材料。如申请人在收到专利局的通知后才得知，需在通知指定的期限内提出保留新颖性宽限期的答复意见并附上证明文件。证明材料需包括泄露日期、方式、内容，并由证明人签字或盖章。

3. 推定新颖性

📇 **案例 8 - 3**

案情简介[1]：该案件涉及一种罗沙司他水合物的晶型及其制备方法和应用，其权利要求 1 限定了化合物的结晶化学式，并限定其使用 Cu - Kα 辐射，

---

[1] 南京市知识产权保护中心. 预审"避坑"系列——化学药中晶型专利的"推定新颖性"［EB/OL］.（2022 - 11 - 03）［2024 - 04 - 15］https：//mp. weixin. qq. com/s/PCaxO7WH4MqaCT070cc1oA.

以 2θ 角度表示的 X – 射线衍射图谱中：在 6.64 ± 0.2°、9.76 ± 0.2°、9.95 ± 0.2°、11.77 ± 0.2°、13.21 ± 0.2°、13.89 ± 0.2°、15.43 ± 0.2°、16.07 ± 0.2°、16.48 ± 0.2°、16.86 ± 0.2°、18.69 ± 0.2°、19.18 ± 0.2°、19.83 ± 0.2°、20.32 ± 0.2°、20.87 ± 0.2°、22.03 ± 0.2°、23.59 ± 0.2°、24.03 ± 0.2°、25.17 ± 0.2°、26.53 ± 0.2°、27.44 ± 0.2°、28.30 ± 0.2°处有衍射峰。

审查意见通知书引入 8 篇对比文件，基于对比文件 1 与本申请在制备方法以及熔点、pH 值等参数类似，推定该权利要求不具备创造性。

申请人在答复审查意见通知书中认为本申请与 8 篇对比文件中的晶型存在区别。

该案件最终被授予专利权。

案例分析：该案件在说明书背景技术中就记载了现有技术已经公开了罗沙司他的形态 A、形态 B（半水合物）、形态 C（六氟丙 – 2 – 醇溶剂合物）、形态 D（DMSO/水溶剂合物）、钠盐、L – 精氨酸盐、L – 赖氨酸盐、乙醇铵盐、二乙醇胺盐、氨丁三醇盐、非晶态及钾盐。本申请提供一种罗沙司他水合物形态 E，罗沙司他水合物形态 E 晶型具有良好的化学稳定性，利于长期保存，同时也具有良好的成药性，为后续在意见陈述中的争辩提供了相关依据。

同时，为了增强说服力，申请人还补交了 XPRD 谱图进行对比，辅以晶型稳定性和化学稳定性实验数据，最终说服了审查员。

案件启示：审查意见中的推定不具备新颖性并不代表专利申请不具备新颖性，通过充分的审查意见答复，明晰本申请与对比文件的显著区别，是专利授权的重要保障。在专利申请预审加快途径中，由于其具有答复期限短、意见陈述要求高等特点，因此，申请人更需做好充分准备，尤其是提前做好充分的实验数据准备，对现有技术进行检索，了解已有晶型的性状、参数以及和本申请之间是否存在显著差异，提前写入申请文件。

三、创造性审查意见答复的典型案例

以下将基于典型案例，介绍创造性审查意见答复。

1. 事实认定

案例 8 – 4

案情介绍[❶]：本案涉及一种支架及电子设备，权利要求 1 内容如下。

"一种支架，其特征在于，包括用于与待固定部件相连接的安装面；所述安装面上具有至少一个注胶槽，所述注胶槽为凹陷部，且所述凹陷部为收口状结构。"

审查过程中引用对比文件 1，认为基于对比文件 1，该权利要求不具备创造性。对比文件 1 涉及一种电路板，补强板（对应"支架"）贴合在柔性印制线路板 FPC（对应"待固定部件"）上时需要补强的区域，补强板与 FPC 之间形成充胶空间，补强板上设置有注胶孔（对应"注胶槽"），注胶孔可以是 X 形孔，注胶孔与充胶空间连通，通过注胶孔将胶水注入补强板与 FPC 之间形成的充胶空间内，胶水固化后会形成连接 FPC 和补强板的胶层，FPC 与补强板通过填充于充胶空间内的胶层固定连接。

申请人认为，本申请的注胶槽与对比文件 1 的注胶孔实质上是不同的，没有证据能够表明孔结构和槽结构是能够容易想到进行替换的。

该案件最终被授予专利权。

案例分析：对于上述审查意见所认定的事实，申请人通过分析认为，对比文件 1 没有公开注胶槽为凹陷部，也没有公开注胶槽为收口状。对比文件 1 中，注胶孔为两端开口的通孔结构，并不存在"底面"这一技术特征。本申请中，凸起结构是设置在注胶槽的底面的，以此来防止凝固后的胶黏剂与支架之间产生滑动，从而增加了胶黏剂与支架之间的连接强度。因此，本申请的注胶槽与对比文件 1 的注胶孔实质上是不同的，没有证据能够表明孔结构和槽结构是能够容易想到进行替换的。

最终该意见陈述被接受，因为虽然包含底部的注胶槽在本领域很常见，但不宜将包含底部的注胶槽生硬地替换对比文件 1 的注胶孔，显然，替换后对比文件 1 不能实现胶水注入补强板与 FPC 之间的充胶空间。因此，本领域

❶　赋青春．决定评析｜权利要求中技术术语的准确理解和创造性的评判［EB/OL］．（2023 – 12 – 12）［2024 – 04 – 15］https：//mp．weixin．qq．com/s/Ipbn6lPLwj11nKWpGKRm3w．

技术人员无法从现有技术获得技术启示从而改进对比文件1。

案件启示：在关于专利创造性的答复过程中，尤其是在事实认定上，发明人作为一线的科技人员，能够更为准确地把握本申请和对文件的内涵和外延，在审查意见出现技术事实认定不当时，可以在答复中充分陈述二者的不同，并基于此对后续区别技术特征的认定以及实施解决技术问题的判断给出明确说理。

2. 预料不到的技术效果

案例 8 – 5

案情简介❶：该案例涉及一种基于基频反相输出二倍频同相输出功分器的介质振荡器，权利要求1描述了介质振荡器电路的具体结构，该介质振荡器可以实现对"基频信号反相输出，二倍频信号同相输出"，电路包括两个结构完全相同的振荡单元和一个功分器电路，其中功分器的拓扑结构包括6条微带线和电阻 R1。

审查意见通知书引用对比文件1—3，对比文件1公开了介质振荡器的整体结构，对比文件2是发明人在先发表的期刊文章，其记载了与本申请相同的功分器的拓扑结构，对比文件3公开了振荡单元的具体结构，认为基于对比文件1结合对比文件2—3和公知常识，本申请全部权利要求不具备创造性。

申请人在答复审查意见通知书中，将说明书中对于功分器中微带线 1 ~ 6 及电阻 R 的具体参数加入权利要求1中，并进行充分的意见陈述。

该案件最终被授予专利权。

案例分析：该案件属于微波电路领域，对比文件2几乎完全公开了本申请电路的拓扑结构，因此申请人从电路结构上难以找到阐述本申请具备创造性的突破口。但本申请的说明书具体实施例中记载了功分器中所有微带线和电阻参数的推导过程，通过特定参数的选取，使得功分器具备了已知性能优化规律之外的效果，即实现"基频反相输出二倍频同相输出"的功能，从而可以认为该特定参数为功分器带来了预料不到的技术效果。

---

❶ 袁茹芳，张旭光. 浅析涉及数值范围的专利申请文件撰写要点和答复策略 [J]. 中国发明与专利，2019，16（S2）：45 – 48.

案件启示：在创造性的判断过程中，考虑发明的技术效果有利于正确评价发明的创造性。如果发明与现有技术相比具有预料不到的技术效果，则不必再怀疑其技术方案是否具有突出的实质性特点，可以确定发明具备创造性。因此，在对专利申请预审加快途径下的创造性进行答复时，也可基于申请文件所记载的内容，从预料不到的技术效果出发，来陈述发明创造的创造性。

3. 补充试验数据

案例 8 - 6

案情介绍❶：本案例的权利要求 1 要求保护组合物的制药用途。

审查意见通知书引用对比文件 1 认为其不具备创造性，其与对比文件 1 的主要区别在于权利要求中限定了所述组合物包含黄原胶、丙二醇和聚山梨酯 20 及其用量。

申请人在答复审查意见通知书时提交补充试验数据，其中记载了具体的试验内容及试验结果。所述试验测定了 7 个样品的高温稳定性，其中样品 1 对应于本申请表 1 的产品，包含黄原胶、丙二醇、聚山梨酯 20 以及其他成分；样品 2 的产品除不含黄原胶外与样品 1 相同；样品 3 除不含丙二醇外与样品 1 相同；样品 4 除不含聚山梨酯 20 外与样品 1 相同；样品 5—7 分别只含黄原胶、丙二醇、聚山梨酯 20 中的一种以及其他成分。经过测试后结果显示，样品 1 在任何温度储存后都没有表现出任何分离或降解，样品 2、3 和 4 在温度升高至 60℃ 后出现沉积，样品 5、6 和 7 在温度升高至 45℃ 后出现相分离。

该案件最终被授予专利权。

案例分析：该案件提交补充实验数据最终被接受的原因可能如下：

1）本申请说明书实施例 1—3 中记载了同时包含黄原胶、丙二醇和聚山梨酯 20 三者的技术方案的具体实施例。同时还明确记载了上述包含稳定化聚合物、丙二醇和聚山梨酯表面活性剂的组合物的效果，即"与缺少一种或多种上述物质的组合物相比，这种组合出乎意料地为该组合物提供了温度稳定性，例如在升高的温度如至少 40℃（至少约 104 ℉）"。

---

❶ 赋青春. "申请日后补交实验数据"审查规则诠释之五——"PDE5 抑制剂"案 [EB/OL]. (2023 - 08 - 11) [2024 - 04 - 15]. https：//mp. weixin. qq. com/s/6D8MYFDIWCeeoQR1yCkM3A.

2）提交的补充实验数据中样品 1 为与本申请权利要求请求保护的方案和实施例表 1 相对应的产品，其所证明的技术效果是：包含稳定化聚合物、丙二醇和聚山梨酯 20 的本发明组合物，与缺少一种或多种上述物质的组合物相比，具有更为优异的温度稳定性。

可见，复审请求人提交的补充实验数据是对已经能够从本申请说明书公开内容中得到的技术效果的补强证据，最终被审查员所接受。

案件启示：《专利审查指南 2023》第二部分第十章第 3.5 节规定了补交的实验数据的审查原则为"对于申请日后补交的实验数据，审查员需予以审查。补交实验数据所证明的技术效果需是所属技术领域的技术人员能够从专利申请公开的内容中得到的"。因此，在具体的创造性答复中，申请人可以尝试采用补充实验数据的方法来增强说理。

四、实质审查中的沟通技巧

对于专利预审途径的加快申请，为了进一步提高沟通效率，申请人可以充分利用电话讨论、会晤等方式与审查员进行沟通。

1. 电话讨论

电话讨论可能是审查员发起，也可能是申请人主动发起。

当审查员主动开展电话讨论时，通常会给出申请文件的修改建议，有时也会沟通其认为存在疑问的问题，需要申请人进行解释。申请人需积极配合，如果能够讨论清楚，双方达成一致，则可按照电话讨论的结论对专利申请文件进行修改，并尽快提交或答复。

对于审查意见存疑时，申请人也可以主动发起电话讨论，针对审查意见涉及的实质性缺陷与审查员进行探讨，如果得到审查员的认定，需尽快补交意见陈述和/或修改文本；如果未达成一致，也需以书面意见的方式进行答复。

为保证电话讨论的效果，申请人需注意以下几个方面：

（1）提前预约

审查员虽然是伏案工作的群体，但也不可能时时刻刻在工位上，在接到申请人的电话时，审查员通常也需要时间来回忆案情。尤其涉及新颖性、创造性等较为复杂案情的电话沟通时，可提前致电审查员，预约电话讨论的时间，这样既能够节约彼此的沟通时间，又能够提高交流的效率。

（2）充分准备

在正式的电话讨论前，需充分理解案情，例如，在进行新颖性、创造性审查意见的沟通时，需掌握本发明与对比文件之间的区别技术特征以及所取得的技术效果等；同时相关技术资料也需准备充分，在拨打电话前，确保相关的资料都已经收集、整理完毕。

（3）融洽沟通

电话讨论的目的是加速审查，因此构建良好的沟通氛围非常重要，有利于将诉求充分表达出来，同时也有利于对方全面接收意见陈述中的观点。当然，在电话讨论中会存在彼此不能说服对方而激烈争论甚至冲突的可能性，在这种情况下，需控制情绪，等冷静下来后根据需求择期再继续讨论。

2. 会晤

在实质审查过程中，审查员可以邀请申请人进行会晤，以加快审查程序。申请人也可以主动请求会晤，只要会晤有利于澄清问题、消除分歧、促进理解，审查员通常会同意申请人的请求。为更好地开展会晤，申请人需注意以下几个方面：

（1）申请人启动会晤的条件

审查员发出第一次审查意见通知书后，申请人在答复审查意见通知书的同时或者之后均可提出会晤请求，可通过电话进行预约。如果申请人准备在会晤中提交新的文件，需事先提交给审查员。一旦会晤日期确定后，一般不得变动；如必须变动，需提前通知对方。如果申请人无正当理由不参加会晤，审查员可以不再安排会晤，而是选择通过书面方式继续审查。

（2）会晤的参加人

如果申请人委托了专利代理机构，相关代理师需参加会晤，并出示代理师执业证。如果申请人更换了代理师，需办理著录项目变更手续，待著录项目变更手续合格后由变更后的代理师参加会晤。在委托代理机构的情况下，申请人可以与代理师一起参加会晤。如果申请人没有委托专利代理机构，申请人需参加会晤；如果申请人是单位，由该单位指定的人员参加，该参加会晤的人员需出示证明其身份的证件和单位出具的介绍信。

参加会晤人员的总数一般不得超过两名，两个以上单位或者个人共有一项专利申请且未委托代理机构的，可以按共同申请的单位或个人的数目确定参加会晤的人数。

（3）视频会晤

随着科技的发展以及在线沟通越来越便捷，审查部门和申请人也在积极创新工作模式，开展视频会晤。视频会晤具有众多优点，例如可以有更多的人员参与会晤，视频会晤的参与方可以是审查员、申请人、代理师等多方共同交流。视频会晤使得技术交流更深入，在视频会晤过程中，申请人不仅可以展示模型、样品等实物，还能借助视频平台提供的共享文件、共享屏幕等功能，将案件涉及的相关技术信息、资料等进行共享，让审查员清楚直观地理解案件的技术内容。审查员也可以更加准确地理解申请人的疑惑点和双方的争辩点。代理师在参与视频会晤的过程中，还可以从法律和案件修改等角度为申请人提供更有价值的建议，进一步提升案件的申请质量。

视频会晤作为一种新型的沟通方式，具有诸多优点。它不仅可以提高审查效率、促进技术交流，还可以提高沟通效率、增进相互理解与合作。因此，建议在实质审查环节中积极开展视频会晤，以便更好地推进专利申请的审查进程。

第三部分

专利申请预审前的申请优化

第九章

专利申请质量的提升

专利快速审查制度制定的初衷就是帮助战略性新兴产业的创新主体快速获得一部分专利权，这部分专利权应是对其自身发展和产业发展都具有重要意义的发明创造，应当是高质量的发明创造。随着我国知识产权强国战略的深入实施以及专利保护水平的不断提升，创新主体对于专利的认识越来越深入，直接体现在他们更加重视专利申请前的谋划和布局，希望每一件专利都能发挥作用、产生价值。因此，本章将结合专利快速审查制度的应有之义以及当前创新主体的迫切需求，进一步对专利申请质量的提升进行探讨，以帮助创新主体更好地利用制度强化优秀创新成果的保护，提升专利的价值。

第一节　提升专利申请质量的目标和意义

一、以能够支持自身发展的高价值专利为目标

每当提到提升专利质量这个话题时，人们自然地就会将努力的目标设定为创造高价值专利，那么什么是高价值专利呢？对于这个名词的认识和评判标准并未统一，不同的主体有各自的界定，总体来说包括以下几个层面：

在国家层面，国家知识产权局从数据统计角度明确将 5 种有效发明专利纳入高价值发明专利拥有量统计范围，具体包括战略性新兴产业的发明专利、在海外有同族专利权的发明专利、维持年限超过 10 年的发明专利、实现较高质押融资金额的发明专利和获国家科学技术奖或中国专利奖的发明专利。同时，2023 年 9 月国家知识产权局、中国人民银行、国家金融监督管理总局联合起草了国家标准《专利评估指引》（GB/T 42748—2023），其中认为：专利

价值是指专利在现实市场条件下的使用价值，包括法律、技术和经济三个维度。法律价值度是指专利被法律赋予专有性，专利所有者或使用者在专利权的保障下控制市场的能力；技术价值度是指专利由其承载的技术领先程度、技术适用范围和技术能够实现的可能程度来决定实际应用的价值；经济价值度是指从专利获得市场经济收益能力的角度反映专利的经济价值的程度。

在省市层面，各个省市也积极推进高价值专利培育工作，例如广东省发布的《高价值专利培育布局工作指南》中认为：高价值专利是指"能够为创新主体或产业产生高商业价值的专利或专利组合"，强调具有商业价值这一最终结果；江苏省发布的《高价值专利培育工作规范》中指出：高价值专利是"具有较高创新水平和文本质量、较高经济价值和良好社会效益、能够对创新主体或产业发展作出重大贡献的专利或专利组合"，既强调了专利自身的法律属性、技术属性，又强调了专利的应用属性。

在创新主体层面，不同类型的主体对高价值专利的认识也是不同的。对于高校和科研机构，2024 年 1 月国家知识产权局与教育部等 7 部门联合印发了《高校和科研机构存量专利盘活工作方案》，要求高校和科研机构必须从源头上提升专利申请质量，精准对接需求，产出和布局更多符合产业需求的高价值专利；对于企业，从具体的工作实践中我们体会到，企业的类型以及企业自身发展所处的阶段等都会影响企业对高价值专利的认识，例如有助于提升企业品牌知名度的专利、能给企业带来经济收益的专利、能够对竞争对手发起诉讼或反诉的专利、能够巩固自身市场优势的专利、能够获评专利奖的专利等都可能是高价值专利。

综合上述不同角度的分析可以看出，当前业界对于高价值专利的内涵基本达成了共识，高价值专利是能够为专利权人带来高价值的专利，其涉及技术、法律和经济三个维度。本书引入高价值专利这个概念并非是要对其进行深入的探讨，而是要给广大创新主体一个指引，将其作为提升专利质量的目标。事实上，每个创新主体都应该有自己对高价值专利的定义，也就是要为自己制定提升专利质量的目标，可以参考业界的共识以及国家的标准，但更要依据的是自身发展的战略思考。

二、提升专利申请质量具有多方面深远意义

对于创新主体来说，提升专利申请质量的意义主要体现在以下几个方面：

1. 有助于增强技术研发基础

对于创新主体来说，大多数专利申请是基于现有技术的改进创新，而作为专利申请的发明人对相关技术在全世界范围内的创新情况通常并不十分清楚，进而无法客观地评估相关技术的创新高度，致使专利申请被授予专利权的可能性低，授权专利保护力不强。面对这一问题，创新主体可在专利申请的过程中引入提升专利质量的理念，结合相关策略和措施，帮助发明人全面了解相关技术的发展脉络和趋势，明确自身技术的创新定位，不但能够提升专利的技术先进性，而且有助于增强创新主体整体的技术研发基础。

2. 规避专利风险提升应对能力

提升专利质量不仅有助于技术研发，还能够帮助创新主体规避专利风险。一项技术通常有其发展的脉络，技术的进步依赖于一代一代的技术迭代，创新主体的专利技术虽然具有一定的技术先进性，但也有很大可能是基于其他技术的改进，因此可能存在侵犯他人专利权的风险。提升专利质量的过程也是帮助创新主体规避专利风险的过程，理清风险点并制定应对的策略，在创新的过程中做到知己知彼，有力保障技术的转移转化、产品的研发上市。

3. 提高市场份额和盈利能力

专利质量提升工作以创造符合自身发展需求的高价值专利为目标，其高价值必然会体现在提供更好的产品满足产业与市场的需求、支撑创新主体发展战略等方面。尤其对于一些高新技术领域的企业来说，拥有高价值的专利意味着企业不但具有更强的市场竞争力，而且在一定程度上掌握着产品的定价权，从而获取更多的盈利。

4. 吸引合作伙伴和投资

高价值的专利不但可以帮助创新主体获取市场上的竞争优势，还可以作为一种无形资产，对创新主体在争取合作、吸引投资等方面起到积极的作用。例如对于高校科研院所来说，聚焦产业发展需求的专利技术很可能是产业内急需突破的"卡脖子"技术，这些技术的转化和应用势必会大力促进产业的发展，相关研发团队也将成为众多企业争相合作、投资的热点。

第二节　影响专利申请质量的因素

提升专利质量的目标是创造高价值专利，那么专利价值所体现出的不同维度便是创新主体在提升专利质量时要考虑的主要方面。国家标准《专利评估指引》（GB/T 42748—2023）中对专利价值的分析评估给出了指引，专利价值包括技术、法律和经济三个维度，其中技术价值的细化指标包括技术先进性、技术替代性、技术适用范围、技术独立性、技术成熟度和技术领域发展态势；法律价值的细化指标包括权利稳定性、权利保护范围、侵权可判定性、依赖度；经济价值的细化指标包括剩余经济寿命、竞争态势、市场应用情况、专利运营状况（见表 9 - 1）。

表 9 - 1　专利价值分析评估指标

一级指标	二级指标	二级指标说明
法律价值	1.权利稳定性	被评专利在行使权利过程中抵御被无效风险的能力
	2.权利保护范围	被评专利权利要求书限定的保护范围
	3.侵权可判定性	基于被评专利权利要求，是否容易发现和判断侵权行为的发生，是否容易取证，进而行使诉讼的权利
	4.依赖度	被评专利的实施是否依赖于他人在先有效专利的许可
技术价值	5.技术先进性	被评专利技术在当前与本领域其他技术相比是否处于领先地位，是否为后续改进专利的基础
	6.技术替代性	当前是否存在解决相同或类似问题的替代技术方案
	7.技术适用范围	被评专利技术可应用的范围
	8.技术独立性	被评专利技术在当前是否可独立实施，是否依赖于配套条件的成熟
	9.技术成熟度	被评专利技术在当前所处的发展阶段
	10.技术领域发展态势	被评专利技术所在的技术领域当前发展趋势
经济价值	11.剩余经济寿命	被评专利未来能产生经济效益的时间长度，可通过法律保护期限结合技术生命周期确定
	12.竞争态势	市场上是否存在与被评专利的权利人形成竞争关系的竞争对手，以及竞争对手的规模
	13.市场应用情况	被评专利技术目前在市场上的投入使用情况,或未来在市场上的应用前景
	14.专利运营状况	被评专利的转让许可、融资保险、诉讼仲裁等情况

基于上述专利价值分析评估的指标体系，结合创新主体专利产生的一般过程，本书认为影响专利质量的因素主要包括技术的选择、权利的谋划、战略的考量以及管理的支持四个方面。

一、技术的选择

选择哪一项技术创新以专利的形式来保护是专利申请要考虑的最基础的因素，创新主体应当慎重对待。有些技术隐秘性强，以专利方式进行保护不利于技术优势的维持，不适合利用专利来保护，可以考虑技术秘密的方式；有些技术侵权判定举证难，公开后既容易被他人模仿，又很难维权，也不适合专利保护。对于适合利用专利保护的技术创新，应当重点考虑技术的先进程度和可替代性，这也是提升专利技术价值最关键的环节。技术的先进性主要体现在该技术相较于现有技术具有突出的实质性特点和显著的进步，具有更好的性能、更低的成本和更高的效率。技术的可替代性则指是否存在其他技术可以替代专利申请涉及的技术方案，如果一项技术很容易被其他技术替代，缺少自身技术的独特优越性，那么这项技术是不适合采用专利进行保护的。

目前在创新主体产生专利的过程中往往缺少对技术先进性和可替代性进行评估的环节，缺少技术先进性评估导致专利申请在审查过程中容易以不具备创造性为由被驳回，即使有些专利申请最终获得了专利权，也由于其技术不可替代性较低，导致其技术价值不高，很难产生期待的商业价值。

二、权利的谋划

专利的布局规划是影响专利质量的重要因素，一项优秀的技术创新因为没有提前做好权利的布局可能导致专利权人错失市场优势，甚至受制于他人，这样的案例屡见不鲜。专利权的布局规划，一方面要重视专利申请的法律文件的撰写，主要考虑专利权的保护范围和稳定性，争取获得保护范围大且稳固的专利权；另一方面要注重整体的专利布局，此时针对的不再是具体的创新方案，而是基于相关技术领域的整体竞争格局，摸清技术路线的发展与竞争对手的动态，结合自身的研发基础确定研发重点与知识产权布局策略。

结合具体的工作实践，我们发现创新主体对于单个专利的撰写比较重视，尤其对于核心专利申请的重要性有充分的认识，也会选择业务能力较强的专利代理机构辅助进行专利申请，这一点是非常值得肯定的。但是大多数创新主体对于整体专利布局规划的意识还不是很强，同时受限于自身研发路线的保密考虑，专业服务机构只能给予间接的帮助，主要依赖创新主体自身的主动作为。

三、战略的考量

以创新主体发展战略指引专利申请工作是提升专利质量的关键因素。评判一项专利权有没有用，归根到底就是判断这项专利权是否能够支撑创新主体的发展战略。例如，防御性专利布局是与竞争对手博弈的关键筹码，对于身处激烈市场竞争且不具有核心技术的创新主体来说是非常重要的；而对于具备技术优势的行业引领者来说，做好高价值专利组合的布局，通过专利支撑研发投资产生的技术优势转化为市场优势，这是创新主体开展专利相关工作的核心点。此外，对于高校和科研院所这一类创新主体来说，作为国家战略科技力量和创新体系的重要组成部分，其科技创新应进一步突出产业化导向，围绕产业需求，特别是关键核心技术攻关、具有重大应用场景的原创技术等重点需求，相应的专利相关工作也要紧密地围绕这一核心。

在专利的创造过程中，战略的考量往往是相较于技术和权利更容易被忽略的一个因素。有些创新主体运用专利保护创新的意识很强，也愿意投入人力和物力对自己的技术创新进行保护，但创新主体内部从上至下对于专利如何运用存在困惑，不知道专利到底有什么用处，产生这一现象的根源在于没有将战略意识融入专利的创造过程中。事实上，战略考量是确保专利价值和市场竞争力的关键，创新主体应当通过深入了解市场需求、技术壁垒情况和产品生命周期特点，结合目标市场内产业主体专利运用的现状，制定出具有战略意义的专利创造策略，并做好策的宣传和贯彻，让每一位研发人员清楚地理解产生专利的意义和用途，从而提升专利申请的质量，增强专利运用的效益。

四、管理的支持

基于上述分析可以看出，专利申请工作不仅涉及专利管理人员，同时需要技术研发人员、法律专业人才以及战略落实的管理层的密切配合，在这个过程中高效、规范的管理将是最终产生高价值专利的保障因素。目前，考虑到成本等方面的制约，很多创新主体并没有设置专职的专利管理人员，即使有数量也较少，在这种情况下建立一套规范的专利管理制度往往是个较好的选择。

自 2013 年起，我国陆续颁布施行了《企业知识产权管理规范》《科研组织知识产权管理规范》《高等学校知识产权管理规范》等知识产权管理体系标准。这些标准为企业、科研组织和高校提供了知识产权管理的指导和规范。2020 年 11 月，我国推动制定了首个知识产权管理国际标准 ISO56005，该标准强调知识产权战略、创新战略与业务战略的协同，规范了知识产权管理与创新过程的融合，并为知识产权管理提供了众多使用的工具和方法，能够助力创新主体提升其知识产权管理水平。

在技术的选择、权利的谋划、战略的考量以及管理的支持四个方面中，战略的考量引导着技术的选择和权利的谋划，是最关键的一个因素，但在实践中也是最容易被忽略或最难落实的一个方面；技术的选择和权利的谋划相对可操作性更强，它们对于专利质量的影响也更加直接和显性，创新主体更容易接受并采取措施予以改进；管理的支持是支撑各项措施高效开展的保障，形成规范的工作流程和培育良好的知识产权文化，从长远看来也是非常重要的。

第三节　提升专利申请质量的措施

一、完善专利申请产生的流程

在创新主体内部专利的产生通常涉及两个阶段：第一个阶段是产生技术创新方案，形成技术交底书；第二个阶段是制作专利申请文件，提交专利申请并获得专利权。在第一个阶段中，参与相关工作的人员主要是技术研发人员，他们针对具体的技术需求开展技术研发工作，在研发工作进行的过程中为解决一些技术问题形成了技术创新的构思，并通过实验等方式不断论证和完善创新成果，最终形成创新方案，以技术交底书的方式提供给专利管理人员。第二阶段的重点是基于技术交底书形成专利申请文件，大多数的创新主体会委托专利代理机构的专利代理师完成此项工作，对该项工作考核的指标主要是专利申请授权率，专利申请文件的撰写质量以及授权专利的质量很大程度上依赖专利代理人个人的专业能力。专利产生的一般流程如图 9 - 1 所示。

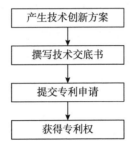

图 9 - 1 专利产生的一般流程

结合本章第二节的分析可以看出，在专利产生的一般流程中往往会忽略影响专利质量的四个因素。具体来说，在整个流程中，管理人员未对专利布局是否符合业务发展战略进行评估，整体上专利布局的思路不清晰，通常停留在追求数量的层面；没有设置甄别技术先进程度和可替代性的环节，创新方案可以用来申请专利的判断往往是基于研发人员个人的认知；在围绕技术创新点如何选择具体的专利布局方面没有专业人员进行把关，只能寄希望于专利代理师，但对于专利代理工作的考核却只停留在专利授权率这样的统计指标层面，没有考虑任何专利质量的评价；对于专利产生的管理只停留在基础的文件传递层面，没有对专利申请质量的监控。

基于上述存在的问题，为帮助广大创新主体进一步提升专利质量，本书建议在专利产生的流程中补充加入"了解技术发展态势制定专利布局策略""专利挖掘与布局""专利申请前评估"三个步骤，具体流程如图 9 - 2 所示。

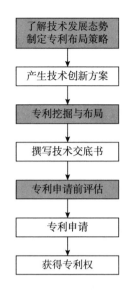

图 9 - 2 专利产生的优化流程

了解技术发展的态势是专利产生的起点，也是非常重要的一个环节。对于某个行业的领军型企业来说，也许这一步可以省略，技术上的领先使得该企业永远是别人关注的对象。但是，对于大多数创新主体来说，这一步非常有必要，通过对技术发展态势的分析，创新主体能够了解目标领域的技术发展趋势和前沿研究方向，掌握竞争对手的技术实力、研发团队、专利壁垒等，结合自身情况和行业特点，确定研发方向和重点领域。同时，根据组织的发展战略和市场竞争策略，结合产品市场竞争态势和费用预算等因素，创新主体可以制定全面且具有针对性的专利布局策略，以实现专利布局与组织战略的紧密结合。

在产生技术创新方案之后，为了能够更好地保护技术创新成果，通常会开展专利的挖掘与布局工作。专利挖掘是指在技术研发的过程中，对创新成果进行深入分析，从中找出具有专利申请和保护价值的技术创新点。专利布局是指综合产业、市场和法律等因素，对专利进行有机结合，构建严密高效的专利保护网，最终形成具有竞争优势的专利组合。此项工作涉及较为复杂的专业知识，通常是在专利专业人士的指导下进行的。

提交技术交底书之后，在专利申请之前，为了确保专利申请的质量和价值，专利管理人员需要组织一场全面的评估工作，邀请技术专家、市场专家和专利专家共同参与。评估的目的是对技术交底书记载的技术方案进行全面分析，了解其技术先进性、市场前景以及可专利性等方面的情况，为每一项技术方案评定保护等级，并针对不同等级的技术方案制定相应的专利申请策略。

以上简单介绍了"了解技术发展态势制定专利布局策略""专利挖掘与布局""专利申请前评估"三个环节需要开展的相关工作，通过这些工作进一步加强了对于专利产生的管理，确保了在专利产生的过程中能够对技术、权利和战略三方面因素进行充分考虑，进而促进专利质量的提升。

二、专利导航提升专利技术价值

专利导航是指在宏观决策、产业规划、企业经营和创新活动中，以专利数据为核心深度融合各类数据资源，全景式分析区域发展定位、产业竞争格局、企业经营决策和技术创新方向，服务创新资源有效配置，提高决策精准度和科学性的专利信息应用模式。专利导航由国家知识产权局于2012年首次提出后，经由全国范围的试点和探索，基于对工作成果的总结和凝练，国家知识产权局于2021年制定并实施了《专利导航指南》系列国家标准。其中，面向创新主体的企业运营类专利导航主要着眼于市场创新主体的微观决策，能够为创新主体的技术研发、专利布局、专利运营、风险规避、综合管理等各类活动提供方向策略。

从创新全流程的角度来看，专利导航在支撑专利技术价值提升方面具有非常积极的作用。首先，在一项科研项目立项之前，可以运用专利导航帮助创新主体在创新的起点上找准方向。通过对专利大数据的分析，创新主体可以了解当前市场和技术的趋势、主要竞争对手的技术研发路线，发现潜在的技术创新点和商业机会。这有助于在研发初期就明确目标，提高研发效率和成功率，降低研发风险。而后，在技术研发阶段，可以运用专利导航对具体的技术领域进行深入的创新构思分析，从而为创新主体提供技术参考和借鉴。通过对相关专利的深入分析，可以了解技术创新的难点和突破口，找到合适的技术路线，避免无效的研发和投入。同时，通过对专利信息的挖掘，还可以发现潜在的技术空白和商业机会，为创新提供新的思路和方向。这有助于企业在技术创新中更加精准地把握机会，提高创新成果的质量和价值。

此外，专利导航还可以帮助企业更好地了解自身的技术实力和创新能力。通过对专利大数据的分析和挖掘，企业可以了解自身在行业中的技术地位和优势，发现自身的技术短板和需要改进的领域。这有助于企业更加精准地制定技术创新和发展战略，提高创新能力和竞争力。同时，通过专利导航的分析和研究，企业可以了解行业未来的技术发展方向和趋势，预测未来的市场变化和竞争格局。这有助于企业在未来的发展中把握先机，制定更加科学合理的发展策略，提高市场占有率和竞争力。

案例 9 – 1

北京国知专利预警咨询有限公司（以下简称国知预警）与某企业合作，就轧辊激光强化改性再制造技术开展专利导航分析。服务团队首先对该技术进行了全面的专利数据统计分析，梳理了相关技术路线，确定再造轧辊技术、合金粉末体系以及专用的粉末输送装置三项技术属于核心技术，进而深入分析了相关的技术发展趋势和企业自身的技术储备及优势，为后续企业开展技术研发、合作和专利运营指明了方向，并提出"去风险—谋未来—走出去"的发展路径建议。专利导航分析成果获得企业和当地知识产权局的高度认可，获评当年省专利导航第二名的优秀成绩。

案例 9 – 2

国知预警与某国家研究中心合作，围绕"金属材料表面纳米化技术"开展专利导航分析。服务团队基于多维度的专利信息分析，制定了金属表面纳米化技术创新发展规划和创新策略，提出了具体的研发路径、专利布局方案、高价值专利培育方案、产业化运营方案等，为研发团队聚焦核心科学问题、引领全球科研方向提供了决策参考。

案例 9 – 3

国知预警与某大学合作开展专利导航分析，评估重点学院主要研究方向自有知识产权水平，明确重点实验室的核心竞争力，提供重点学科建设方向和分步实施战略规划建议，为学校制定"十四五"规划提供了有效的数据支撑和决策参考，专利导航分析成果获得学校高度评价。

三、专利预警化风险促研发

专利预警是一种通过检索和分析专利信息，对相关利益主体面临的专利风险及可能产生的危害及其程度进行研究和预测，发出预警预报，并可以进一步根据预警结论制定应对策略的专利信息应用模式。其目的是维护相关主体的利益，减少或避免因为风险而带来的损失。其中，专利风险主要指的是专利侵权风险。从这个角度来看，对专利预警最基本、最朴素的理解就是对专利侵权风险的预警。

专利预警在产品研发前、研发中、投产前的各个阶段中都具有重要意义。研发前，专利预警可以用于了解相关技术领域的专利壁垒现状，从而帮助创新主体选择合适的研发路径，明确重要竞争对手，避免可能的侵权行为。研发中，可以运用专利预警跟踪热点技术、规避潜在风险、寻找解决方案、调整研发方向，若确实无法避免专利侵权，则可考虑进行必要的防御性专利布局，增加和解谈判的筹码。投产前，专利预警能够帮助创新主体准确评估即将投产的产品在目标市场是否存在专利侵权的风险，并制定应对策略，从而保障产品的顺利投产和上市。此外，可以通过专利预警对竞争对手的专利申请和授权情况进行监测和分析，及时发现并评估可能存在的侵权行为，采取相应的应对措施。总体来说，创新主体可以建立一套完善的专利预警机制和快速响应机制，对研发过程进行全面监控，及时发现并评估潜在的专利风险，并与研发团队进行快速的沟通，修改研发方向或者调整技术方案，以避免潜在的专利纠纷。

在专利预警中，自由实施（Freedom to Operate，以下简称 FTO）专利检索分析是最常用的风险排查方法，通常在产品进入目标市场前进行。通过FTO 专利检索分析，那些具有较高侵权风险的相关专利会逐一被识别出来，结合有效的应对策略，为创新主体的市场拓展排除专利侵权风险。

📇 **案例 9 - 4**

国知预警与某化工材料企业合作开展 FTO 专利检索分析，为其新产品在国内以及欧美市场上市保驾护航。经检索发现，该企业的产品可能落入某日本公司的一项中国专利申请及其欧洲同族专利的保护范围。为了扫清障碍，消除潜在的专利侵权风险，服务团队为该企业制定了如下的预警应对方案：其一，针对欧洲专利尚处于 9 个月异议期的情况，向欧洲专利局提交异议请求材料，详细陈述异议理由，并提供相关证据。其二，针对中国专利申请尚处于实质审查阶段的情况，向国家知识产权局提出公众意见，详细分析该申请所存在的不能予以授权的实质性缺陷，并提供相关证据。最终，该企业采纳了上述应对方案，对于欧洲专利，取得了异议阶段的胜利；对于中国专利申请，审查员采用了企业提交的公众意见，并驳回了该专利申请。

在专利预警的应对方案中通常会涉及一种策略性的设计方法——规避设计，通过对涉及风险专利的产品或产品特征进行重新研发和设计，创新主体可以创造出一个与风险专利截然不同的技术方案，从而消除风险专利的威胁。规避设计的出发点是在法律层面上避开已有专利权的保护范围，这样做可以避免因侵权而带来的法律风险，同时也会激励创新主体在规避设计过程中进行技术创新，并可能因此产生新的专利。成功的规避设计需要同时满足技术、法律和商业这三个方面的要求。首先，"技术上能够实现"是最基础的要求，创新主体需要具备足够的技术能力和研发资源来实现规避设计的技术目标。其次，"法律上合法合规"是规避设计的法律基础，创新主体需要遵守相关法律法规的规定，确保规避设计不会侵犯他人的合法权益或违反法律法规的规定。最后，"商业上可行"是规避设计的商业基础，创新主体需要综合考虑市场需求、产品竞争力、成本等因素，制定合理的商业策略以实现规避设计的商业价值。

📠 案例 9-5

国知预警与国内某企业合作，针对具有自动清洗功能的吸尘器开展专利预警分析。基于一家国外厂商推出的具有自动清洗功能的吸尘器具有较好市场反馈的情况，该企业希望在此基础上研发出使用效果更为明显、更具市场竞争力、不会侵犯他人专利权的产品。针对企业的需求，服务团队为其制定了详细的专利预警分析方案，具体包括：①针对吸尘器自动清洗技术进行专利检索和分析，帮助企业技术人员开拓设计思路，找准研发方向，制定初步的产品设计方案；②针对初步设计方案进行专利侵权检索和分析，排查侵权风险并制定应对预案；③在侵权排查的基础上确定最终的产品设计方案；④针对最终的产品设计方案制定全面的专利保护策略。在方案具体的实施过程中，服务团队通过专利检索发现多家国外厂商已提出相关专利申请，涉及多种设计思路，特别是某厂商的一项中国有效专利，不仅技术先进，而且保护范围较大。企业技术人员参考以上信息，制定了初步的产品规避设计方案，服务团队再针对规避设计方案进行侵权检索和分析，经过几个回合的修改完善，最终得到了没有侵权风险的技术方案。而后，服务团队又针对最终技术方案为企业制定了全面的专利保护策略，最终企业成功申请了三十多项专利，全面地保护了技术创新成果。新产品上市后，不仅使用效果优于市场上的同类产品，极大地提高了该企业的市场占有率，而且该产品未遭遇任何专利纠纷，同时全面合理的专利布局也杜绝了同行的仿冒，有效地保障了企业的权益。

案例 9–6

国知预警与国内某大型企业合作开展专利预警分析，对专利侵权风险进行评议，并提供应对策略。该企业计划竞标澳大利亚某项工程，同时竞标的还有一家法国企业。从现有资料了解到，该法国企业在澳大利亚进行了专利布局，但不确定是否涉及该工程相关技术。服务团队首先对法国企业及其关联企业在澳大利亚专利布局状况进行了摸底，而后对拟实施的技术进行侵权比对分析，针对可能存在侵权风险的拟实施方案与企业技术人员共同探讨，提出改型规避方案。同时，为避免对方将专利纠纷的战场转移到国内，服务团队还分析了法国企业及其关联企业在中国的专利布局状况，企业依据规避方案及时对国内产品进行升级，杜绝了潜在侵权风险。最终，该企业在澳大利亚的工程进展顺利，国内外均未出现专利纠纷。

四、专利布局织密专利保护网

专利布局是指创新主体综合产业、市场、法律等因素，对专利进行有机结合，涵盖时间、地域、技术和产品等维度，构建严密高效的专利保护网，最终形成对创新主体有利格局的专利组合。规范的专利布局管理，有助于提高专利申请的质量，支撑专利价值的实现，具体涉及以下几个环节：

1）及时梳理技术创新，提炼需要保护的创新成果。

2）判断创新成果是否适于采用专利进行保护，并开展查新检索，评价其技术先进性，基于整体研发设计初步确定专利申请重要性的等级。

3）基于对相关领域整体创新态势和专利布局策略的研究，针对拟申请专利的创新成果制定专利布局的总体方案，构建合适的专利申请组合，明确每个专利申请的作用和功能。

4）根据研发进展、专利申请的审查情况、技术发展趋势和市场环境变化等，对专利布局方案进行持续的优化调整。

上述 4 个环节概括了确定专利布局方案的主要工作，同时针对每个专利申请的申请文件撰写及权利范围界定也都是非常重要的环节，其直接关系到前期专利布局方案的策划是否能够真正发挥作用，创新主体应当给予充分的重视。

案例 9 - 7

国知预警与某企业合作，针对系列科技创新成果进行专利布局策划，开展专利分析和专利布局工作。其中，专利分析梳理了相关技术的发展趋势和热点，将国内外主要创新主体的创新重点进行细致比对，为企业下一步研发提供思路；专利布局聚焦技术应用场景，建立特定的布局分析模型，从四个维度对专利布局方向进行规划。此外，在对现有研发成果进行分析的过程中，服务团队融合了应用场景以及技术发展趋势，在开展专利布局的同时，还为后续具体技术的创新方向给出了建议。

第十章

专利申请策略的运用

本书为广大创新主体充分呈现了当今我国专利体制框架内的申请流程中的诸多便利之处,其中最为核心的内容是关于"快速获权"这一主题。但是文至结尾,我们还需要在"快保护"之余进行更深入的思考,思考专利的本质、专利保护的目的与意义,探究快与慢的辩证关系与底层逻辑,最终得到最合理、最完善的"专利之道"。

第一节　思考专利保护的目的与意义

首先,在我们讨论专利获权快与慢之前,最应该明确的就是专利保护的目的与意义是什么。专利权本身作为一个无形资产也是物权的一种形式体现,获取需要成本,持有更需要持续投入,那么问题就会直指专利权的本质核心,即作为专利权人或者潜在的专利权人,我们到底在诉求什么?

一、专利制度的发展

专利制度的产生与发展有诸多不同版本,根据有迹可循的历史考古可以推断其起源于 15 世纪的意大利。文艺复兴推动的不仅是艺术,还有蓬勃发展的手工业,资本主义的萌芽伴随着行业工会这种生产的组织形式都在此刻处于蓬勃发展与快速生长阶段。当时的所谓专属权变得异常敏感,任何对于某种商业形式或者生产方式的垄断都是令竞争者们垂涎欲滴的,国王城主或者教皇们的一纸专属权声明显然就是那个时代通往无尽财富的入门券。

但是严格意义上真正的体系化、制度化特别是全球化的专利制度确实要追溯到 1883 年 3 月 20 日签订、1884 年 7 月 7 日生效的《保护工业产权巴黎公约》（以下简称《巴黎公约》）。《巴黎公约》通过国民待遇原则、优先权原则以及独立性原则三大原则，成功地实现了既互惠互利、互联互通，又独立自主、本国确权。20 世纪 90 年代，世贸组织成立之时将 TRIPS 协议确立为该组织的核心基石。TRIPS 协议是与贸易有关的知识产权协议，直白地讲就是包括专利权在内的一揽子有关贸易的知识产权条款，加入世贸组织也就意味着需要签署 TRIPS 协议，需要根据 TRIPS 协议的要求调整本国的立法，与其吻合适应。我国加入世贸组织当然也不可避免地同步完成了这些内容。可以说，当今世界上，几乎所有的国家/地区与经济体，都是 TRIPS 协议的签署者，都是《巴黎公约》的缔约国，尽管协议的签署有先有后，但协议的核心思想几乎是传承不变的，具体到其中的专利权的相关条款，如 20 年的保护期、新颖性、创造性与实用性基本获取条件等，可以说高度统一与一致，毫不夸张地讲，任何一个专利律师，即便跨国办案，也能基本上了解和确认异国专利法百分之九十以上的规定。

那么，专利法事实上已经成为当今工商业界"行走江湖"的"基本大法"之一，进出口货物要遵守专利法，生产产品要遵守专利法，只要是做买卖都要遵守专利法。

二、专利权的局限

专利权在工商业活动中已经成为一个基本共识——进行商业活动之前需通过专利权来确认彼此的边界。如我的专利权是否有人侵犯，他人的专利权我是否合理规避开，此类行为随着全球贸易化的不断深入已经深入人心。回想二十年前还有很多中国厂商根本不知道专利是什么，时至今日，别说华为、格力等龙头企业已经在海内外广泛收取他人的专利费了，就是国内的乡镇企业也都是专利权傍身，IPO 前夜能就专利权彼此"战斗"一番。

虽然专利似乎无处不在，但是专利却不是无所不能的，它也有局限性。创新主体保护自身商业利益靠的是一套"组合拳"，而非专利权这单一"拳法"。专利权的保护客体是技术，对于非技术类的客体，如招牌字号、宣传文案以及客户信息，等等，显然要通过其他类型的知识产权进行保护，如商标、版权与商业秘密等。

三、专利权的锚点在商业

没有商业利益、不产生商业价值的专利权约等于负债。专利权作为一种无形资产,其必然回扣资产这个概念。专利权不是悬挂在墙上的荣誉证书,摆着好看,而是实实在在的资产。正如上文中提到的,是资产就有其价值,产生时需要付出代价,维持该资产的有效也需要持续付出对应的代价。专利权获权过程需要缴纳各种官费,获得权利后则需要缴纳维持费,这些费用纵观全球高低不等,但是也是实打实的"宇宙通则",即各个国家/地区与经济体均遵守的通则。

专利权的"根"在商业价值,其产生依托于技术保护的直接诉求,而对应的技术一定是当前商业实践或者是未来的商业布局的直接体现。专利权无论是早期的申请、中期的获权,还是后期的维持权利存续,本质逻辑都是让权利对应体现商业利益,维持商业利益,例如提升竞争优势,使原本的技术领先在商业上扩大体现;对竞争对手开展专利诉讼,直接进行商业压制;通过专利许可等方式从竞争对手处获取收益等。

第二节　选择适合的申请时机与节奏

在明晰了专利的商业属性后,我们需要进一步探讨专利申请时机以及获权时机的选择。正如在我国专利审查制度中同时设置了快速审查与延迟审查两种截然相反的特殊审查程序,快与慢显然各司其职,各有利弊。尽管本书主要内容是向创新主体介绍我国快速审查以及快速获权的优势,但是在此我们还希望与读者分享"慢"专利(即拖慢整个申请、公开与最终获得授权的进程)背后的原始驱动力与现实利益,以供创新主体做出最好的选择。

一、"慢"专利的代表——潜水艇专利

潜水艇专利(submarine patent)这个概念最早来源于美国,美国于2000年修改专利法之前允许专利在最终授权时才作真正意义上的公开,这一政策直接导致众多专利申请人可以将自己的发明创造进行专利申请,并有条不紊

地等待授权。对此场景而言，更加真实的逻辑如下：一项崭新的技术被技术创新者提出了专利申请，并同步开展了相关市场布局，创新者在等待专利局的审查结果，在这个过程中，市场在成长，公众在观察，竞争对手们在模仿，但是无人知晓的是相关的产品背后是否有专利。若干年后，如果创新者的专利获得授权，创新者成为专利权人，那么，此时的专利权就如同一艘破浪而出的潜水艇一样，带着"专利鱼雷"威胁着所有竞争者。

这样的场景会是所有创新者也就是所有潜在的专利权人梦寐以求的时刻。但是这样的制度并不利于平衡专利权人与公众之间的利益关系，因此其并不能被持续地保留存在。可以说，当前世界上的主流国家/地区均采取了先公开后审查的专利制度，也就是公开专利申请，使得所有公众均可以知晓该专利申请的相关技术内容，而后才是专利审查程序的开展。

潜水艇专利展现出的过程与状态颇似一只织网捕猎的蜘蛛，"慢"是一个控场的节奏，更是一个必要的态度，这是关键。所谓专利布局，有时需要等待的是市场成熟后的空间与效益，这是"慢"的精髓。有专利没市场，或者说整个场上只有权利人自己当主角，辅助演员、群众演员一个没有，那么这样的专利说是权利也更多只是一张证书而已。如何让辅助演员、群众演员一起上台来参与大戏，就如同如何让猎物上钩一样。只有首先展示市场的丰厚与肥美，同时又体现舞台的四平八稳与风平浪静才是诀窍。早早露出专利"獠牙"，必然会让广大竞争对手们意识到危险，迫使他们另辟蹊径，集体开发一条新路线，彻底绕开专利，彻底孤立布局早但暴露快的权利人。

二、韩国超导专利抢跑申请的启示

2023 年的夏天除了加拿大的山火与席卷全球的热浪，最火的一定是韩国 LK－99 超导材料的论文发表。连续两篇论文的问世让全世界瞬间觉得就要迈入新时代，第四次工业革命就要马上提速，但是后来学术界的反复验真与验伪让一切又冷静了下来。在此，撇开技术本身不去多谈，仅仅聚焦 LK－99 的相关专利布局讲一讲，其中的经验和教训值得我们借鉴。

首先，LK－99 超导材料进行了提前的专利布局，其中最早最核心的是 2020 年 7 月 24 日的韩国申请 KR20210157461A，随后跟随有两篇韩国申请，分别是 2021 年 8 月 25 日的 KR20230030188A 与 2021 年 8 月 25 日的 KR20230030551A。

当然，这么前沿的技术显然不能就局限在韩国国内，其也提前进行了全球布局，分别是 2022 年 8 月 25 日的 WO2023027536A1 与 2022 年 8 月 25 日的 WO2023027537A1。细读上述专利，在其技术方案部分写得详细而缜密，论文中涉及的材料使用了通式表达：AaBb（EO4）cXd，其中广泛地定义了通式中金属对应的选择范围，一时间将可能的超导材料尽收麾下。针对这一专利布局，一时间网上出现了各种赞誉和各种恐慌，一方面夸赞这个专利布局时间早、范围大，另一方面恐慌韩国人抢跑全世界，未来恐怕要被韩国"卡脖子"。而本书希望在此告诉各位读者的是，LK－99 的专利布局与其论文发表一样，均是仓促的不成熟之举。

我国《专利法》第 26 条第 3 款规定"说明书应当对发明或者实用新型作出清楚、完整的说明，以所属技术领域的技术人员能够实现为准"，即专利申请的说明书必须详细说明相关技术是如何实现的，其他技术人员按照说明书的记载可以无障碍地再现该专利申请中提到的技术方案，这样这件专利申请才算是符合公开充分的要求。如果专利申请不符合《专利法》第 26 条第 3 款的规定，审查员将会据此作出驳回决定。同时需要特别指出的是，类似要求公开充分的法律规定并非是中国所特有的，而是放之四海而皆准的世界规则，各国专利法中均有相应的条款。

了解了相关法律规定再回看 LK－99 的专利申请，其必然是属于公开不充分的情形。有读者肯定会问，不是学术界依然在争论么，为什么尚未定论前就会对相关专利申请作"死刑判决"呢？其实背后的逻辑也非常简单易懂，对于专利应当公开充分的要求其实是有时间限定的，这个限定就是专利的申请日。这一规定是非常公平公正的，没有真正完成研发之前，谁也不能布局专利，抢占权利划地盘是不被允许的。而 LK－99 当前的状态就已经充分证明了其在申请日那一时刻并没有完成相关研发，所谓的超导材料既没有证明属性也没有完成结构定位，相关的专利申请不符合公开充分的要求。

从韩国 LK－99 超导材料的专利申请中学到的经验教训是专利申请可以加快，但是一定不要抢跑，如同百米决赛，抢跑毁所有。专利申请也是同样的道理，如果在没有完成真正的研发之前进行专利申请，赌的是审查员看不出来，更是今后全领域技术人员无人质疑此事。如果相关技术无前景也罢，但凡相关技术确实引领时代，相关专利则必然成为焦点所在。此时任何前期的疏忽，特别是类似公开不充分这样的缺陷，将是"千里之堤溃于蚁穴"的存在。如同 LK‑99，无论最终学术界的结论是超导还是非超导，相关材料及扩展研究都已经仅是学术上的贡献了。

三、警惕"快"专利对专利布局链条的影响

创新主体对于专利快速审查制度的运用意味着专利申请早公开、早授权、早拿证、早受益，在急需专利的场景下，一套程序走下来既是云开雾散愁眉展，也是心花怒放利益来。但在此需要提醒专利申请人的是，后续相关专利申请可能会面临难以获权的困境，其主要的挑战在于《专利法》第 22 条第 3 款所规定的创造性。

创新主体的研发路线和生产经营通常具有一定的连续性或者惯性，尤其核心产品总是沿着一个脉络在发展，技术创新也是持续迭代的。那么当有一件或一批专利申请快速获得授权的同时，也就意味着这些专利被提前公开，可能在后续相关专利申请的申请日前就被公开，成为现有技术，真实情况往往是这个时间差仅在一两个月或者最多半年的时间，从而导致后续相关专利申请在审查过程中遭遇创造性挑战并最终走向驳回，而创造性挑战的对比文件正是自己在先申请的专利。

对于企业来说，一件专利申请通常自申请日起 18 个月公开为现有技术，可以充分利用这段时间完成延续技术的研发和专利申请。也就是说，第二件、第三件等相关技术专利申请可以排成队、连成串，第二件的申请日在第一件的申请日之后、公开日之前，以此类推，确保在先申请无法成为在后申请的现有技术，两者最多只是比较一下绝对新颖性，考量一下是否存在抵触申请这一挑战。

以己之矛攻己之盾的情形是完全可以避免的，给研发预留时间，充分用好 18 个月的时间限定控制专利公开的节奏，形成自己专利布局的策略，特别是在一个长周期的时间线里，这样的布局逻辑也是值得选择的。

四、"快"专利的妙用——防御性公开

回扣创新主体发展的脉络，特别是研发与市场的脉络，以研发为原点，以市场为方向，这才是专利申请布局时机真正要锚定的关键。了解这些之后，我

们在此还希望与读者分享一个关于"快"专利的妙用，那就是防御性公开。

所谓防御性公开并不是什么新鲜事物，在专利制度比较成熟的一些国家早已被广大厂商所熟练使用了。比如，某厂商经过慎重考虑，觉得以相关技术去申请专利恐怕也未必有市场价值，后期的研发之路也很难讲，也就是从自己这个角度看觉得相关技术路线道阻且长；但是另一方面，如果相关技术被竞争对手所突破，一旦取得相关专利则会对自己非常不利。此时，一个合理合法的办法就是将相关技术进行充分披露与公开，目的并非在于获得相应的专利权，而是通过相关的披露信息导致任何竞争对手也休想在后期获得对应的专利权，这就称为防御性公开。

类似的做法在国外其实非常盛行，甚至有相关的公司专门承接此类业务，提供专门的杂志版面进行此类信息披露，例如西门子等国际巨头也是此类规则的熟练"玩家"。此时有些读者可能会思考，既然如此，为何不直接去相关杂志进行公开呢？事实上，一方面普通杂志期刊，特别是学术类杂志期刊，并不会无缘无故地接受一篇文章并就其内容进行公开，相关内容的学术高度是它们考虑的重点，而不是专利申请人仅希望披露信息这么简单。另一方面，杂志社显然也并非慈善机构，发表文章无论任何目的也都是要付出代价，即缴纳相关费用的，再进一步讲，杂志社从接受到最后确定相关内容，显然也是需要时间来确定，相关的时间周期也并不短，这对于有关信息急需公开并就此阻断对手的申请意图极为不利。

相比之下，利用各种加快程序，促使有意进行防御性公开的专利申请快速公开，无论是从时间效率上，还是成本效益上都是最佳选择之一。

第三节　确立专利申请的综合策略与规划

一、因地制宜因材施政的快慢拍

回顾本书为读者详细介绍的专利申请"快速通道"，从整体上讲是为专利申请人的快速获权铺就了康庄大道。但是与此同时，基于本章第二节中对专利申请快与慢的探讨，通过一个现象"潜水艇专利"、一个案例"韩国超导专利"、一个"以己之矛攻己之盾"的教训以及一个"快专利"妙用，我们希望专利申请人能够真正更加深入地理解专利申请快与慢的意义和价值。获得专利的意义不在抢一时、得一证，而是应当目光长远，配合创新主体自身发展战略，从技术到市场的全流程，为创新主体的真实利益和高质量发展保驾护航。

从这个角度出发，我们不妨就专利申请快与慢做一个小结：快与慢不是关键，关键是首先要针对不同的创新成果制定合适的专利申请策略，即所谓的分级分类管理。核心产品与未来主线所对应的相关技术均应当"放长线、钓大鱼"，即尽量早期进行申请日"占位"，但是对于专利申请文件的撰写务必要细致，对于专利申请的公开务必要"不着急"，必要的时候可以考虑使用延迟审查、优先权策略等，将整个申请的周期进一步拖长，不急于获得授权结果，其策略的本质是收割超额利润，即实现经济利益最大化。特别是对于核心产品的核心技术而言，相关专利往往会伴随着产品的迭代升级而不断改进，整体的节奏就更应该稳扎稳打，步步为营，切勿着一时之急而过早公开相关技术。对于一些重要性不高的技术以及迷惑竞争对手的技术，均可以考虑采用快申请、快公开、快保护的策略。一方面这些专利申请的授权本身能满足创新主体在经营管理上的指标需要，另一方面在研发竞争中可以借助这些专利申请的授权给竞争对手们放出一些烟雾弹，同时隐藏自己真正的研发主线，这确实不失为一个妙计。主线走慢、边线走快，这样的策略不仅适合战场，也同样适合专利布局，即适应专利制度下的商战。

二、勿忘研发才是专利申请的根

"保护知识产权就是保护创新"，打开电视机，只要是央视的频道，大概率会刷到这条公益广告。但是残酷的事实其实是：创新就是创新，任何试图曲线救国用伪创新证明创新只能是路线创新，而不是真正的技术创新。

通篇下来，知识产权是技术创新的现代法律框架下的呈现载体，这个概念应该是被广大创新主体所牢记的。既然是载体，它就应该要回扣自己的"根系"，即为什么需要知识产权（专利）存在！显然这个问题的答案其实非常明确，通过专利申请获得专利权，这是依托自己的技术创新拥有一定的市场独占权的最好法律途径，国际通用、成本可控、预期明朗。

　　基于这个认知，持续研发形成链条，时间把控层层递进，合理布局专利战略，这样一套逻辑也就合情合理地跃然纸上了。基于这个思路，专利的来源一定是持续的研发所带来的"产物"，既然是持续的研发，那么时间轴也应该是自然合理的，即相关技术从问世到成熟，乃至后期的逐步改造升级，也是一步一个脚印。任何一个力图"毕其功于一役"的早期专利申请，显然是从逻辑上很难实现的，从真实商业角度也是大大有害的，毕竟一件专利的保护期最多只有二十年。

　　所以，全文的最后，我们想向广大创新主体再次真诚的告知：专利申请并非简单的去申请获奖证书，其本质是基于自己的技术研发与市场布局而向政府申请的一项专属权利。无论使用哪一条政策或者决定整个专利申请流程的快与慢，最终应该去对标衡量的都是自己的利益，基于现实商业、基于长久研发投入的利益。

参考文献

［1］国家知识产权局. 专利审查指南 2023［M］. 北京：知识产权出版社，2024.

［2］国家知识产权局专利局初审及流程管理部. 专利申请须知［M］. 北京：知识产权出版社，2019.

［3］国家知识产权局专利局审查业务管理部. 国际专利纵览：世界主要专利机构发展动态研究［M］. 北京：知识产权出版社，2013.

［4］马天旗，等. 国外及我国港澳台专利申请策略［M］. 北京：知识产权出版社，2018.

［5］魏保志，等. 实用新型专利权评价报告实务手册［M］. 知识产权出版社，北京，2013.

［6］田力普. 发明专利审查基础教程审查分册［M］. 北京：知识产权出版社. 2012.

［7］欧阳石文. 医药生物领域发明专利申请文件撰写与答复技巧［M］. 北京：知识产权出版社. 2017.

［8］济南胜达知识产权代理有限公司. 专利审查意见陈述技巧——审查意见答复典型案例分析［M］. 济南：山东大学出版社，2022.

［9］尹新天. 中国专利法详解［M］. 北京：知识产权出版社，2011.

［10］国家知识产权局专利局专利审查协作北京中心. 发明初审及法律手续 450 问［M］. 北京：知识产权出版社，2023.